职业教育航空装备类专业系列教材

航空机械基础

主　编　肖启敏　李　罡　彭建华

副主编　代　明　袁树植　陈祖义

参　编　郑　锐　娄帅伟　徐海林　文　成　邱清峻

王　新　尹潇靓　黄艳艳　侯慧娜

主　审　张文信

机械工业出版社

本书以职业技术教育航空机务维修和无人机等专业人才培养方案和“航空机械基础”课程教学计划为依据，按照“一体化设计、结构化课程、项目化内容、立体化资源、二维码关联”的思路，融合诸多高校多年教学改革经验编写而成。本书是中国人民解放军空军工程大学重点建设教材。

全书共包含8个项目，分别是初识航空机械、飞机主起落架收放机构、飞机发动机起动程序定时机构中的凸轮机构、航空机械中的齿轮传动、航空机械中的轮系传动、航空机械中的螺旋传动、航空机械中的机械连接、航空机械中的轴系零部件。各个项目均设置了以飞机系统结构为载体的学习情境，通过项目实施，达成相应的知识目标、能力目标、素质目标。各项目又包含若干任务，每个任务又包含任务描述、任务分析、知识链接、任务实施、任务测评和知识小结等环节。

本书是新形态一体化教材，配有多媒体资源和测评系统等，其中动画、微课、测评系统均可通过扫描书中二维码观看学习。

本书可作为高职院校航空装备类专业的教材，也可供航空维修技术人员参考。

图书在版编目（CIP）数据

航空机械基础/肖启敏，李罡，彭建华主编. —北京：机械工业出版社，2023.8（2025.1重印）

职业教育航空装备类专业系列教材

ISBN 978-7-111-73183-2

Ⅰ.①航… Ⅱ.①肖… ②李… ③彭… Ⅲ.①航空-机械设备-高等职业教育-教材 Ⅳ.①V22

中国国家版本馆CIP数据核字（2023）第086857号

机械工业出版社（北京市百万庄大街22号 邮政编码100037）
策划编辑：王英杰　　责任编辑：王英杰　赵文婕
责任校对：梁　园　张　薇　　封面设计：鞠　杨
责任印制：常天培
北京机工印刷厂有限公司印刷
2025年1月第1版第4次印刷
184mm×260mm · 11.75印张 · 285千字
标准书号：ISBN 978-7-111-73183-2
定价：49.00元

电话服务　　网络服务
客服电话：010-88361066　　机　工　官　网：www.cmpbook.com
010-88379833　　机　工　官　博：weibo.com/cmp1952
010-68326294　　金　书　网：www.golden-book.com
封底无防伪标均为盗版　　机工教育服务网：www.cmpedu.com

PREFACE 前言

“航空机械基础”课程主要研究航空机械中常见机构、常见传动、常用连接和通用零部件的结构特点、工作原理和使用维护方法等内容，是职业技术教育航空机务维修和无人机等专业的基础课程。通过本课程学习，学员获得航空机械方面的基本概念、基本理论和基本方法，获得航空机械的工作原理、使用维修保养等方面的基础知识和基本技能训练，形成分析和应用简单航空机械的基本能力，具备从事航空装备运用、维护与革新的初步能力，具备机械工程素养、标准化意识和科学用装养装意识，为后续课程学习和岗位工作奠定基础。

本书秉承现代职业教育理念和党的二十大精神，遵循职业技术教育教学规律，打破传统学科式教材模式，以实现内容和编排体系上的创新，并按照“一体化设计、结构化课程、项目化内容、立体化资源、二维码关联”的思路，融合诸多高校多年教学改革经验编写而成。

一体化设计。教材是教学思想和信息资源的重要载体和传播途径。航空机械基础课程是我校重点建设课程，信息资源是核心建设内容。为此，编者对书中内容的编排与课程建设进行一体化设计，使所建设的信息资源既能用于课程教学，又体现在书中。

结构化课程。在结构上，本书内容划分为基础知识模块、常见机构模块、常见传动模块、常用连接模块和通用零部件模块。每个模块增设了大量多媒体资源、测评系统、知识小结等，使全书内容呈现出结构化特点。

项目化内容。以岗位任职课程学习和岗位工作需求为牵引，重构基于航空机务维修工作过程的项目化内容体系，设计编排 8 个项目共 22 个任务。

立体化资源。本书包含丰富的信息化资源，有多媒体资源、测评系统等，呈现出立体化形态。

二维码关联。本书中的多媒体资源、微课、测评系统都有二维码与之关联。通过扫描二维码，能够观看动画和视频，学习微课，进行任务测评。二维码关联技术的引入，能加快读者对本书内容的理解和掌握，也使本书具有了教、学、测的多样化功能。

本书的主要特色体现在以下几个方面：

1）贯彻教为战理念，具有浓厚“战味”。秉承现代军事教育的教为战理念，注重内容的针对性、实用性和时代性。坚持基于航空装备、贴近部队岗位设备选择项目载体，以实现本课程与专业对接、与岗位对接，体现课程“战味”。

2）引入信息要素，具有浓厚“趣味”。引入二维码等信息技术手段，贯彻应用行动导向的教学观，实现线上线下混合式教学，使教和学充满着浓厚的“趣味”。

3）注重价值引领，着力筑牢“灵魂”。以新时代军事教育方针为指导，将军事职业技术素养融入每个项目的教学目标中，注重课程价值引领，筑牢课程“灵魂”。

4）创新教材体例，紧跟时代发展。打破学科式束缚，创建项目化体例。充分运用教育信息技术，创新教材形态，通过二维码技术将多媒体资源、微课以及测评系统等数字资源与纸质媒介信息关联在一起，形成一体化教材。

本书由中国人民解放军空军工程大学航空机务士官学校肖启敏、李罡、彭建华任主编，代明、袁树植、陈祖义任副主编，郑锐、娄帅伟、徐海林、文成、邱清峻、王新、尹潇靓、黄艳艳、侯慧娜参与编写，具体编写分工是：肖启敏和李罡编写绪论、项目一和项目五，彭建华和娄帅伟编写项目二，文成和邱清峻负责编写项目三，袁树植和黄艳艳编写项目四，代明和尹潇靓编写项目六和项目七，郑锐、王新和徐海林编写项目八，陈祖义和侯慧娜负责配套信息资源的开发建设及整理工作。全书由中国人民解放军空军工程大学航空机务士官学校张文信教授任主审。

本书在编写过程中，得到了中国人民解放军空军工程大学航空机务士官学校教科处和基础部机关的指导及教保中心的大力协助，得到了基础部付根义和专业系杨安元、杨雪、杨海涛、邹涛、杨后川、王新军、马宁等教授和专家的指导和帮助，参考和借鉴了军内外诸多高校的相关资料和文献，在此一并表示诚挚的感谢！

作为一部项目化新形态教材，编者在编写本书的过程中没有太多的成熟经验可供借鉴，尽管进行了大量的实地调研和实装考察，但书中仍难免存在疏漏和不妥之处，敬请读者不吝指正。

编　者

CONTENTS

目录

绪 论

一、本课程的研究内容

“航空机械基础”课程主要研究航空机械中的常见机构、常见传动、常用连接和通用零部件的工作原理、结构特点和使用维护方法等内容。

本课程从满足任职岗位课程学习和岗位任职需求出发，突破传统学科式内容体系的束缚，以航空机务维修工作过程为导向，构建了以飞机及其部附件为载体的项目式内容体系。本课程共包括8个项目：项目一，以某型飞机为载体，主要介绍机械、机器和机构等基本概念以及机械系统的组成及功能等基本知识。项目二和项目三，分别以飞机起落架、飞机发动机起动程序中的定时机构为载体，主要研究平面连杆机构和凸轮机构等常用机构及其在航空机械中的应用。项目四和项目五，均以某型飞机减速器为载体，主要研究齿轮传动、轮系传动及其在航空机械中的应用。项目六，以某型飞机人椅分离器为载体，主要研究螺旋传动及其在航空机械中的应用。项目七，以飞机发动机机匣和襟翼传动中的螺旋作动筒等为载体，主要研究螺纹连接和键连接等常用机械连接及其在航空机械中的应用。项目八，以飞机中的轴、滚动轴承、联轴器、离合器等为载体，主要研究通用轴系零部件及其在航空机械中的应用。

二、本课程的任务

通过本课程的学习，应达到以下基本要求：

1）获得航空机械常见机构、常见传动、常用连接、通用零部件的结构特点、工作原理、使用和维护方法等基本理论和基本知识。

2）具备对航空装备机械系统的认知能力，形成正确维护航空机械装备的基本技能，初步掌握分析装备零部件失效原因和提出维护措施的基本能力。

3）具有运用标准、规范、手册、图册等有关资料的能力，具有分析和设计常用机构、简单航空机械及其传动装置的初步能力。

4）养成机械工程意识、标准化意识和科学用装养装意识，能用准确、简明、规范的工程语言表达技术思想，善于发现和解决机械工程方面的问题，具有从事机务工作所必需的科学态度、创新精神和工作作风。

5）具备通过扫描二维码获取信息化数字资源和进行测评的能力，并养成利用网络资源和信息资源进行学习、交流的习惯。

三、本课程的特点

本课程是从理论性较强的基础课向实践性较强的专业课过渡的课程，本课程与先修课程相比具有以下特点：

1. 独立性强

本课程内容是以飞机及其部附件为载体的项目式内容体系，各项目内容相对独立。学员需经常复习已学项目内容，通过比较，探寻各项目知识点之间的共同点及相关性，形成完整的航空机械基础知识体系。

2. 实践性强

本课程的研究对象广泛应用于航空机械装置中，所要解决的问题也是航空机务维修工程中的实际问题，与航空机务维修工作以及生产生活都密切相关。因此，本课程具有很强的实践性。

3. 综合性强

本课程的综合性强主要表现在四个方面：一是本课程的研究内容多，涉及机构、机械传动、机械连接、机械零部件等。二是本课程内容涉及的基础课门类多，涉及机械制图、工程力学、高等数学、大学物理、航空材料等多门课程的知识点。三是本课程涉及的图表比较多，既有结构图、原理图、示意图，还有标准表等。四是对学员的要求高，除了理论知识，学员还应具备一定的航空机务维修实践经验，要多观察日常生活和生产实践中的各类机械设备，具备较强的获取信息的能力。

四、本课程的学习方法

在学习本课程时，应注意以下几点：

1. 弄清三个“基本”

三个“基本”即基本概念、基本原理和基本方法。本课程的研究内容中，既有机构，还有机械传动、机械连接和机械零部件，研究内容种类繁多，所涉及的基本概念、名词术语、结构参数等比较多，而各种机构和机械传动的工作原理、使用维护方法、结构参数的选择方法更是各不相同。因此，弄清这些基本概念、基本原理和基本方法是正确理解机械原理和基本知识的前提和基础。

2. 养成“三勤”的习惯

“三勤”即勤观察、勤思考、勤动手。本课程研究内容与航空装备和航空机务维修工作过程紧密相关，在学习过程中，只有勤观察、多思考、善总结，才能准确理解航空机械中机构及其传动的工作原理。本课程还包含若干实验科目，只有亲自动手，反复进行机构拆装、搭接、测绘，才能更好理解其机械原理。

3. 理论联系实装

本课程中所有的项目均取材于航空装备，学习时要注意将所学理论与实装联系起来，从而到达学以致用的目的，掌握基本维护技能，缩短对航空装备的认知期。

4. 扫描二维码获取信息资源

本书是新形态一体化教材。书中采用了二维码技术，用二维码关联着动画、微课和测评系统。通过扫描二维码，能够观看动画、视频和微课，从而更好地学习和理解机构运动原理和机械传动的原理。通过扫描二维码，进入相应测评系统进行测评，还可检验预习和学习效果。

项目一 初识航空机械

本项目设置了以飞机为载体的学习情境，通过分析飞机的组成及功能，达到认知航空机械的目的。

通过本项目的实施，达成以下教学目标。

1）知识目标：理解机械、机器、机构等基本概念；掌握航空机械的组成及功能。

2）能力目标：通过学习飞机的组成及功能，具备运用航空机械的组成及功能相关知识分析航空机械的能力；具备利用二维码获取数字信息资源和进行自评的能力。

3）素质目标：养成勤观察、勤思考、善分析的学习习惯；养成以机械系统的视角分析问题的科学思维方法；树立机械工程意识和系统观念；领悟大国工匠精神内涵，激发爱国主义精神和勇于探索创新的热忱。

任务　认知航空机械的组成及功能

【任务描述】

飞机是使用最广泛、最具有代表性的航空机械之一，其功能是运输人员或物资、参与军事活动等。尽管飞机的种类很多，但都是由机身、机翼、尾翼、起落架、动力系统、飞行控制系统、机载设备等组成的，如图 1-1 所示。试从机械系统的角度，分析飞机各组成部分的功能。

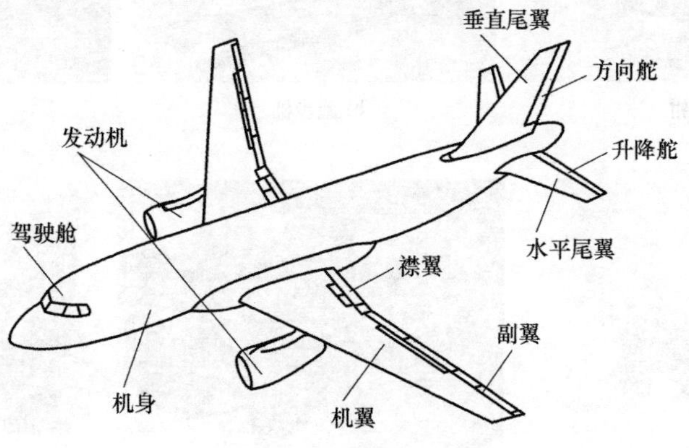

图 1-1　飞机的组成

【任务分析】

飞机是重要的航空机械之一，要从机械系统的角度分析飞机各组成部分的功能，首先要正确理解机械、机器、机构等基本概念，掌握机械系统的组成和功能。

【知识链接】

在长期的生产实践中，为了减轻劳动强度，改善劳动条件，提高劳动效率，人类创造和发展了机械，机械也因此成为生产、生活、科学研究和国防建设的重要工具。随着科学技术的不断发展，特别是信息技术的发展和应用，新型机械不断涌现，并广泛应用于各行各业中，既减轻了人类的体力劳动，也极大地减少了人类的脑力劳动。在军事领域，机械正在发挥着日益重要的作用。军队机械装备的自动化、信息化、智能化水平，已经成为当今世界衡量一个国家现代化水平和军队战斗力的重要标志之一。

一、基本概念

1. 机械

机械是一个相对概念，是相对电子而言的。从广义上讲，凡是能完成一定机械运动，能代替或减轻人类劳动的装置都是机械。

图 1-2 所示为生产设备、生活设施和军事装备中的机械实例。在现代社会中，人们把没有动力源的工具和器械等简单机械称为机构，而把具有动力源的复杂机械称为机器。机械就是机器与机构的总称。

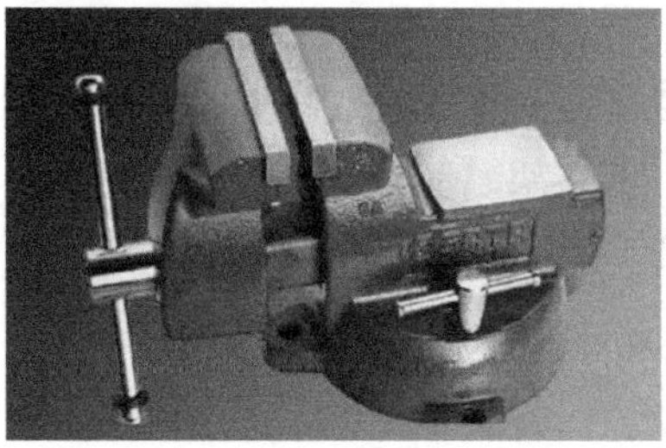

a) 台虎钳

b) 跑步机

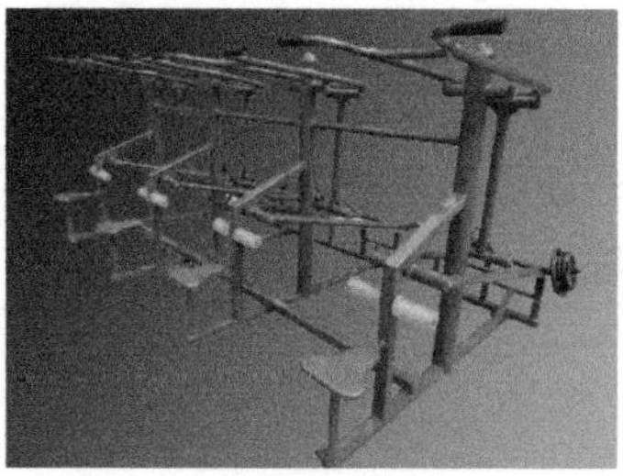

c) 腰背肌训练器

d) 飞机

e) 充氧车

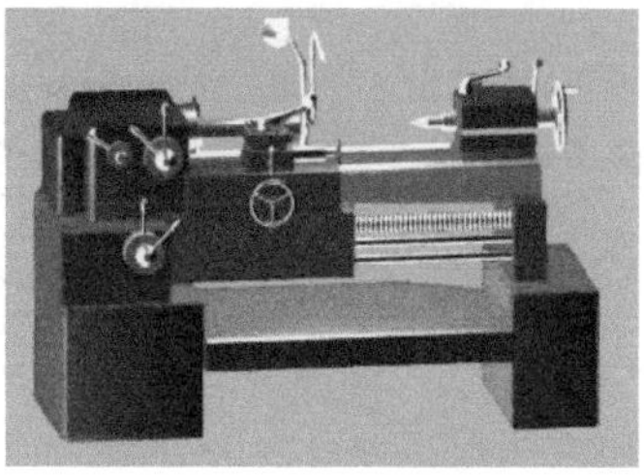

f) 车床

图 1-2　机械实例

2. 机器

（1）机器的特征　机器是执行机械运动、变换或传递能量、提升物料、存储信息的装置。

机器的种类繁多，功能各异，但它们都具有一些共同特征。

图 1-3 所示为单缸四冲程内燃机。该单缸四冲程内燃机是由缸体、活塞、连杆、曲轴、大齿轮、小齿轮、凸轮、推杆、进气阀、排气阀等组成的。组成单缸四冲程内燃机的各个部分，都是为了实现其功能，人为地加工制造出来并组合在一起的。因此，单缸四冲程内燃机具有的第一个特征是人为的实物组合体。

该单缸四冲程内燃机的工作原理是：油气混合体推动活塞往复移动，经连杆变成曲轴的连续转动，通过齿轮传动，把运动传递到凸轮和推杆上，从而控制进气阀和排气阀的开启和关闭。以上各部分协同运动，实现进气—压缩—爆炸—排气四个工作过程。为了保证曲轴每转两周进气阀和排气阀各启闭一次，在曲轴和凸轮轴之间安装了齿数比为 1∶2 的齿轮。这样，当油气混合体推动活塞运动时，进气阀和排气阀有规律地启闭。因此，单缸四冲程内燃机具有的第二个特征是各部分之间具有确定的相对运动。

各部分确定相对运动的结果是把油气混合体的内能转换为曲轴连续转动的机械能。因此，单缸四冲程内燃机具有的第三个特征是实现能量转换。

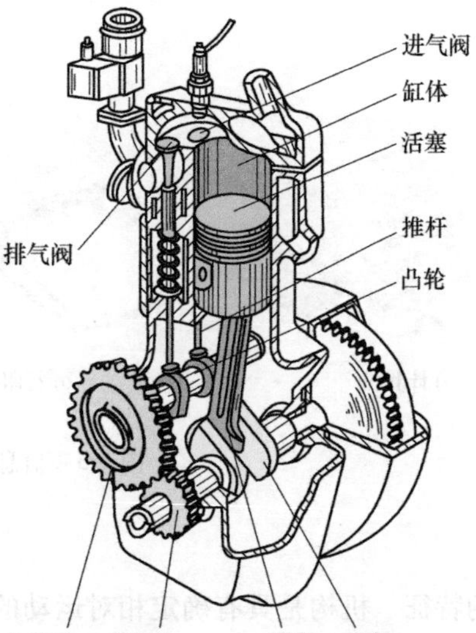

图 1-3 单缸四冲程内燃机

单缸四冲程内燃机

从以上例子可以看出，机器具有下列特征：

1）它是人为的实物组合体。

2）各部分之间具有确定的相对运动。

3）可实现能量转换或存储信息等功能。

（2）机器的分类 根据用途不同，可将机器分为动力机器、工作机器和信息机器三类。

1）动力机器：主要用来实现其他形式能量与机械能的转换的机器，例如图 1-4 所示的电动机、内燃机、发电机。

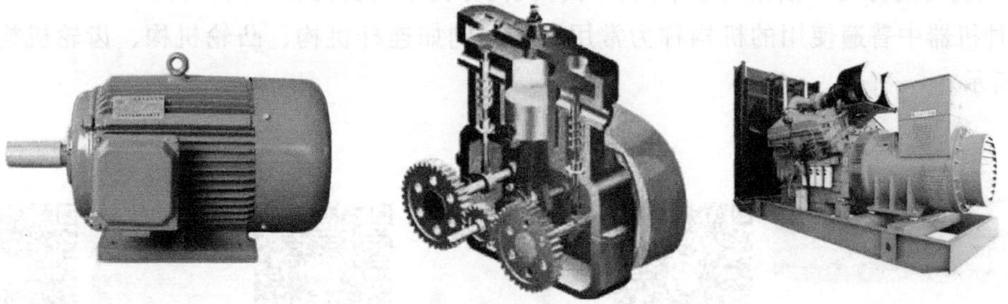
a) 电动机 b) 内燃机 c) 发电机

图 1-4 动力机器

2）工作机器：主要用作机械功或搬运物料的机器，例如图 1-2 所示的飞机、充氧车、车床等。

3）信息机器：主要用来获取、存储或处理信息的机器，例如图 1-5 所示的计算机、打印机、摄像机。

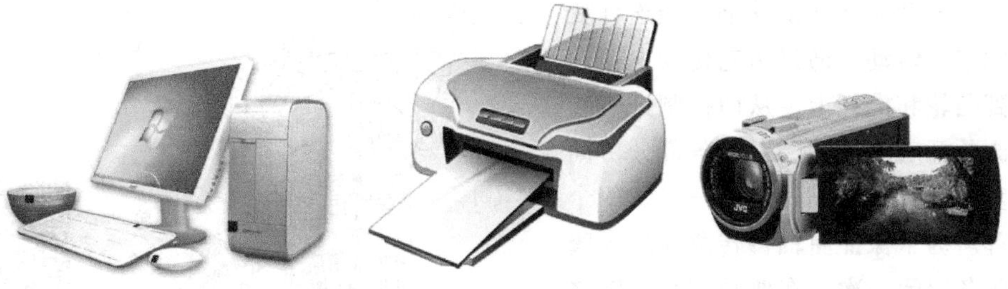

a) 计算机　　b) 打印机　　c) 摄像机

图 1-5　信息机器

3. 机构

（1）机构的特征　机构是具有确定相对运动的多件实物组合体。

机构具有与机器类似的下列特征：

1）它是人为的实物组合体。

2）各部分之间具有确定的相对运动。

3）可实现运动形式的转换或传递。

在图 1-3 所示的单缸四冲程内燃机中，活塞、连杆、曲轴和缸体组成曲柄滑块机构，可将活塞的往复移动转换为曲轴的连续转动。凸轮、推杆和缸体组成凸轮机构，可将凸轮的连续转动转换为推杆的有规律往复移动。而小齿轮、大齿轮和缸体组成齿轮机构，可把曲轴的连续转动传递到凸轮轴上，使凸轮轴也连续转动，实现运动形式的传递，并可使两轴保持一定的传动比。

由此可见，机构是机器的组成部分，一台机器可能只包含一个机构，也可能包含若干个机构。

（2）机构的分类　根据用途不同，可将机构分为常用机构和专用机构。

各种机器中普遍使用的机构称为常用机构，例如连杆机构、凸轮机构、齿轮机构等，如图 1-6 所示。

a) 连杆机构　　连杆机构

b) 凸轮机构　　凸轮机构

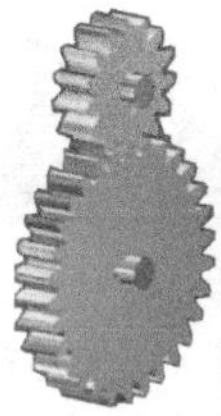

c) 齿轮机构　　齿轮机构

图 1-6　常用机构

只能在特定机器中使用的机构称为专用机构，例如图 1-7 所示钟表中的擒纵轮机构（由机架、擒纵轮、擒纵叉等组成）等。

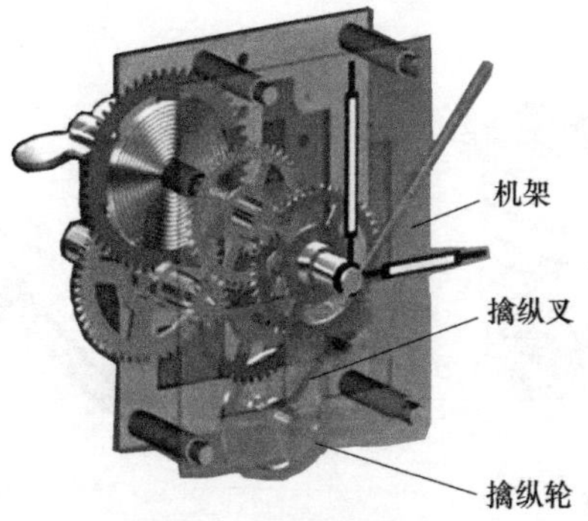

图 1-7　专用机构

钟表传动

擒纵轮机构

4. 构件

机械中的运动单元称为构件。构件可以是单一零件，也可以是由若干零件组成的刚性体。图 1-8 所示的内燃机连杆就是一个构件，它是由杆体、杆盖、螺栓和螺母等零件刚性连接而成的，这些零件形成运动单元，因此成为一个构件。

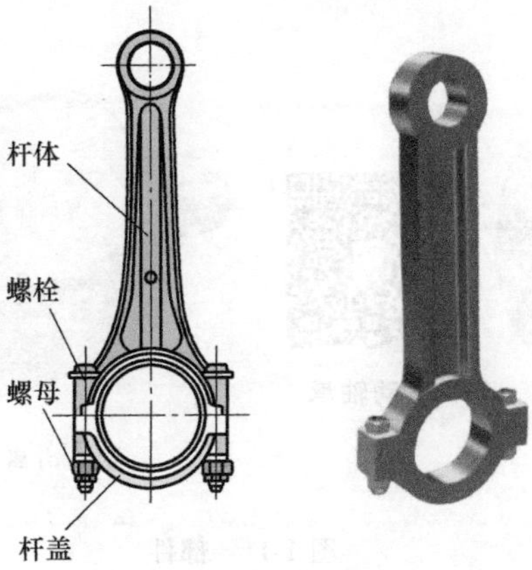

图 1-8　内燃机连杆

连杆

5. 零件

机械中不可拆的制造单元称为零件。根据用途不同，可将零件分为通用零件和专用零件两类。在各种机械中经常使用的零件称为通用零件，例如齿轮、轴、螺栓、键，如图 1-9 所示。仅在特定机械中使用的零件称为专用零件，例如活塞、曲轴，如图 1-10 所示。

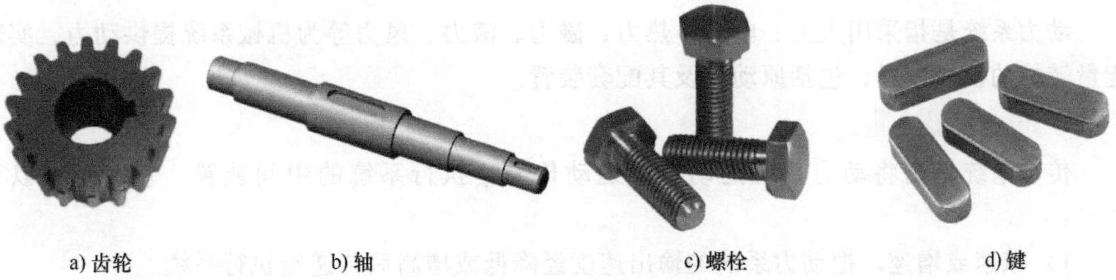

图 1-9　通用零件

a) 活塞

b) 曲轴

图 1-10　专用零件

6. 部件

机械中为协同完成某一功能而装配在一起的装配单元称为部件，常见的有滚动轴承、离合器、联轴器，如图 1-11 所示。

滚动轴承

a) 滚动轴承

离合器

b) 离合器

图 1-11　部件

二、机械系统的组成

由于本课程所涉及的对象主要是工作机器，所以在本课程中所指的机械系统，一般是指机械系统中的工作机器。机械系统一般由动力系统、传动系统、执行系统、操纵控制系统等组成。

1. 动力系统

动力系统是指采用人力、电力、热力、磁力、液力、风力等为机械系统提供动力，实现能量转换的机械装置，包括原动机及其配套装置。

2. 传动系统

传动系统是指将动力系统的动力和运动传递给执行系统的中间装置。它主要有以下功能：

1）减速或增速。把动力系统的输出速度经降低或增高后传递给执行系统。

2）变速。可实现有级或无级变速，将多种速度提供给执行系统。

3）传递动力。在传递速度同时将动力系统的动力传递给执行系统。

4）改变运动规律。按工作要求，将连续的匀速旋转运动改变为按某种规律变化的旋转或非旋转的其他运动。

3. 执行系统

执行系统又称工作机构或执行机构，是利用机械能改变作业对象的性质、状态、形状或位置，或者对作业对象进行检测、度量等，以进行生产或达到其他预定要求的装置。

4. 操纵控制系统

操纵控制系统是通过人工操作或测量元件获取的控制信号，经由控制器，使控制对象改变其工作参数或运行状态。操纵控制系统的功能是操纵和控制机械系统各组成部分协调动作，使之能可靠地完成工作任务。

传统机械系统主要着眼于运动和动力的传递，而现代机械系统则更注重信息的流动和控制。因此，操纵控制系统在现代机械系统中占有非常重要的地位。

【任务实施】

对图 1-1 所示飞机各组成部分的功能做如下分析。

从机械系统的组成及功能角度看，可将飞机的各个组成部分划分为动力系统、执行系统、传动系统、飞行操纵控制系统和辅助系统五部分。

1）动力系统：主要是指各种动力装置，包括发动机及其附属设备，例如燃油系统、润滑系统和散热设备等，主要功能是产生推动飞机前进的推力或拉力，使飞机克服飞行时受到的阻力。

2）执行系统：主要包括机体部分和起落装置。机体部分主要包括机身、机翼和尾翼。机身主要用来装载人员、货物、燃油、武器和机载设备，支持和固定机翼、尾翼、起落架等部件，把它们连成一个整体。机翼一般分为左右两个翼面，主要功能是使飞机产生升力。尾翼分为垂直尾翼和水平尾翼。垂直尾翼垂直安装在机身尾部，主要功能是平衡和控制飞机飞行的方向。水平尾翼水平安装在机身尾部，主要功能是平衡和控制飞机的俯仰。起落装置的功能是使飞机在地面或水面进行起飞、着陆、滑行和停放。着陆时还通过起落装置吸收撞击能量，改善着陆性能。

3）传动系统：主要包括机械传动系统、液压传动系统和电力传动系统，主要功能是将发动机输出的动力或功率传递给机翼和尾翼。常见的机械传动系统包括拉杆、摇臂、钢索和滑轮等。

4）飞行操纵控制系统：主要包括中央操纵机构（座舱中的驾驶杆、脚蹬）等，主要功能是操纵和控制飞机，改变飞行姿态等。

5）辅助系统：主要包括机载设备和飞机部附件。机载设备是指飞机所载有的各种附属设备，包括飞行仪表、通信、导航、环境控制、生命保障、能源供给等设备，以及与飞机用途有关的一些机载设备，例如战斗机的武器和火控系统，旅客机的客舱生活服务设施等，其主要功能是保障飞机飞行和使用的效能，保证飞机飞行的安全性和经济性。

【任务测评】

项目一　任务测评

【知识小结】

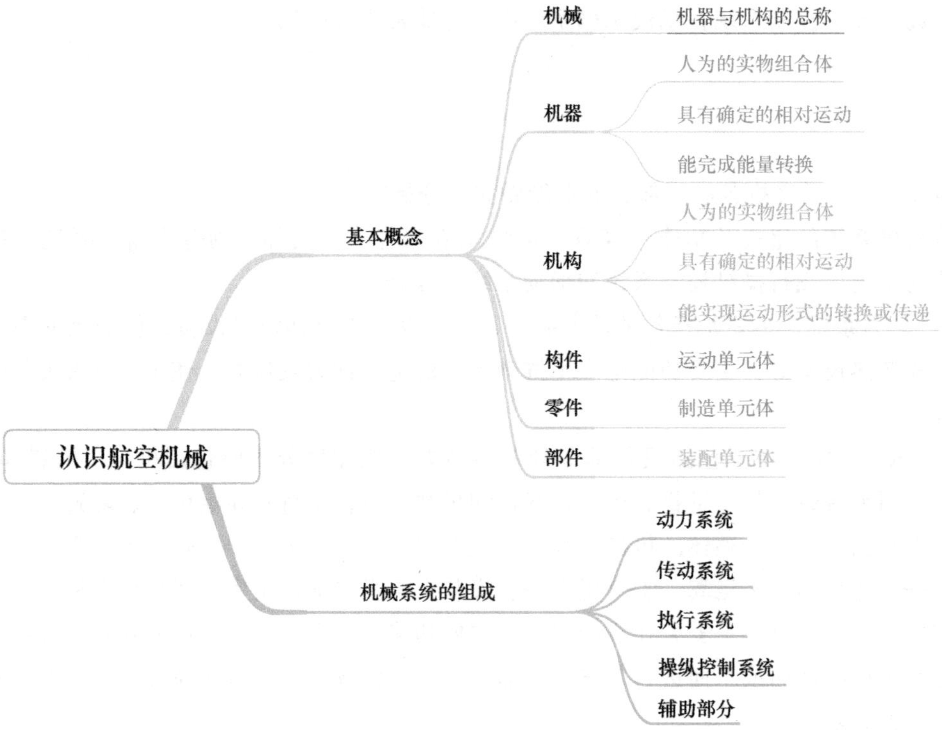

项目二

机主起落架收放机构

本项目设置了以飞机主起落架收放机构为载体的学习情境，通过绘制机构运动简图，判断机构运动确定性，分析其结构类型和运动特性，达到掌握平面机构组成分析和平面连杆机构相关内容及其在航空装备中应用的目的。

通过本项目的实施，达成以下教学目标。

1）知识目标：掌握机构运动简图的绘制方法；掌握机构运动确定性的判断方法；理解铰链四杆机构的基本型式和演化方式；掌握平面四杆机构运动特性及判定方法。

2）能力目标：具备绘制机构运动简图、会判断机构运动确定性的能力；具备判断铰链四杆机构基本型式的能力；具备分析平面四杆机构运动特性的能力；具备利用二维码获取数字信息资源和进行自评的能力。

3）素质目标：通过学习机构运动简图的绘制过程，具备忽略构件真实形状、抽象构件运动形态的思维能力；通过分析四杆机构运动特性，初步具备利用“趋利避害”原则选用四杆机构的能力；培养透过现象看本质的能力，塑造勇于探索、敢于创新的精神品质。

任务一　绘制飞机主起落架收放机构的运动简图

【任务描述】

飞机起落架是飞机的重要组成部分，主要功能是当飞机起飞、着陆、滑行、停放时起支承飞机的作用。收放机构是飞机起落架的重要组成部分，主要起着收放起落架的作用。图 2-1 所示为某型飞机主起落架结构，其中收放机构由机身、上撑杆、下撑杆和支柱组成。当主起落架放下时，上撑杆在作动筒的作用下运动，通过下撑杆带动支柱运动，实现收放功能。在航空机械中，常用机构运动简图表达机构的运动情况和工作原理。那么，飞机主起落架收放机构的运动简图是怎样的呢？如何进行绘制呢？

图 2-1　某型飞机主起落架结构

【任务分析】

从运动的角度看，机构是由构件和运动副组成的。机构的运动简图必须与机构具有完全相同的运动特性。要正确绘制飞机主起落架收放机构的运动简图，首先必须了解构件、运动副的表达方法，掌握绘制机构运动简图的方法，具备与绘制机构运动简图相关的知识。通过本任务的实施，掌握平面机构的组成原理，掌握绘制机构运动简图的方法。

【知识链接】

一、机构的组成

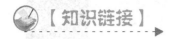

从运动学的观点来看，任何机构都是由构件和运动副组成的。根据机构所有构件是否都在相互平行的平面内运动，可将机构分为平面机构和空间机构两类。在机构中，若所有构件均在同一平面或几个相互平行的平面内运动，则这样的机构称为平面机构，否则称为空间机构。

1. 构件及分类

如前所述，构件是运动的单元体。按构件在机构中的地位和功能，可将其分为机架、原动件和从动件等。机构中作为参考坐标系的构件称为机架。一般情况下，机架安装在地面上，相对地面固定不动。如果将机架安装在运动的物体上，那么机架相对于该运动物体是固定不动的，而相对于地面则是运动的。因此，机架是机构中的“相对静止”构件。

机构中给定运动规律的构件称为主动件。通常，主动件也是驱动机构运动的外力所作用的构件，即原动件。其余的活动构件统称为从动件。当主动件按已知运动规律运动时，机构的从动件都将做完全确定的相对运动。

2. 运动副及分类

机构中的每个构件都以一定的方式与其他构件相互连接，但是这种连接不是固定连接，而是能产生一定相对运动的活动连接。这种由两个构件组成的活动连接称为运动副。

根据组成运动副的两构件之间相对运动的不同，可将运动副分为平面运动副和空间运动副；根据两构件的接触形式的不同，可将平面运动副分为低副和高副。

（1）低副　两构件之间通过面接触形成的运动副称为低副。

低副受载时，单位面积上的压力较小。根据两构件之间的相对运动形式的不同，又可将低副分为转动副和移动副。

1）转动副。若组成运动副的两个构件只能在一个平面内相对转动，这种运动副称为转动副，又称回转副或铰链，如图 2-2 所示，构件 1 与构件 2 形成转动副。

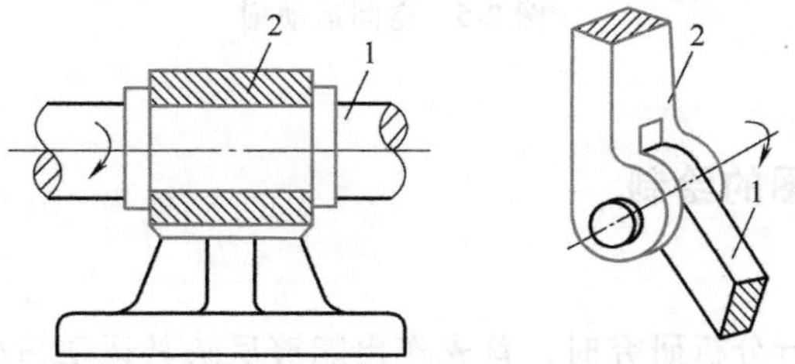

图 2-2　转动副

转动副

2）移动副。若组成运动副的两构件之间只能沿某一直线方向相对移动，将这种运动副称为移动副或棱柱副，如图 2-3 所示，构件 1 与构件 2 形成移动副。

（2）高副　两构件之间通过点或线接触形成的运动副称为高副。

形成高副的两构件之间的相对运动是转动兼移动。图 2-4 所示构件 1 与构件 2 之间，分别在其接触点（线）*A* 形成高副，构件 2 相对于构件 1 只能绕接触点 *A* 转动和沿公切线 *t-t* 方向移动，而不能沿公法线 *n-n* 方向移动。

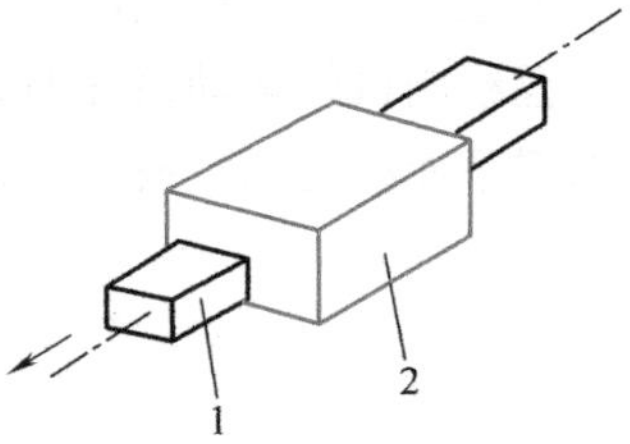

图 2-3　移动副

移动副

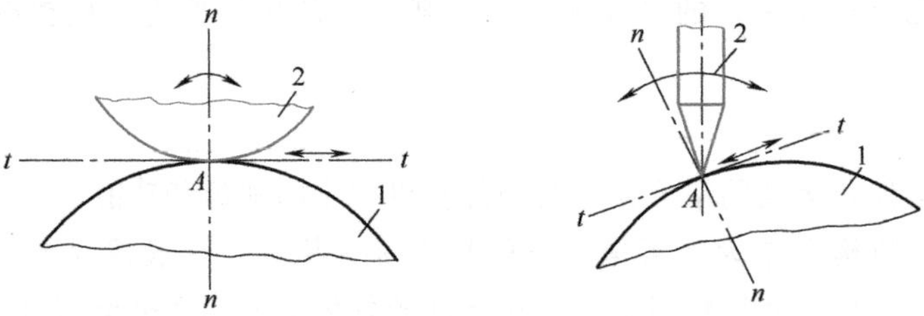

图 2-4　高副

高副

除上述平面运动副外，机械中还有空间运动副，如图 2-5 所示，其中图 2-5a 所示的构件 1 与构件 2 形成球面副，图 2-5b 所示的构件 1 与构件 2 形成螺旋副。空间运动副两构件之间的相对运动为空间运动。

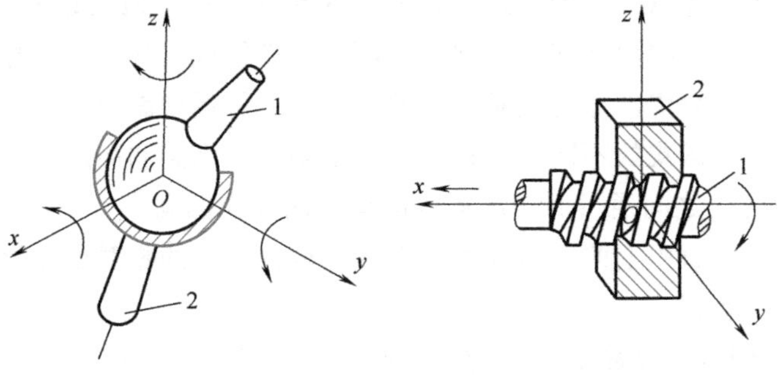

a) 球面副　　b) 螺旋副

图 2-5　空间运动副

二、机构运动简图的绘制

1. 机构运动简图

在对已有的机械进行分析研究时，首先作出能够反映其运动情况的机构运动简图。从运动学的观点来看，各种机构都是由构件通过运动副的连接而组成的，而构件的运动取决于运动副的类型和运动副的位置。因此，只要按机构中各构件的实际尺寸，以一定的比例确定出各运动副的位置，就可以用简单的符号和线条把机构的运动情况表现出来。这种表示机构运动情况的简单图形称为机构运动简图。

用机构运动简图表示的机构，应与原机构有完全相同的运动特性。机构运动简图不仅可以表示出机构的运动情况，而且可以根据该图用图解法进行机构的运动分析和受力分析。

简图有时仅用来表示机构的运动情况，无须据以进行运动分析，这时可不要求按严格的比例绘制，这样的简图称为机构示意图。

机构运动简图所要表示的主要内容为：运动副类型和数目、构件的数目、运动尺寸等。

2. 机构运动简图的符号

（1）运动副的表示法

1）转动副的表示方法。转动副都用小圆圈表示，如图 2-6 所示。图 2-6a 所示图形表示两个活动构件形成的回转副；如果两构件之一是机架，则在机架上画上斜线，如图 2-6b、c 所示。

2）移动副的表示方法。移动副的表示方法如图 2-7 所示，其中画斜线的构件是机架。

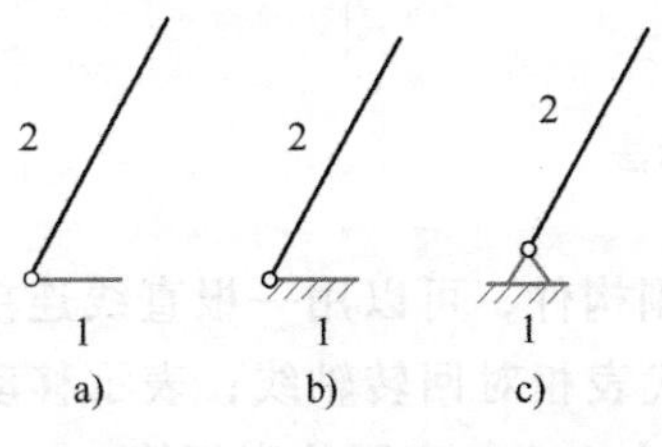

图 2-6 转动副的表示法

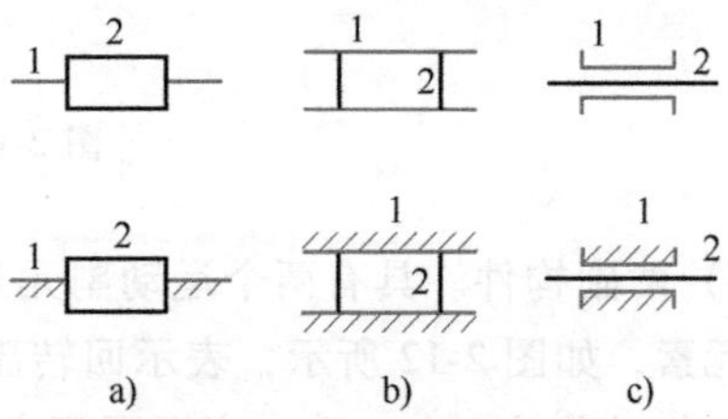

图 2-7 移动副的表示法

3）高副的表示方法。当两构件组成平面高副时，其运动简图中应画出两构件接触处的曲线轮廓。对于凸轮、滚子，习惯画出其全部轮廓，如图 2-8a 所示。对于齿轮，常用细实线画出其节圆，如图 2-8b 所示。

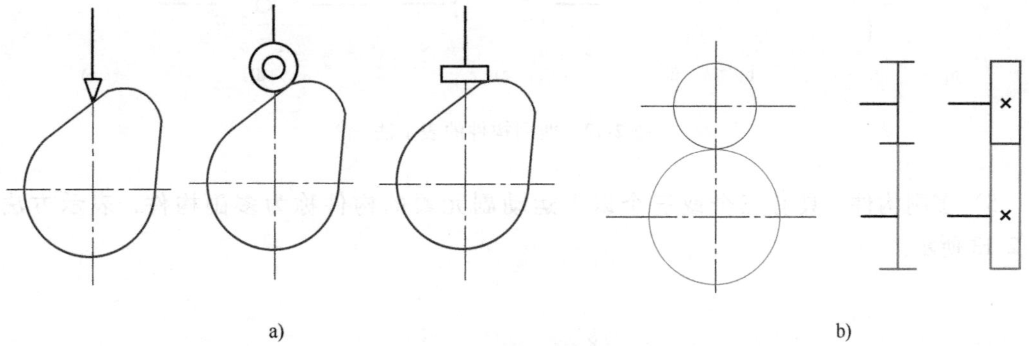

图 2-8 高副的表示法

（2）构件的表示法 构件的相对运动是由运动副决定的。因此，在表达机构运动简图中的构件时，只需将构件上的所有运动副元素按照它们在构件上的位置用符号表示出来，再用简单线条将它们连成一体即可。

1）一般构件。一般构件常用一根直线表示或方框表示，如图 2-9 所示。

2）固定构件。固定构件也就是机架，用任意形状画上斜线表示，如图 2-10 所示。

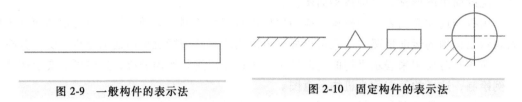

图 2-9　一般构件的表示法

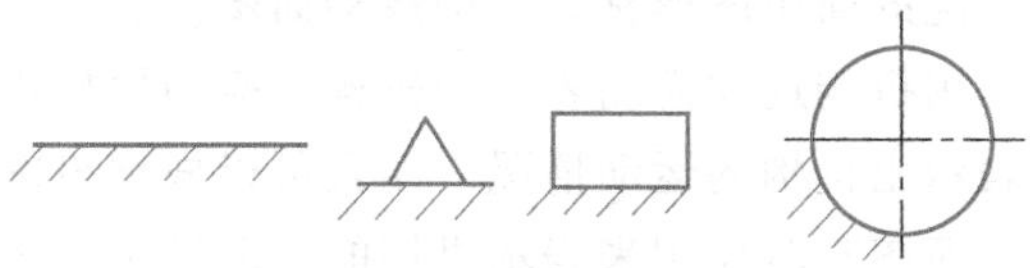

图 2-10　固定构件的表示法

3）同一构件。若干构件固连在一起，称为同一构件，用任意若干形状涂以焊接记号表示，如图所示 2-11 所示。

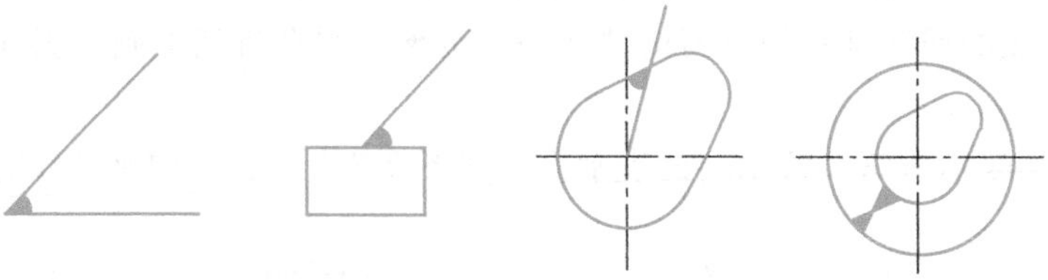

图 2-11　同一构件的表示法

4）两副构件。具有两个运动副元素的构件称为两副构件，可以用一根直线连接两个运动副元素，如图 2-12 所示，表示回转副的小圆的圆心代表相对回转轴线；表示移动副的导路应与相对移动方向一致；表示平面高副的曲线的曲率中心应与实际轮廓相符。

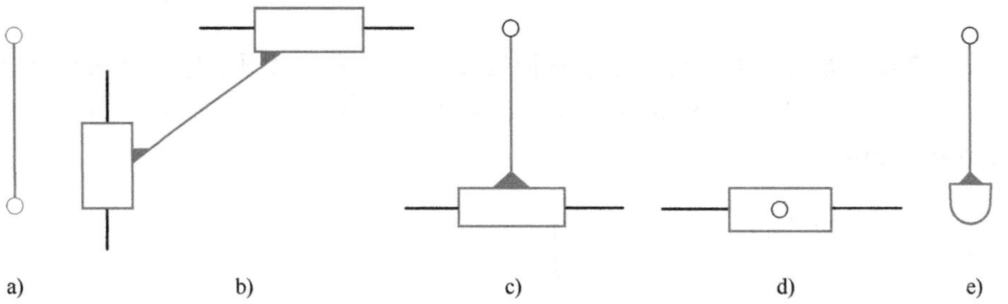

图 2-12　两副构件的表示法

5）多副构件。具有三个或三个以上运动副元素的构件称为多副构件，表示方法如图 2-13 所示。

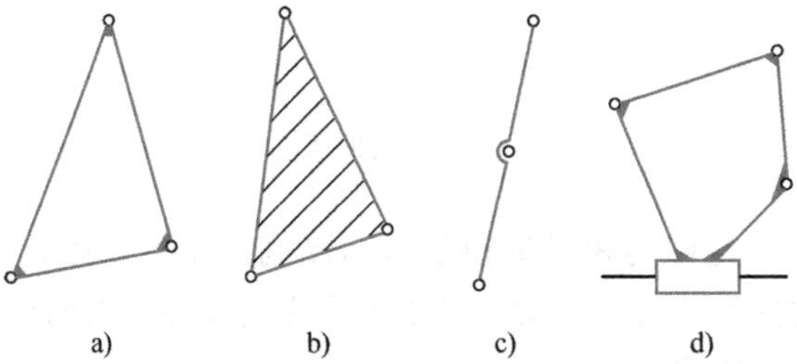

图 2-13　多副构件的表示法

（3）其他常用机构的表示法　其他常用机构（如齿轮传动机构、凸轮机构等机构）的运动简图见表 2-1。

表 2-1　常用机构运动简图

名　称	符　号	名　称	符　号
在支架上的电动机	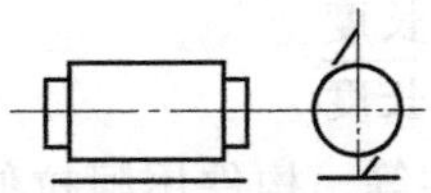	齿轮齿条传动	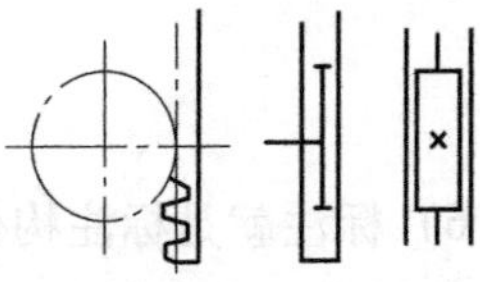
带传动	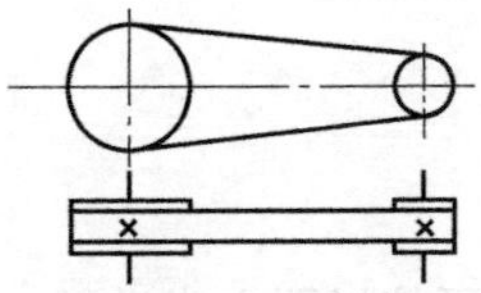	锥齿轮传动	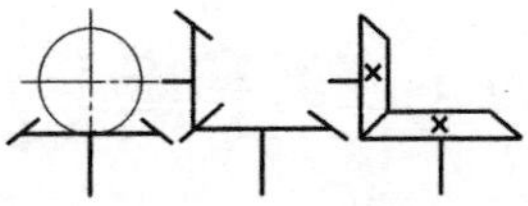
链传动	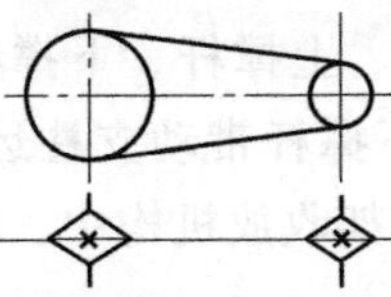	圆柱蜗杆传动	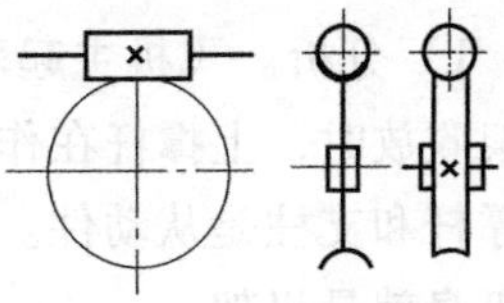
摩擦轮传动	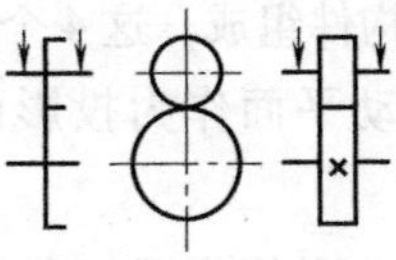	凸轮传动	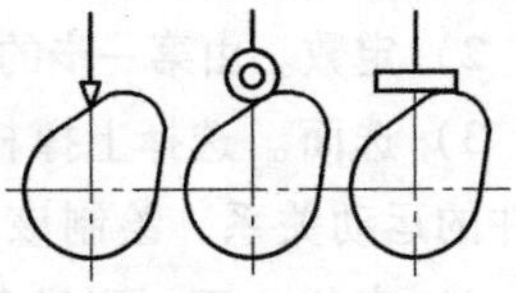
外啮合圆柱齿轮传动	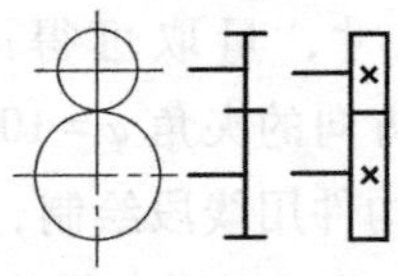	槽轮机构	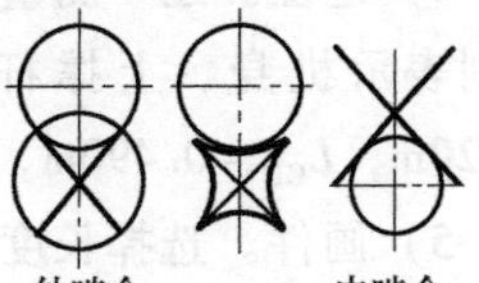 外啮合　内啮合
内啮合圆柱齿轮传动	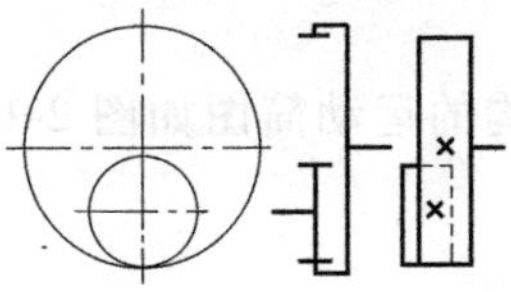	棘轮机构	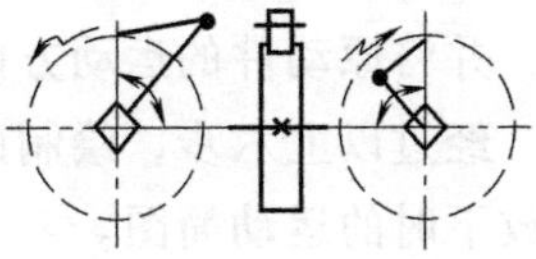 外啮合　内啮合

（4）机构运动简图的绘制　绘制给定机构的运动简图，一般按照分析、定数、选面、定位、画件、标注六步进行。

1）分析就是了解机构的组成和运动情况。首先要分析机构的结构和运动情况，找出机架、原动件和执行部分。

2）定数就是遵循运动传递路线，弄清该机构由多少个构件组成、各构件间构成了何种运动副等，从而确定构件的数目、运动副的数目及类型。

3）选面就是选择合适的投影面，从而将机构运动简图表达清楚。一般情况下，可以选择多数构件的运动平面作为投影面，这样可以较直观地表达各构件间的运动关系。

4）定位就是测量构件的运动尺寸，确定运动副的位置。运动尺寸包括各构件上运动副之间的距离和角度等。

5）画件就是选择视图平面和比例尺，用规定的构件和运动副的符号，把构件和运动副绘制出来。

根据图纸的幅面及构件的实际长度，选择适当的比例尺 μ_L，单位为 m/mm。可按下式计算：

$$\mu_L = \frac{\text{构件的实际长度}}{\text{构件的图示长度}}$$

6）标注就是标注构件的序号、运动副、原动件等。构件用阿拉伯数字进行编号，运动副用大写英文字母编号，原动件的运动方向用箭头标明。

【任务实施】

绘制图 2-1 所示飞机主起落机构的运动简图，可按以下六步进行。

1）分析。飞机主起落架的收放机构主要由机身、上撑杆、下撑杆和支柱组成，当主起落架收放时，上撑杆在作动筒的作用下运动，通过下撑杆带动支柱运动。上撑杆是原动件，下撑杆和支柱是从动件。在图 2-1 所示的飞机主起落架收放机构中，机身是固定不动的，因此机身就是机架。

2）定数。由第一步的分析可知，该起落架由 4 个构件组成，这 4 个构件之间均形成转动副。

3）选面。选择上撑杆、下撑杆、支柱所在的运动平面作为投影面，以便直观地表达各构件的运动关系，绘制该机构的运动简图。

4）定位。逐一测量各构件的运动尺寸，确定运动副的位置。若用 L_{AB}、L_{BC}，L_{CD}，L_{DA} 分别表示机身、上撑杆、下撑杆、支柱的运动尺寸，量取可得：$L_{AB}=0.650\text{m}$，$L_{BC}=0.320\text{m}$，$L_{CD}=0.490\text{m}$，$L_{DA}=0.460\text{m}$，机身与水平方向的夹角 $\varphi=10°$。

5）画件。选择长度比例尺 $\mu_L=0.01\text{m/mm}$，各构件用线段绘制，转动副用圆圈绘制。

6）标注。构件用阿拉伯数字 1、2、3、4 编号，运动副用大写英文字母 *A*、*B*、*C*、*D* 编号，并将原动件的运动方向用箭头标明。

经过以上六步，绘制的飞机主起落架收放机构的运动简图如图 2-14 所示，图示为起落架放下时的运动简图。

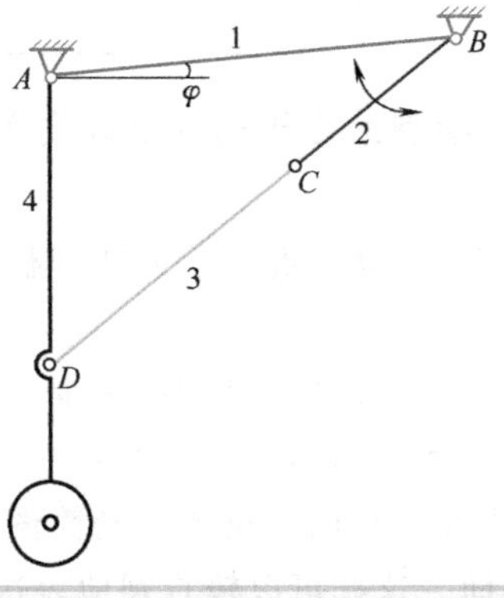

图 2-14　飞机主起落架收放机构的运动简图

飞机起落架收放机构

【任务测评】

项目二 任务一任务测评

【知识小结】

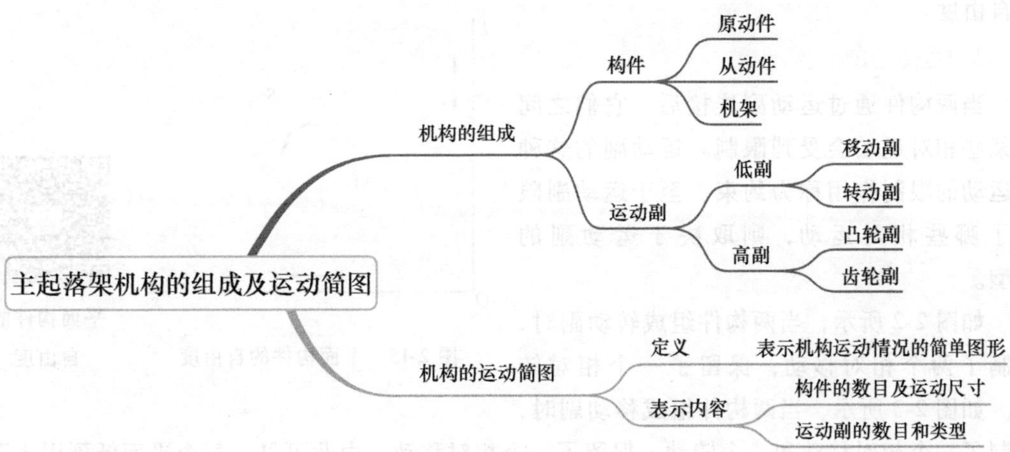

任务二 判定飞机主起落架收放机构运动确定性

【任务描述】

机器是由机构组成的，只有在机构具有确定相对运动的情况下，机器才能完成相应的功能。因此，判断机构运动的确定性至关重要。根据机构的运动简图，通过计算机构的自由度，并依据机构具有确定相对运动的条件，就能够判断机构运动的确定性。试根据图 2-14 所示飞机主起落架收放机构的运动简图，判断该飞机主起落架收放机构运动的确定性，并说明原因。

【任务分析】

机构的运动是否确定，与机构的自由度和机构中原动件的数目有关。机构的自由度是分析和判断机构运动确定性的重要依据，因此正确计算机构的自由度至关重要。要正确计算机构的自由度，必须掌握构件的自由度和运动副的约束，理解机构自由度的概念，掌握正确计算机构自由度的方法，才能准确判断机构的运动。

【知识链接】

一、平面机构自由度

1. 构件的自由度

一个做平面运动的自由构件，具有三种可能的独立运动，如图 2-15 所示。在直角坐标系中，平面自由构件 S 可以在 xOy 平面内绕任意一点 A 转动和随点 A 沿 x、y 方向移动。构件的这种可能出现的独立的自由运动，称为构件的自由度。一个做平面运动的自由构件有三个自由度。

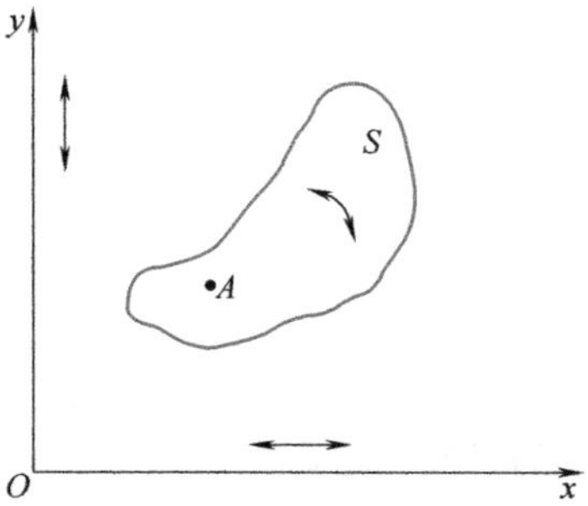

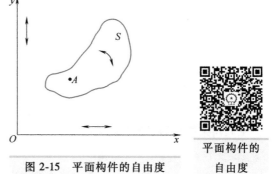

图 2-15 平面构件的自由度

平面构件的自由度

2. 运动副的约束

当两构件通过运动副连接后，它们之间的某些相对运动会受到限制。运动副的这种对运动的限制作用称为约束。至于运动副限制了哪些相对运动，则取决于运动副的类型。

如图 2-2 所示，当两构件组成转动副时，限制了两个相对移动，保留了一个相对转动。如图 2-3 所示，当两构件组成移动副时，限制了一个相对移动和一个转动，保留了一个相对移动。由此可见，每个平面低副引入两个约束，保留了一个自由度。

如图 2-4 所示，当两构件组成平面高副时，限制了沿接触点 A 处公法线 n-n 方向上的相对移动，保留了沿公切线 t-t 方向上的相对移动和绕点 A 的相对转动。由此可见，每个平面高副引入一个约束，保留了两个自由度。

3. 机构的自由度

机构中所有活动构件相对于机架所能产生的独立运动的总数目称为机构的自由度。

设在一个平面机构中，若共有 N 个构件，除去机架外，其活动构件数目为 $n=N-1$。显然，这 n 个活动构件在未组成运动副之前，其自由度总数应为 $3n$，当它们用 P_L 个低副和 P_H 个高副组成机构后，因为每个低副引入两个约束，而每个高副引入一个约束，因此共引入（$2P_L+P_H$）个约束。由此可知，平面机构的自由度 F 为

$$F=3n-2P_L-P_H \tag{2-1}$$

二、机构具有确定相对运动的条件

机构是具有确定相对运动的构件系统。所谓机构具有确定的相对运动，是指该机构中所有构件在任一瞬时的运动都是确定的。判断机构是否具有确定的运动，是通过机构的自由度

来判断的，即机构的运动情况与其自由度存在一定的内在联系。

1. 机构自由度小于或等于零的情况

若机构自由度小于或等于零，表示机构无独立的相对运动，即不能动。如图 2-16a 所示，三个构件由三个转动副相连，并固定一构件作为机架时，由式（2-1）可得

$$F=3n-2P_L-P_H=3\times2-2\times3-0=0$$

即各构件之间不可能产生任何相对运动，而成为一个静定的桁架。

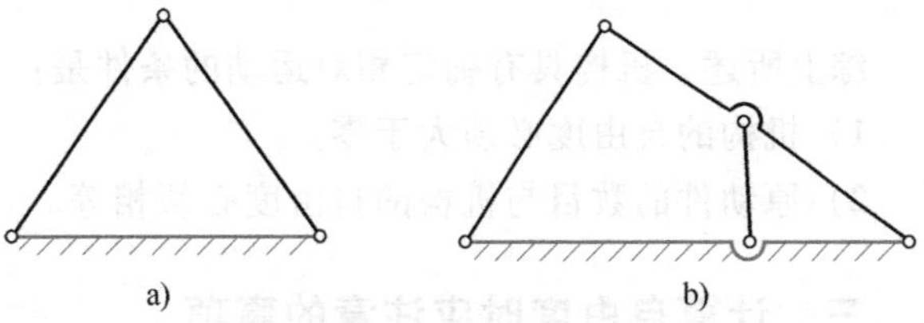

图 2-16　桁架

如图 2-16b 所示，若四个构件用五个转动副连接起来，并取一构件为机架，从形式上看，似乎还有三个活动构件，但由式（2-1）可得

$$F=3n-2P_L-P_H=3\times3-2\times5-0=-1<0$$

足见其约束过多，成为超静定的桁架，自然也不能成为机构。

2. 机构自由度大于零的情况

图 2-17 所示为五杆机构。设构件 5 为机架，则活动构件数 $n=4$，运动副全部为低副，即 $P_L=5$，$P_H=0$，由式（2-1）可得该机构的自由度为

$$F=3n-2P_L-P_H=3\times4-2\times5-0=2$$

若给定一个原动件，例如给定构件 1 的角位移规律 $\varphi_1=\varphi_1(t)$。此时，构件 2、3、4 的运动不能确定。因为当构件 1 处于图示 AB 位置时，构件 2、3、4 可以在 BC、CD 及 DE 位置，也可以在 BC'、$C'D'$ 及 $D'E$ 位置或在其他位置。这说明原动件数少于机构的自由度时其运动是不确定的。若构件 4 也为原动件，其独立运动参数为 $\varphi_4=\varphi_4(t)$。此时，该机构在两个原动件的作用下，其余各构件的运动便完全确定了。

图 2-18 所示为四杆机构，若构件 4 作为机架，则 $n=3$，$P_L=4$，$P_H=0$，由式（2-1）可得其自由度为

$$F=3n-2P_L-P_H=3\times3-2\times4-0=1$$

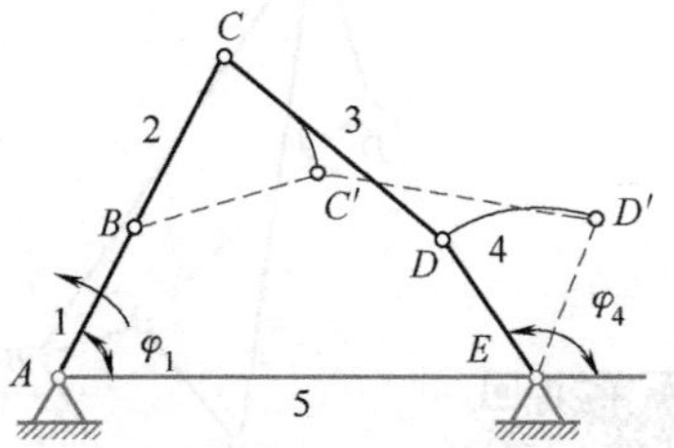

图 2-17　五杆机构

五杆机构

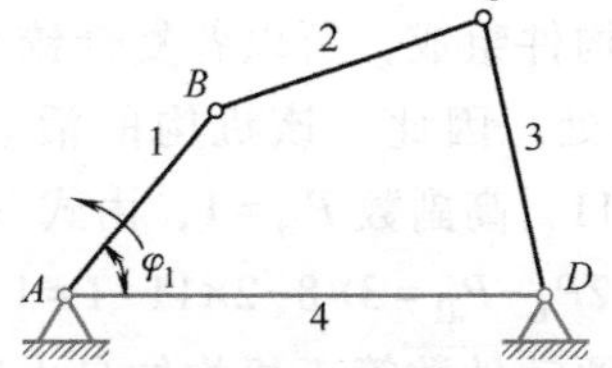

图 2-18　四杆机构

四杆机构

设构件 1 为原动件，φ_1 为其独立转动的参变量。那么，每给定一个 φ_1 的值，构件 2、3 便有一个随之确定的对应位置，说明该机构具有的运动是确定的。若在该机构中同时以构件

1 和 3 作为原动件，这时构件 2 势必既要处于由原动件 1 的参变量 φ_1 所决定的位置，又要随构件 3 的独立运动规律而运动，显然是不可能的。这说明，当原动件数多于机构的自由度时，机构的运动是不确定的。

3. 机构具有确定相对运动的条件

综上所述，机构具有确定相对运动的条件是：

1）机构的自由度必须大于零。

2）原动件的数目与机构的自由度必须相等。

三、计算自由度时应注意的事项

根据机构运动简图计算自由度时，应注意以下特殊情况：

1. 复合铰链

如图 2-19a 所示，构件 1 与构件 2、3 组成两个转动副。这种由三个以上构件组成的轴线重合的转动副称为复合铰链。可以推证，由 k 个构件组成的复合铰链应含有（k-1）个转动副。

当两转动副轴线间距离缩小至两轴线重合时，如图 2-19b 所示，这种由三个构件组成的轴线重合的两个转动副，初学者往往容易把它们看成一个转动副。但由图 2-19c 所示的侧面视图可见，这三个构件显然组成了两个转动副。

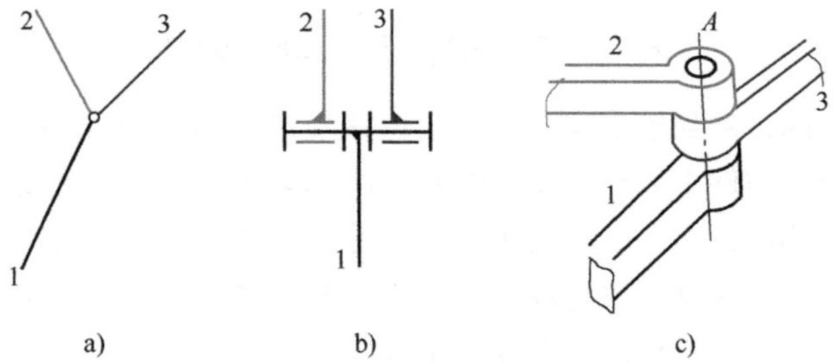

图 2-19　复合铰链

【例 2-1】　试计算图 2-20 所示直线机构的自由度（标有箭头的构件为原动件），并判断其运动确定性。

【解】　由于此机构 A、B、C、E、F 五处都是复合铰链，且均有三个构件组成，所以各复合铰链都含有两个转动副，高副一处。因此，该机构的活动构件数为 $n=8$，低副数 $P_L=11$，高副数 $P_H=1$，由式（2-1）得

$$F=3n-2P_L-P_H=3\times8-2\times11-1=1$$

因为 $F>0$，且原动件数等于机构的自由度，所以该机构的运动是确定的。

直线机构

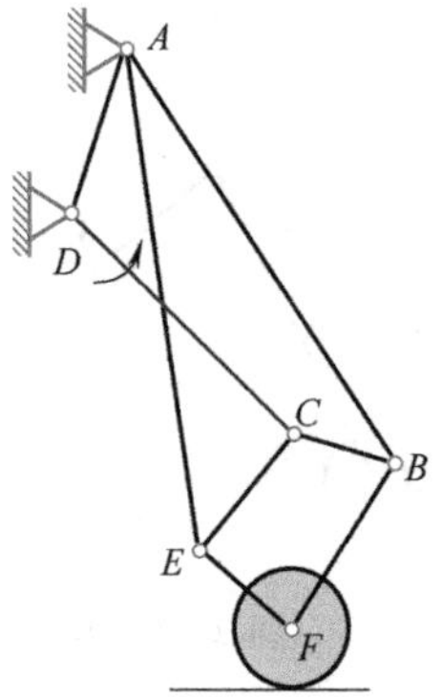

图 2-20　直线机构

2. 局部自由度

图 2-21a 所示为凸轮机构，当凸轮 2 绕固定铰链 A

沿逆时针方向转动时，凸轮将通过滚子 4 迫使构件 3 在导轨中做有规律的上、下往复运动，显然该机构的自由度为 1。但在计算自由度时，初学者容易误认为：$n=3$，$P_L=3$，$P_H=1$，因而

$$F=3n-2P_L-P_H=3\times3-2\times3-1=2$$

这与实际不符。原因是滚子绕其自身轴线的自由转动并不影响其他构件的运动。这种对整个机构的运动无关的自由度称为局部自由度。在计算机构的自由度时，局部自由度应除去不计，即 $P_L=2$。为了防止计算差错，在计算自由度时，可以设想将滚子与从动件焊接在一起（图 2-21b），$n=2$，预先排除局部自由度，再进行计算，即

$$F=3n-2P_L-P_H=3\times2-2\times2-1=1$$

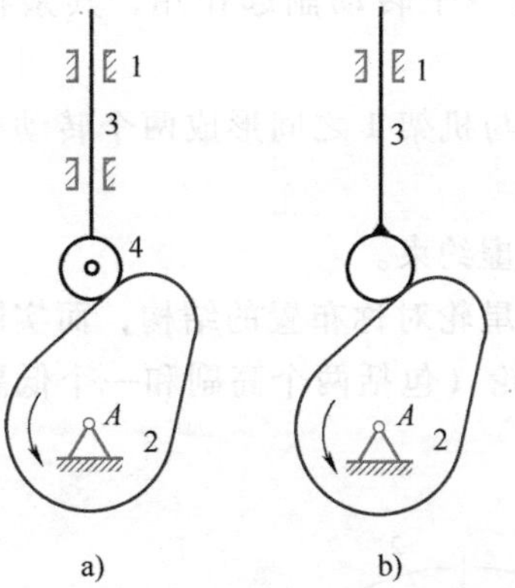

图 2-21　凸轮机构中的局部自由度

凸轮机构中的局部自由度 a）

凸轮机构中的局部自由度 b）

3. 虚约束

在运动副所加的约束中，有些约束是重复的。这种重复的不起独立限制作用的约束称为虚约束。在计算机构的自由度时，应将虚约束除去不计。

在图 2-22a 所示机构中，$AB//CD$，$BC//AD$，自由度 $F=1$。因四边形 $ABCD$ 为平行四边形，BC 始终平行于 AD，故连杆 2 做平动，其上各点的运动轨迹形状相同，连杆 2 上点 E 的轨迹是以点 F 为圆心、EF 为半径的圆弧，且 $EF//AB$。不难看出，如果在点 E、点 F 之间增加一个构件和两个转动副，如图 2-22b 所示，对机构的运动不产生任何影响，机构自由度仍保持不变。但是，如运用式（2-1）进行计算时，则因 $n=4$，$P_L=6$，$P_H=0$，得

$$F=3n-2P_L-P_H=3\times4-2\times6-0=0$$

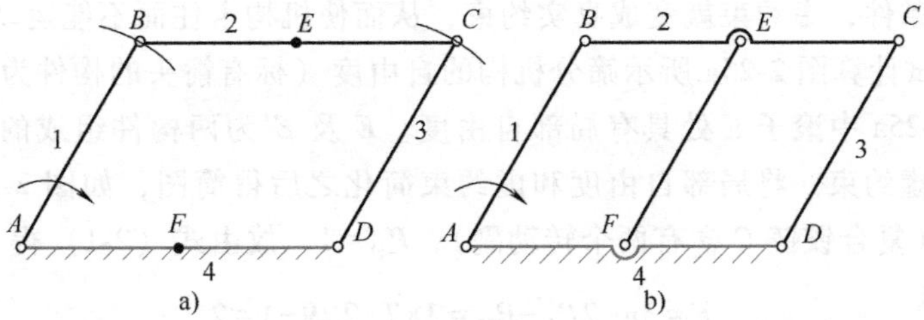

图 2-22　虚约束示例一

虚约束示例一

这一结论显然是错误的，该错误是由于构件 *EF* 和两个转动副引入一个虚约束而造成的。这里，构件 *EF* 连同其两个转动副的引入，对机构的运动不产生任何影响。因此，在计算自由度时，应将产生虚约束的构件和运动副去掉，再进行计算。

平面机构的虚约束常出现于下列场合：

1）两构件始终等距的两点，用一个构件和两个转动副连接时，将引入一个虚约束。

图 2-22b 所示机构即属此例。这种虚约束，通常需要几何证明才能确认。

2）两构件间构成导路平行的多个移动副时，只有一个起约束作用，其余都是虚约束。

在图 2-21a 所示凸轮机构中，其直动从动件与机架之间形成两个移动副且导路相同，其中一个起作用，因此可用图 2-21b 所示的一个移动副来代替。

3）两构件构成多个转动副且其轴线重合时，只有一个转动副起作用，其余都是虚约束。

如图 2-23 所示，齿轮 2 与轴固连成为一个构件，它与机架 1 之间形成两个转动副且轴线重合，其中一个为真实约束，另一个为虚约束。

4）机构中对运动不起独立限制作用的对称部分属于虚约束。

在图 2-24 所示轮系中，为了受力均衡采用了三个行星轮对称布置的结构，而实际上只有一个行星轮便能满足运动要求。这里每增加一个行星轮（包括两个高副和一个低副）便引入一个虚约束。

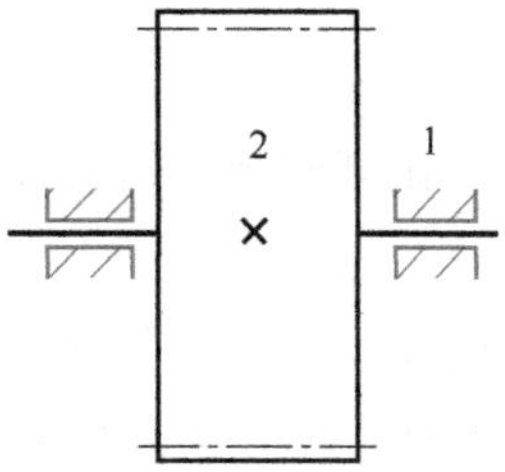

图 2-23　虚约束示例二

虚约束示例二

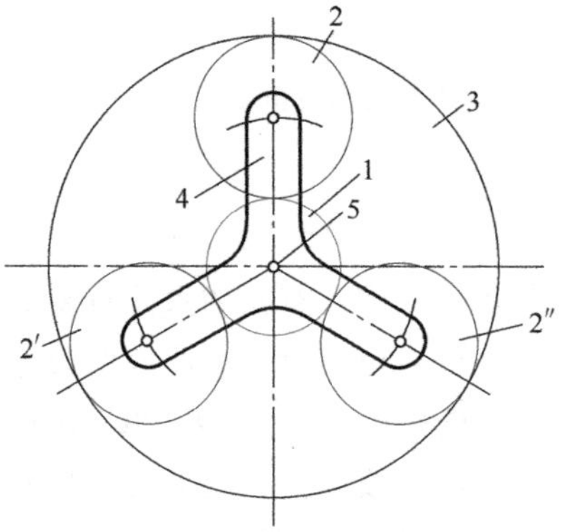

图 2-24　虚约束示例三

虚约束示例三

虚约束虽不影响机构的运动，但可以增加构件的刚性，改善受力状况，因而在结构设计中被广泛地采用。必须指出，只有在特定条件下才能构成虚约束，如果加工误差太大，满足不了特定的几何条件，虚约束就变成真实约束，从而使机构卡住而不能运动。

【例 2-2】　试计算图 2-25a 所示筛分机构的自由度（标有箭头的构件为原动件）。

【解】　图 2-25a 中滚子 *F* 处具有局部自由度。*E* 及 *E′* 为两构件组成的导路平行的移动副，其中之一为虚约束。将局部自由度和虚约束简化之后得简图，如图 2-25b 所示。这时，因 $n=7$，$P_L=9$（复合铰链 *C* 含有两个转动副），$P_H=1$，故由式（2-1）得

$$F=3n-2P_L-P_H=3\times7-2\times9-1=2$$

由于此机构的自由度等于 2，有两个原动件，所以该机构的运动是确定的。

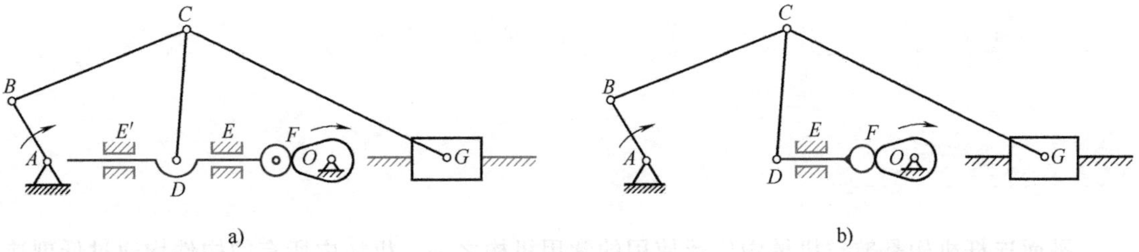

图 2-25 筛分机构

【任务实施】

根据图 2-14 所示飞机主起落架收放机构运动简图判断其运动的确定性。

1）计算机构的自由度。该机构的活动构件是上撑杆、下撑杆和支柱，共 3 个，故 $n=3$，各构件之间形成的都是转动副，故低副 $P_L=4$，高副 $P_H=0$。根据式（2-1），可计算该机构的自由度为

$$F=3n-2P_L-P_H=3\times3-2\times4-0=1$$

2）判断机构运动的确定性。该机构的自由度为 1，大于零，原动件数目也为 1，原动件数目等于机构的自由度数目，满足机构具有确定相对运动的条件，因此飞机主起落架收放机构的运动是确定的。

【任务测评】

项目二 任务二任务测评

【知识小结】

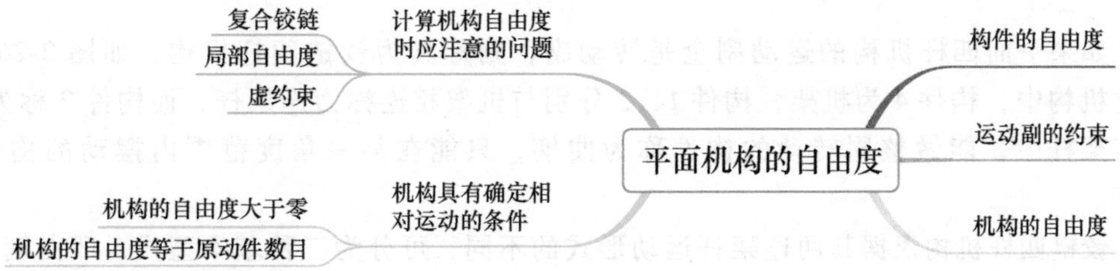

任务三　判别飞机主起落架收放机构的类型

【任务描述】

平面连杆机构是航空机械中广泛使用的常用机构之一。机构中所有的构件均通过低副连接而成的平面机构称为平面连杆机构。它具有以下优点：由于低副是面接触，故耐磨损，且制造简便，易于获得较高的制造精度；又由于两构件间的接触靠其自身的几何封闭来实现，故结构简单；构件基本形状是杆状，便于实现远距离的运动传递；各构件运动形式多种多样，便于实现构件间的运动形式转换等。平面连杆机构的缺点是：低副中存在间隙，构件和运动副数目较多，会引起运动积累误差，且机构的设计较复杂，不易精确地实现复杂的运动规律。

由四个构件组成的平面连杆机构称为平面四杆机构。四个运动副均为转动副的平面四杆机构称为铰链四杆机构。铰链四杆机构是最简单的平面四杆机构，是研究多杆机构的基础。

图 2-1 所示的飞机主起落架收放机构就属于铰链四杆机构，其工作原理是：上撑杆在作动筒的带动下运动，通过下撑杆带动支柱运动，实现收放功能。该收放机构是典型的铰链四杆机构之一，其运动简图如图 2-14 所示。若已知各构件的尺寸：$L_{AB}=0.650\text{m}$，$L_{BC}=0.320\text{m}$，$L_{CD}=0.490\text{m}$，$L_{DA}=0.460\text{m}$，试判别该飞机主起落架收放机构属于铰链四杆机构中的哪种类型，并分析其运动特点。

【任务分析】

铰链四杆机构包括曲柄摇杆机构、双摇杆机构和双曲柄机构三种基本型式。这三种基本型式在航空机械中都有着广泛的应用。判断曲柄是否存在是判断一个铰链四杆机构属于哪种基本型式的关键，构件的尺寸不同，其类型也会不同。要正确判断飞机主起落架收放机构是哪种类型的铰链四杆机构，必须掌握铰链四杆机构基本型式的判断方法。

【知识链接】

一、铰链四杆机构的基本型式及其应用

1. 铰链四杆机构的基本型式

如果平面四杆机构的运动副全是转动副，则称其为铰链四杆机构，如图 2-26 所示。在此机构中，构件 4 为机架，构件 1、3 分别与机架相连称为连架杆，而构件 2 称为连杆。在连架杆中，能做整周转动的构件称为曲柄，只能在某一角度范围内摆动的构件称为摇杆。

铰链四杆机构根据其两连架杆运动形式的不同，可分为三种基本型式，即曲柄摇杆机构、双曲柄机构和双摇杆机构，如图 2-27 所示。

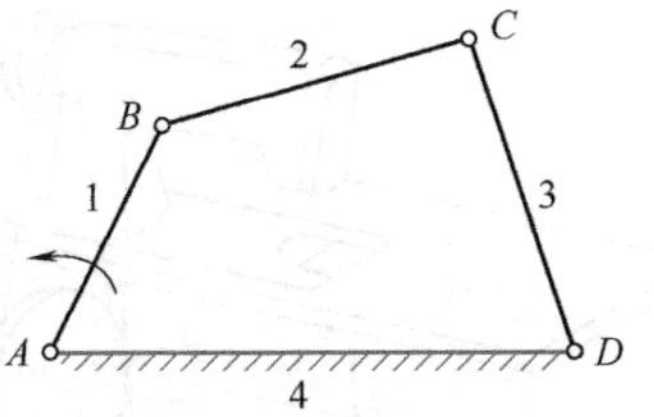

图 2-26 铰链四杆机构

铰链四杆机构

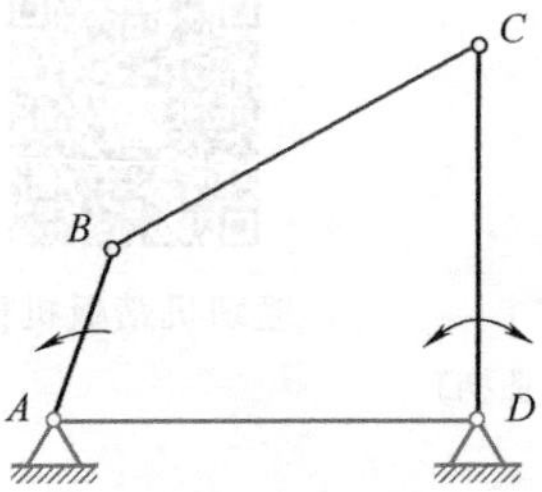

a) 曲柄摇杆机构

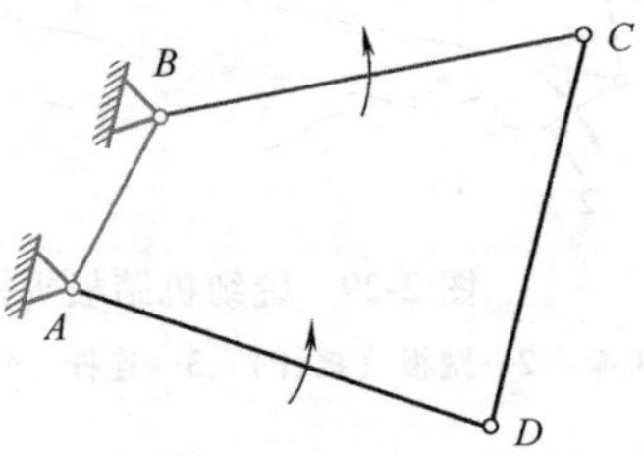

b) 双曲柄机构

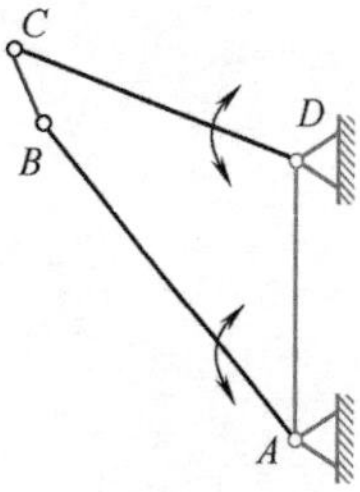

c) 双摇杆机构

曲柄摇杆机构　双曲柄机构　双摇杆机构

图 2-27 铰链四杆机构的基本型式

（1）曲柄摇杆机构　若铰链四杆机构的两连架杆一个为曲柄，另一个为摇杆，则称其为曲柄摇杆机构。这种机构的运动特点是，当曲柄做匀速转动时，摇杆在一定范围内摆动。图 2-28 所示雷达天线俯仰机构和图 2-29 所示缝纫机的踏板机构，都是曲柄摇杆机构的应用实例。其中，雷达天线俯仰机构以曲柄为主动件，而缝纫机的踏板机构则是以摇杆为主动件。

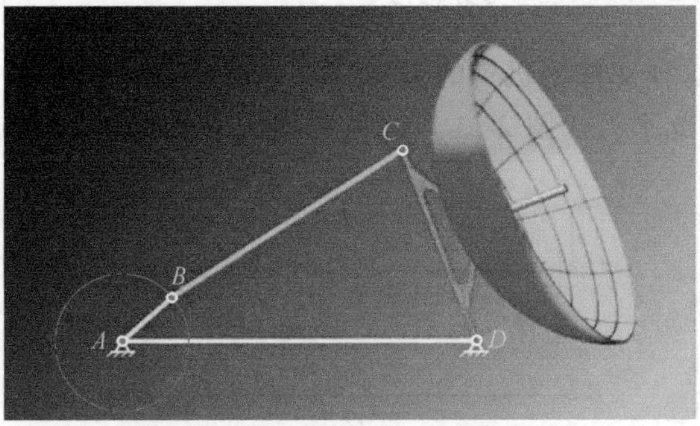

图 2-28 雷达天线俯仰机构

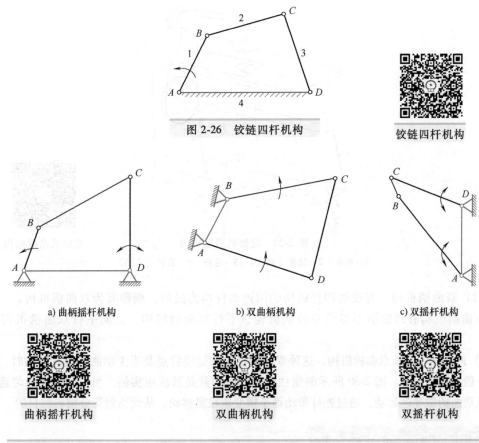

雷达天线俯仰机构

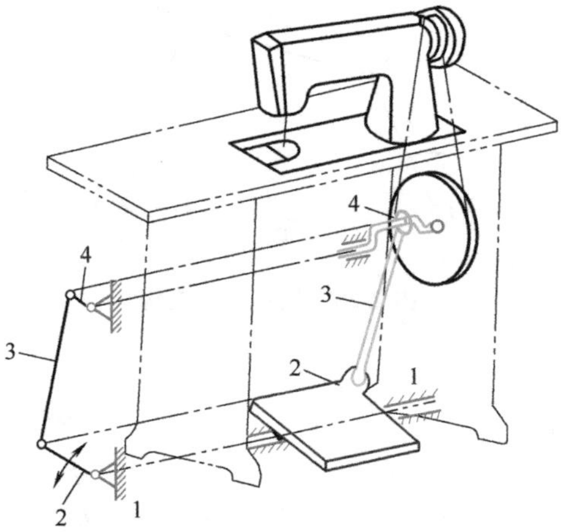

图 2-29　缝纫机踏板机构

1—机架　2—踏板（摇杆）　3—连杆　4—曲轴（曲柄）

缝纫机踏板机构

（2）双曲柄机构　若铰链四杆机构的两连架杆均为曲柄，则称其为双曲柄机构。

双曲柄机构有两曲柄不等长双曲柄机构、平行双曲柄机构、反向平行双曲柄机构三种型式。

1）两曲柄不等长双曲柄机构。这种双曲柄机构的运动特点是当主动曲柄匀速转动时，从动曲柄一般做变速运动。图 2-30 所示的惯性筛筛分机构就是其应用实例。当主动曲柄做匀速转动时，从动曲柄做变速运动，通过连杆带动筛子做变速往复移动，从而达到筛分物料的目的。

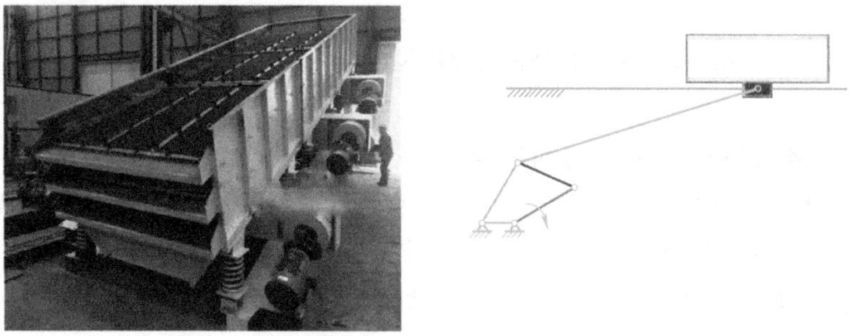

图 2-30　惯性筛筛分机构

惯性筛筛分机构

2）平行双曲柄机构。这种双曲柄机构的运动特点是两曲柄的长度相等，转向相同，连杆与机架的长度也相等且彼此平行。图 2-31 所示的托盘天平机构就是其应用实例。

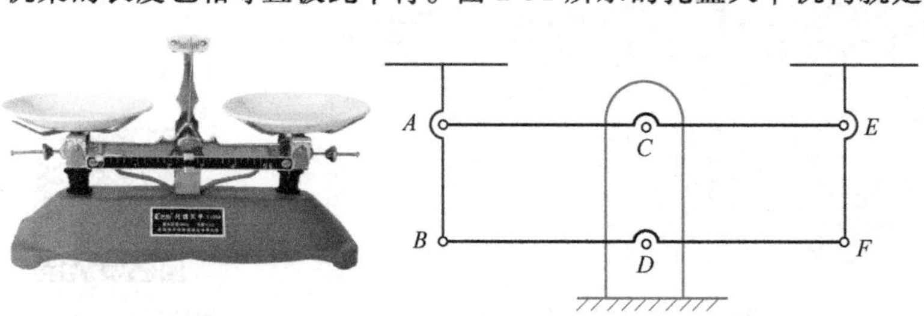

图 2-31　托盘天平机构

托盘天平机构

3）反向平行双曲柄机构。这种双曲柄机构的运动特点是两曲柄的长度相等，转向相反。图 2-32 所示的车门启闭机构就是其应用实例。

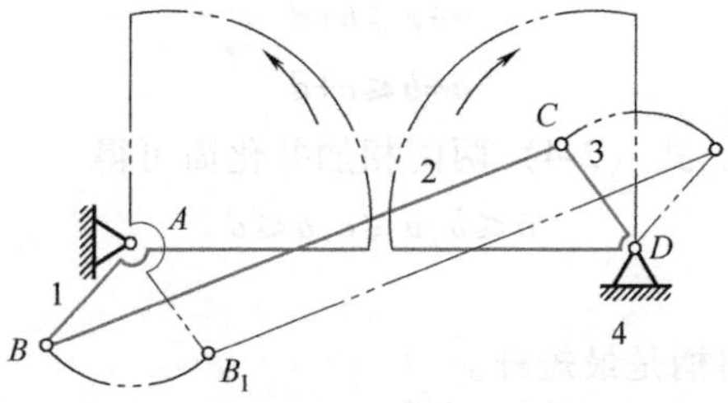

图 2-32　车门启闭机构

车门启闭机构

（3）双摇杆机构　若铰链四杆机构的两连架杆均为摇杆，则称其为双摇杆机构。图 2-33 所示的大力钳和图 2-34 所示的汽车前轮转向机构都是其应用实例。

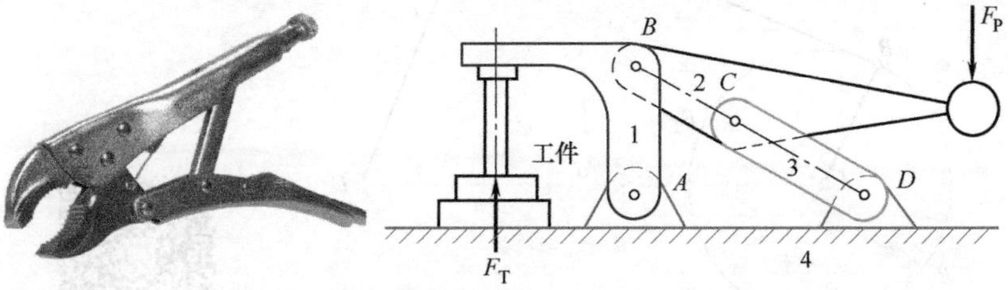

图 2-33　大力钳

大力钳

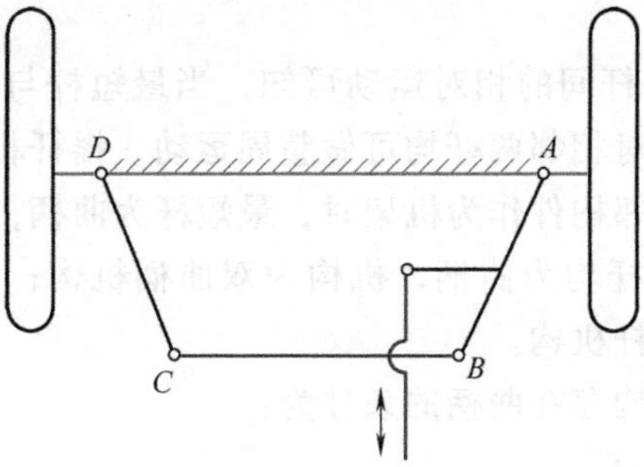

图 2-34　汽车前轮转向机构

汽车前轮转向机构

二、铰链四杆机构基本型式的判别

1. 曲柄存在的条件

由前述可知，在平面四杆机构中，有的连架杆能做整周转动而成为曲柄，有的则不能。那么在什么条件下，四杆机构中才有曲柄存在呢？现以铰链四杆机构为例加以讨论。

在图 2-35 所示铰链四杆机构中，设 a、b、c、d 分别代表各杆长度。如果图中仅杆 AB 为曲柄，则必能顺利通过点 B_1、点 B_2 做整周转动（此两处，杆 AB 与连杆 BC 共线）。当杆 AB 处于这两个位置时，各杆之间形成两个三角形，即 $\triangle AC_1D$ 和 $\triangle AC_2D$。根据三角形中任意两边长度之和大于第三边长度的关系（四杆共线时取等号），可知，在 $\triangle AC_1D$ 中，$(b-a)+c\geqslant d$，$(b-a)+d\geqslant c$，在 $\triangle AC_2D$ 中，$c+d\geqslant(a+b)$，即

$$a+d\leqslant b+c \tag{2-2}$$

$$a+c\leqslant b+d \tag{2-3}$$

$$a+b\leqslant c+d \tag{2-4}$$

将式（2-2）、式（2-3）、式（2-4）两两相加并化简可得

$$a\leqslant b,a\leqslant c,a\leqslant d$$

上述关系说明：

1）曲柄摇杆机构中，曲柄是最短杆。

2）最短杆与最长杆长度之和不大于其余两杆长度之和。

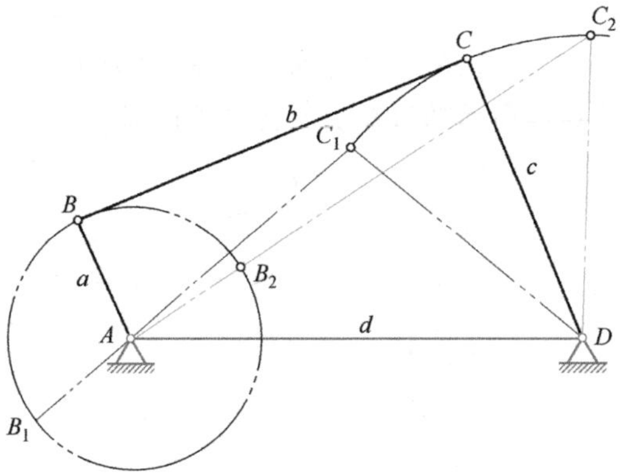

图 2-35　曲柄存在的条件

曲柄存在的条件

分析图 2-35 所示机构各杆间的相对运动可知，当最短杆与最长杆长度之和不大于其余两杆长度之和时，最短杆相对相邻两杆均可做整周运动，摇杆相对相邻两杆均不可做整周运动。因此，当取最短杆的相邻构件作为机架时，最短杆为曲柄，机构为曲柄摇杆机构；当取最短杆作为机架时，两连架杆均为曲柄，机构为双曲柄机构；当取最短杆的对边作为机架时，没有曲柄，机构为双摇杆机构。

综上所述，铰链四杆机构存在曲柄的条件为：

1）连架杆或机架为最短杆。

2）最短杆与最长杆长度之和不大于其余两杆长度之和。

此结论适用于所有平面四杆机构。

2. 铰链四杆机构基本型式的判别

根据铰链四杆机构曲柄存在的条件，可用以下方法判别铰链四杆机构的基本型式。

1）若机构不满足杆长条件，则只能成为双摇杆机构。

2）若机构满足杆长条件，则以最短杆作为机架时为双曲柄机构，以最短杆的邻杆作为机架时为曲柄摇杆机构，以最短杆的对边杆作为机架时为双摇杆机构。

三、铰链四杆机构的演化

在机械应用中，仅用铰链四杆机构的基本形式，难以满足各种不同场合的需要。因此，

实践中就在基本型式的基础上，通过演化得到一系列的演化机构，以满足各种需求。

1. 回转副演化成移动副

在图 2-36a 所示曲柄摇杆机构中，曲柄 1 为原动件，摇杆 3 为从动件。当曲柄绕铰链 A 转动时，铰链 C 将沿圆弧 K_C 往复移动。若将摇杆做成滑块形式，并使之沿圆弧 K_C 往复移动，显然其运动性质并未发生变化，如图 2-36b 所示。但此时，铰链四杆机构已演化成了曲线导轨的曲柄滑块机构。设想将构件 3 的长度增大，则圆弧 K_C 将趋于平直。若构件 3 的长度增至无穷大，则圆弧 K_C 就变为直线，于是铰链四杆机构就演化成一常见的曲柄滑块机构，如图 2-36c 所示。图中 e 称为偏距，当 $e=0$ 时，称为对心曲柄滑块机构，当 $e\neq0$ 时，称为偏置曲柄滑块机构。

曲柄滑块机构在金属切削机床、内燃机和空气压缩机等各种机械中得到广泛的应用。

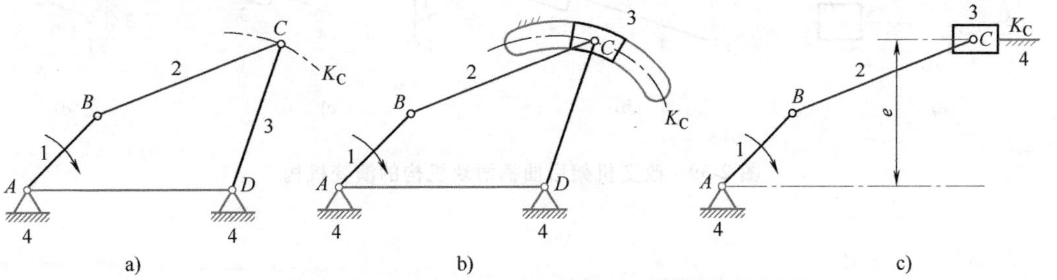

图 2-36 移动副的演化过程

2. 取不同的构件作为机架

铰链四杆机构的三种基本型式，可看作是由曲柄摇杆机构改变机架而得到的。

如图 2-37 所示，因为构件 1 为曲柄，所以 α_{14}、α_{12} 的变化范围应是（0°~360°），而其余两角 α_{23}、α_{34} 恒小于 360°，即构件 1 相对于构件 2、4 做整周转动，而构件 3 相对于构件 2、4 仅能做角度小于 360°的摆动。根据低副运动的可逆性，当选取不同的构件作为机架时，便可得到另外两种基本型式的铰链四杆机构，如图 2-38 所示。

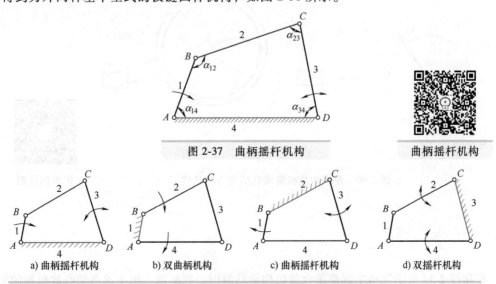

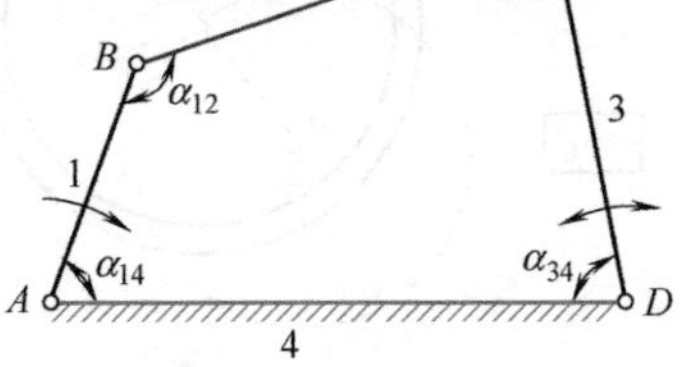

图 2-37 曲柄摇杆机构

曲柄摇杆机构

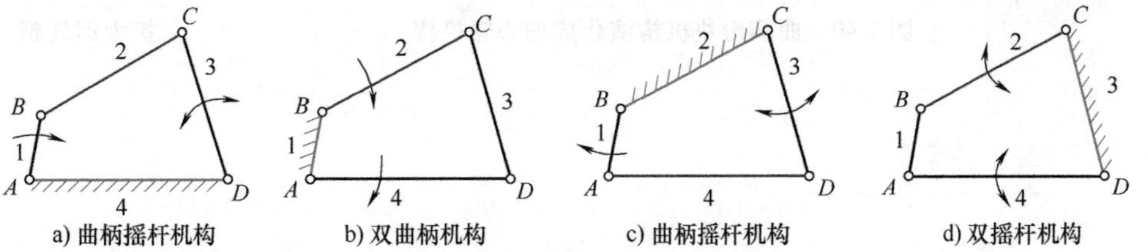

图 2-38 改变机架后铰链四杆机构的演变机构

对于曲柄滑块机构，若选取不同构件作为机架，同样也可以得到不同型式的机构。在图 2-39a 所示机构中，如选取构件 4 作为机架，则该机构为曲柄滑块机构；如选取构件 1 作为机架，则得转动导杆机构，如图 2-39b 所示。转动导杆机构应用于回转式油泵和插齿机的主传动机构中；如选取构件 2 作为机架，则得曲柄摇块机构，如图 2-39c 所示，曲柄摇块机构在插齿机中用来驱动插刀的切削运动；如选取构件 3 作为机架，则得移动导杆机构，如图 2-39d 所示，移动导杆机构用于手摇唧筒和双作用式水泵等机械中。

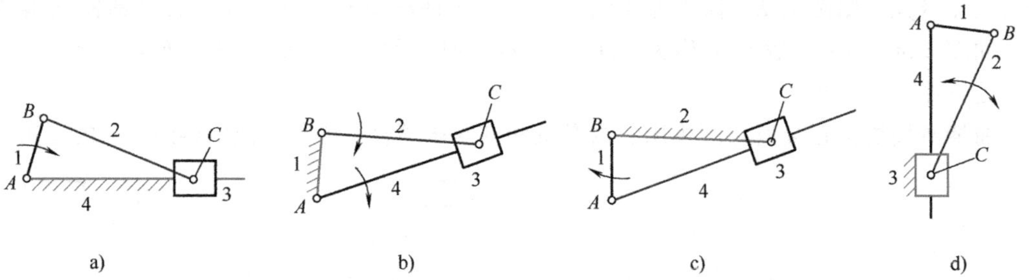

图 2-39　改变机架后曲柄滑块机构的演变机构

3. 扩大回转副

在图 2-40a 所示曲柄滑块机构中，当曲柄 *AB* 的尺寸较小时，常由于结构需要和受力要求使回转副 *B* 的销轴扩大，以至包容回转副 *A* 和 *B* 成为图 2-40b 所示的一个几何中心不与其回转中心重合的圆盘，此盘称为偏心轮，其回转中心与几何轴心的距离称为偏心距（即曲柄长度），这种机构称为偏心轮机构。显然，这种机构与曲柄滑块机构的运动特性完全相同，常用于要求行程短、受力大的场合，如冲床、剪板机等机械中。

上述机构是最基本的几种演化方式，在实际应用中可综合使用，以获得更理想的演化机构，满足各种需求。

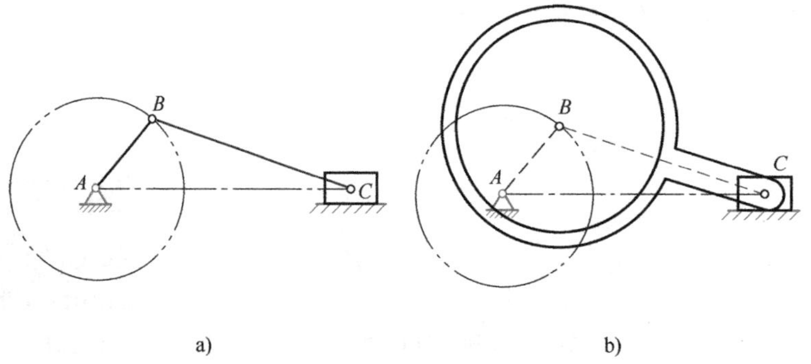

图 2-40　曲柄滑块机构演化成偏心轮机构

扩大回转副

【任务实施】

根据图 2-14 所示飞机主起落架收放机构运动简图，判断该飞机主起落架收放机构的类型。

1）判断依据。由于飞机主起落架收放机构中各构件之间都是通过转动副连接的，故该收放机构是铰链四杆机构。判断该铰链四杆机构是否存在曲柄的依据是曲柄存在的条件，即曲柄存在的机架条件和杆长条件。机架条件是连架杆或机架之一为曲柄。杆长条件是最短杆与最长杆之和不大于其他两杆长度之和。

2）判断是否满足机架条件。由图 2-14 可知，最短杆为上撑杆，该杆是连架杆，故该收放机构满足机架条件。

3）判断是否满足杆长条件。由各杆长度尺寸可知，最短杆为上撑杆，最长杆为机身，最短杆与最长杆长度之和为 970mm，其他两杆长度之和为 950mm。由于最短杆与最长杆长度之和大于其他两杆长度之和，故不满足杆长条件。

根据曲柄存在条件可知，由于不满足杆长条件，故该收放机构中不存在曲柄，是双摇杆机构。

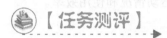

【任务测评】

项目二　任务三任务测评

【知识小结】

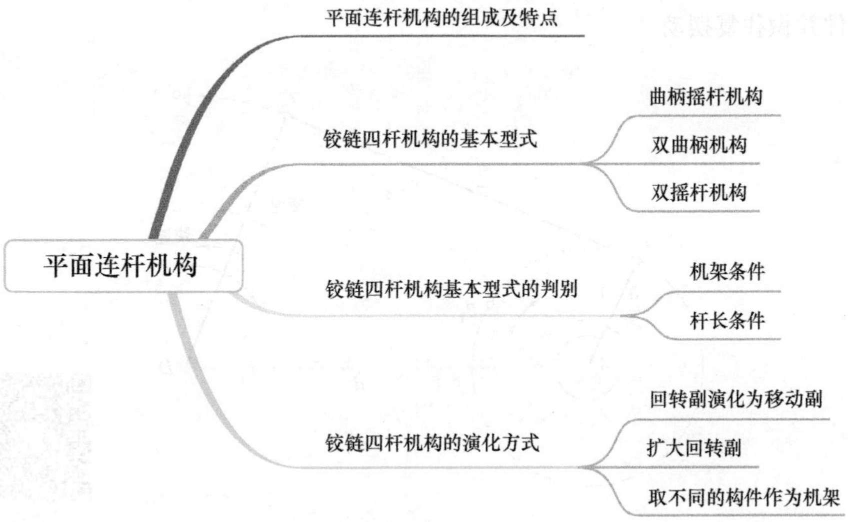

任务四　分析飞机主起落架收放机构的运动特性

【任务描述】

平面四杆机构的运动特性主要包括急回特性、传力特性和死点特性。这些运动特性有的关乎机构的运动情况，有的影响机构的使用效率。极位夹角、压力角、传动角是判断机构是否存在这些运动特性的重要参数。不同的运动特性，这些参数值的大小也不同。通过对机构的运动简图进行分析，计算这些参数值的大小，从而判断机构是否存在这些运动特性，并进一步分析机构的运动情况和使用效率。试根据图 2-14 所示飞机主起落架收放机构的运动简图，判断其是否存在急回特性、传力特性和死点特性，并分析其运动情况和使用效率。

【任务分析】

飞机主起落架收放机构是双摇杆机构，是铰链四杆机构的基本型式之一。要判断飞机起落架收放机构是否具有急回特性、传力特性或死点特性，必须知道每种运动特性存在的条件，掌握判断的依据。

【知识链接】

一、急回特性

在图 2-41 所示曲柄摇杆机构中，当构件 *AB*（曲柄）为原动件并做等速回转时，摇杆 *CD* 为从动件并做往复摆动。

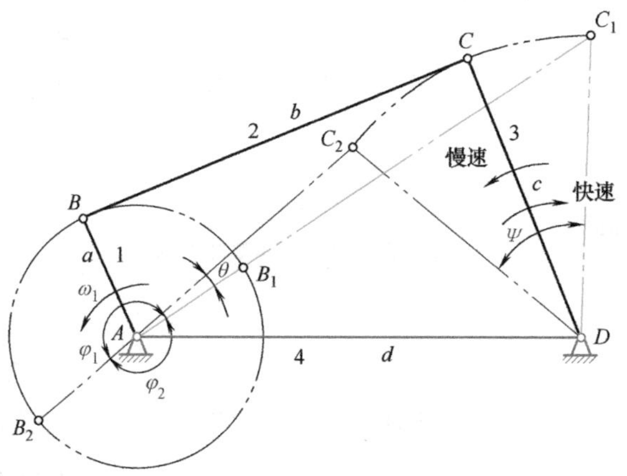

图 2-41　急回特性分析

急回特性分析

曲柄 *AB* 在回转一周的过程中有两次与连杆 *BC* 共线，这时摇杆分别位于极限位置 C_1D

和 C_2D。当曲柄自位置 AB_1 沿逆时针方向转过角 φ_1 时，摇杆自位置 C_1D 摆过角 ψ 到位置 C_2D，所需时间为 t_1，点 C 的平均速度为 v_1；当曲柄再转过角 φ_2 时，摇杆自位置 C_2D 又摆过角 ψ 回到位置 C_1D，所需时间为 t_2，而点 C 的平均速度为 v_2。在此两个极限位置时，曲柄所夹锐角 θ 称为极位夹角。因 $\varphi_1=(180°+\theta)>\varphi_2=(180°-\theta)$，故 $t_1>t_2$，因此 $v_2>v_1$。由此可知，当曲柄做等速回转时，摇杆来回摆动的速度不同，具有急回运动的特性，这一特性可用行程速度变化系数 K 表示，即

$$K=\frac{v_2}{v_1}=\frac{\widehat{C_1C_2}/t_2}{\widehat{C_1C_2}/t_1}=\frac{t_1}{t_2}=\frac{\varphi_1}{\varphi_2}=\frac{180°+\theta}{180°-\theta} \tag{2-5}$$

将式（2-5）整理后，可得极位夹角 θ 的计算公式为

$$\theta=\frac{K-1}{K+1}180° \tag{2-6}$$

由上式讨论可知，看一个机构有无急回特性，就是看这个机构的从动件是否做往复运动且有无两个极限位置，以及原动件有无极位夹角存在。

设计具有急回特性的机构时，通常根据给定的 K 值算出 θ 角作为已知的运动条件。一般 $K\leqslant 2$，因此 θ 角常为锐角。

偏置曲柄滑块机构如图 2-42 所示；摆动导杆机构的极位夹角如图 2-43 所示。

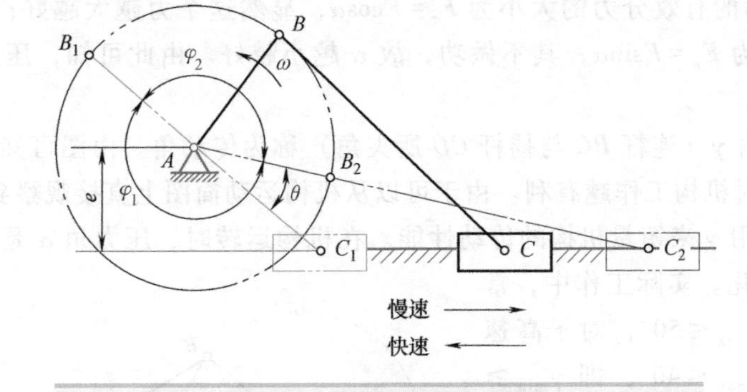

图 2-42　偏置曲柄滑块机构

偏置曲柄滑块机构

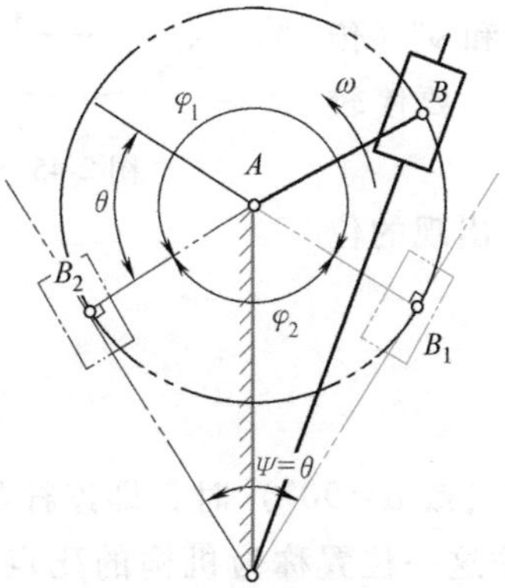

图 2-43　摆动导杆机构

摆动导杆机构

二、传力特性

在机构中，如图 2-44 所示曲柄摇杆机构，若不考虑惯性力和运动副中的摩擦力等因素的影响，则当曲柄作为原动件时，通过连杆作用于从动摇杆上的沿 BC 方向力 $\boldsymbol{F}$（其大小为 F），其力的作用线与力的作用点 C 的绝对速度 v_C 之间所夹的锐角 α 称为压力角。

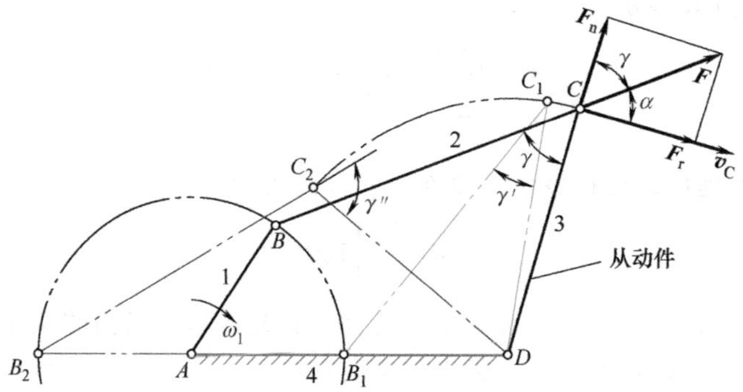

图 2-44　压力角和传动角

在机构设计中，不但要求所设计的机构能实现预定运动，而且希望运转轻便，效率高。力 $\boldsymbol{F}$ 在 v_C 方向能做功的有效分力的大小为 $F_r = F\cos\alpha$，显然这个力越大越好；而力 $\boldsymbol{F}$ 沿摇杆方向的分力的大小为 $F_n = F\sin\alpha$，其不做功，故 α 越小越好。由此可知，压力角 α 越小，对机构工作越有利。

力 $\boldsymbol{F}$ 与 $\boldsymbol{F}_n$ 的夹角 γ（连杆 BC 与摇杆 CD 所夹角）称为传动角。由图可知，$\alpha+\gamma=90°$，故 α 越小，γ 越大，对机构工作越有利。由于可以从机构运动简图上直接观察到传动角的大小，所以在设计中常用 γ 来衡量机构的传动性能。在机构运转时，压力角 α 是不断变化的，故传动角 γ 也不断变化。实际工作中，常使压力角的最大值 $\alpha_{max} \leqslant 50°$，对于高速重载的机器，则取 $\alpha_{max} \leqslant 40°$，即 $\gamma_{min} \geqslant 40°$ 或 $\gamma_{min} \geqslant 50°$。可以证明，当曲柄 AB 处于与机架 AD 重合的两个位置 AB_1 和 AB_2 时，传动角 γ 将出现极值 γ' 和 γ''（传动角总取锐角）。这两个极值中，要使较小的一个不小于 40°或 50°。

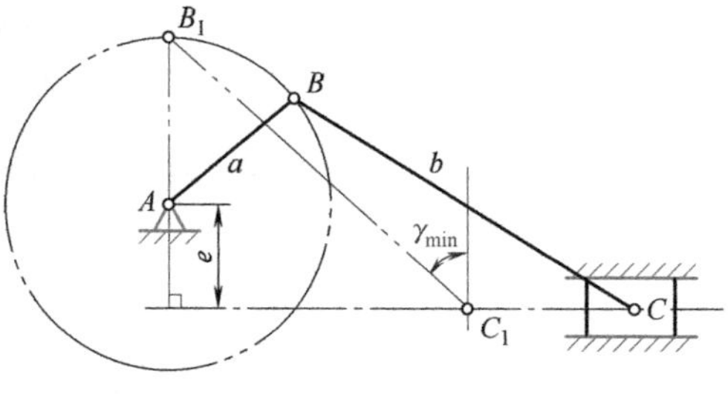

图 2-45　曲柄滑块机构的 γ_{min} 位置

对于曲柄滑块机构，其 γ_{min} 出现的位置如图 2-45 所示。

三、死点特性

当从动件上的传动角 $\gamma=0°$（或 $\alpha=90°$）时，即连杆与从动件共线时，驱动力对从动件的有效回转力矩为零，机构的这一位置称为机构的死点。在图 2-29 所示缝纫机上所用曲柄摇杆机构中，摇杆 2（踏板）是原动件，曲柄 4（曲轴）是从动件。当摇杆处于上、下两极限位置时，从动曲柄两次与连杆共线，在这两个位置上，从动曲柄的传动角 $\gamma=$

0°，机构处于死点，使机构无法运动或是运动不确定。应用中常利用回转从动件的惯性来克服死点。

机构的死点并非总起消极作用。工程中有许多场合可以利用死点来实现一定的工作要求。图 2-33 所示的航空机务维修工具大力钳，就是利用死点来夹紧工件的一个例子。利用死点来实现上述要求，可以大大简化设计，减少构件数量。

【任务实施】

飞机起落架收放机构是双摇杆机构，如图 2-46 所示，对其运动特性做如下分析：

1）分析急回特性。判断一个机构有无急回特性，就是看这个机构的从动件是否做往复运动且有无两个极限位置，以及原动件有无极位夹角存在。飞机起落架收放机构是双摇杆机构，其中构件 2 和构件 4 都是摇杆。收放起落架时，构件 2 是主动摇杆，构件 4 是从动摇杆。当主动摇杆 2 摆动时，有两个极限位置，分别是位置 BC_1 和位置 BC_2，摆动的角度是 β。从动摇杆 4 也有两个极限位置，分别是位置 AD_1 和位置 AD_2，摆动的角度是 φ。但主动摇杆 2 在两个极限位置之间摆动时，从动摇杆在位置 AD_1 和位置 AD_2 之间摆动，来回摆动的角度相同，不存在极位夹角，即极位夹角 $\theta = 0°$，故不存在急回特性。

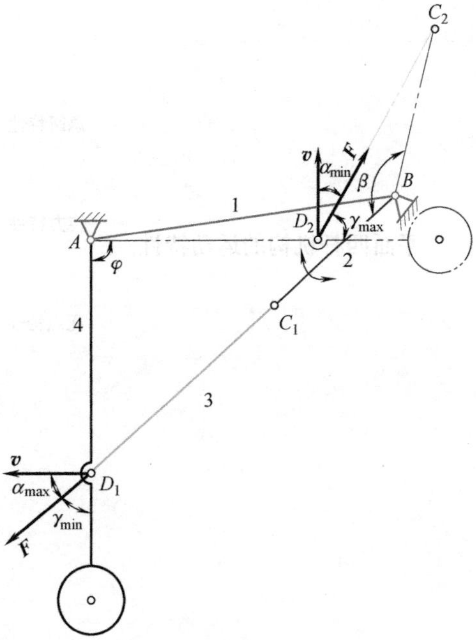

图 2-46 飞机起落架收放机构运动特性分析

2）分析传力特性。由运动简图可知，在放下起落架的过程中，该四杆机构由双点画线所示的位置运动到实线所示位置，传动角逐渐变小，压力角逐渐变大。在收起落架的过程中，该四杆机构由实线所示位置运动到双点画线所示的位置，传动角逐渐变大，压力角逐渐变小。当机构处于图 2-46 实线所示位置时，下撑杆 3 与支柱 4 之间的夹角为传动角，此时传动角最小，最小传动角 $\gamma_{min} = 50°$。由于压力角与传动角是互余关系，故此时压力角最大，最大压力 $\alpha_{max} = 40°$。当机构处于图 2-46 双点画线所示的位置时，传动角最大，$\gamma_{max} = 75°$，此时压力角最小，$\alpha_{min} = 15°$。通过以上分析可知，该四杆机构的传力特性很好，传动功率较大。

3）分析死点特性。该四杆机构在收放过程中，上撑杆 2 是主动件，机构最小传动角 $\gamma_{min} = 50°$，大于零，故在收放过程中不存在死点位置。但起落架放下到位后，在飞机着陆的瞬间，支柱 4 受到地面巨大的冲击力，但该收放机构没有折回。原因是着陆瞬间，支柱 4 相当于原动件，通过下撑杆 3 作用在上撑杆 2 的力通过了回转中心 B，传动角为零，机构卡死，具有死点特性。

【任务测评】

项目二　任务四任务测评

【知识小结】

- 平面四杆机构的运动特性
  - 急回特性
    - 极位夹角不等于零
    - 急回特性系数大于1
  - 传力特性
    - 压力角：力的作用线与力的作用点处的绝对速度之间的夹角
    - 传动角：压力角的余角
  - 死点特性
    - 传动角等于零

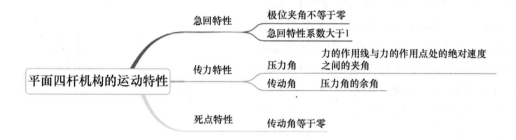

项目三

飞机发动机起动程序定时机构中的凸轮机构

本项目设置了以某型飞机发动机中的起动控制程序定时机构为载体的学习情境，通过分析其凸轮机构的组成、类型和工作原理，达到掌握凸轮机构的相关内容及其在航空装备中应用的目的。

通过本项目的实施，达成以下教学目标。

1）知识目标：理解凸轮机构的组成及应用；掌握凸轮机构的类型；掌握凸轮机构的工作原理及运动参数；掌握从动件常用运动规律。

2）能力目标：通过学习飞机发动机定时机构中凸轮机构的组成及运动过程，具备运用凸轮机构相关知识分析航空机械中凸轮机构的能力；具备利用二维码获取数字信息资源和进行自评的能力。

3）素质目标：养成具体问题具体分析的科学思维方法和严谨细致的思维习惯。

任务一　分析飞机发动机定时机构中凸轮机构的组成

【任务描述】

图 3-1 为飞机发动机起动控制程序定时机构，它由恒速电动机、减速器、七个凸轮、七个微动开关、三个继电器和电缆插头等组成。恒速电动机通过二级蜗杆减速器带动固定在同一轴上的几个凸轮旋转，从而控制微动开关的转换。试分析该凸轮机构的组成，并判别凸轮机构的类型。

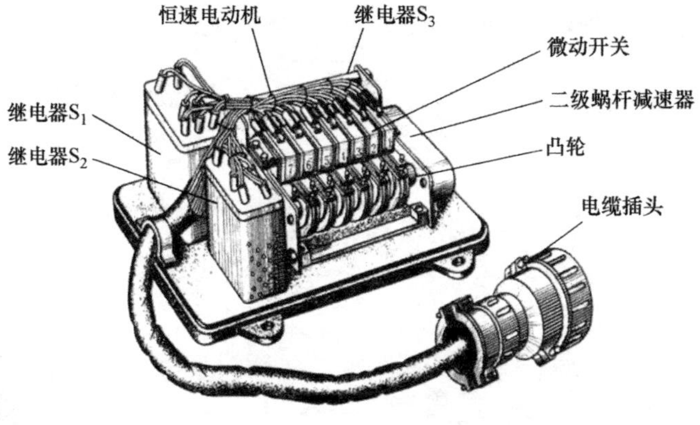

图 3-1　飞机发动机起动控制程序定时机构

【任务分析】

凸轮机构与微动开关之间的操纵关系如图 3-2 所示。其工作原理是：当凸轮沿逆时针方向转动一定角度后，凸轮的凸起部分就会将杠杆顶起，从而将微动开关顶杆顶起，使微动开关的常闭触点断开，常开触点接通。当凸轮继续转动，凹下部分与杠杆接触时，杠杆落下，微动开关顶杆弹回，常闭触点又恢复接通，而常开触点断开。

由于装在减速器输出轴上的这七个凸轮的凹槽长度不等，安装位置不同，因此在凸轮转动一周内，各凸轮机构控制的微动开关转换的时间也就不同。各微动开关都按规定的时间控制电路的通断，以实现起动过程的时间程序控制。

飞机发动机定时机构中的凸轮机构有七个。这七个凸轮机构的结构组成都是相同的，但凸轮上所开凹槽长短不同，安装角度也不同，要分析凸轮机构的组成，判别凸轮机构的类型，必须要掌握与凸轮机构的组成和类型相关内容。

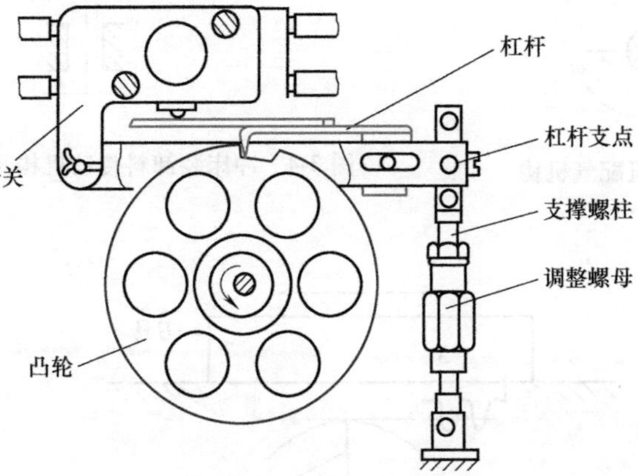

图 3-2 凸轮机构与微动开关之间的操纵关系

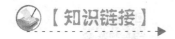

【知识链接】

一、凸轮机构的组成及应用

凸轮机构是机械中的一种常用机构，在各种自动机械和自动控制装置中的应用十分广泛。凸轮机构通常由凸轮、从动件和机架三个基本构件组成。

图 3-3 所示为内燃机配气机构。凸轮做连续等角速度转动时，向径变化的凸轮轮廓部分驱使气阀做往复直线运动，并按一定规律开启阀门；而当向径相同的圆弧段凸轮轮廓部分与气阀平底接触时，气阀则静止不动，此时阀门闭合或开到最大。因此，凸轮连续转动时，气阀获得了间歇的、预期的运动。

图 3-4 所示为应用于冲床上的凸轮机构。凸轮固定在冲头上，当冲头上下往复运动时，凸轮轮廓驱使从动件按一定的规律水平往复运动，从而带动相应装置装卸工件。

图 3-5 所示为机床自动横向进给机构。当具有曲线凹槽的圆柱凸轮 1 转动时，其凹槽的侧面将驱使从动件 2 绕点 O 摆动，通过扇形齿轮与齿条的啮合传动控制刀架 3 按预期的运动规律进刀和退刀。

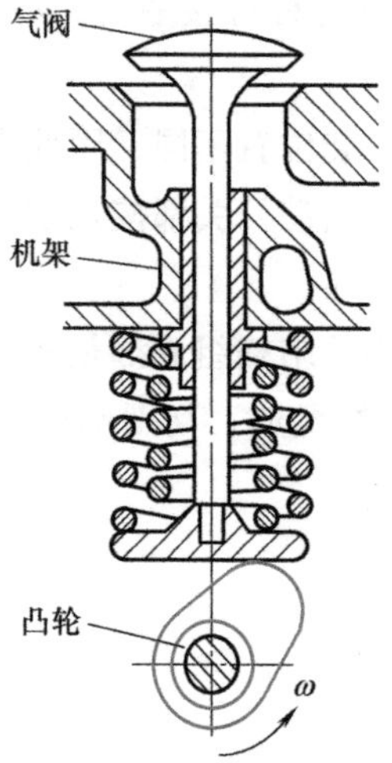

图 3-3　内燃机配气机构

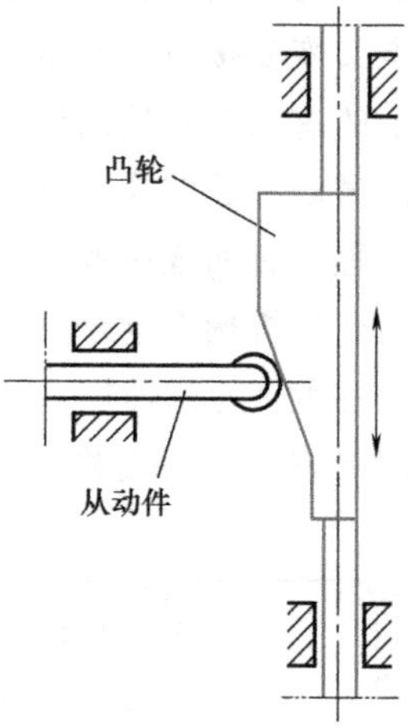

图 3-4　冲床装卸料传动机构

移动凸轮机构

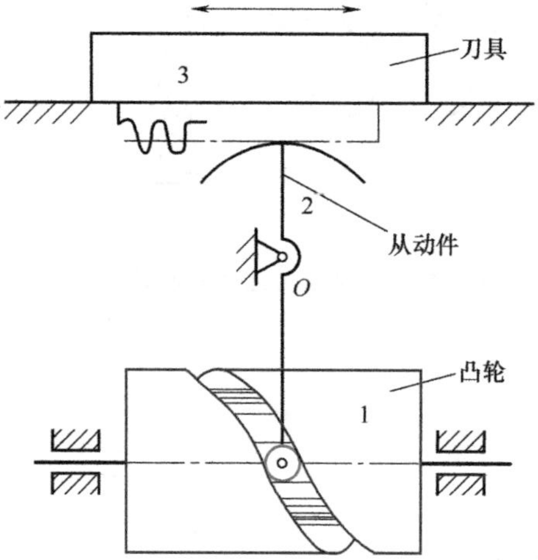

图 3-5　机床自动横向进给机构

机床自动横向进给机构

从以上例子可以看出，凸轮是一个具有某种特殊曲线轮廓或凹槽的构件。它通常做等速连续转动，但也可做往复直线运动或摆动。被凸轮直接驱动的构件统称为从动件。从动件的运动既可以是等速的，也可以是变速的，既可以是连续的，也可以是间歇的，这完全取决于凸轮轮廓曲线的形状。

二、凸轮机构的分类

凸轮机构的类型很多，通常按下列方法分类。

1. 按凸轮形状分类

（1）盘形凸轮　它是凸轮的最基本形式，如图 3-3 和图 3-6 所示。这种凸轮是一个绕固定轴线转动并且具有变化向径的盘形构件。

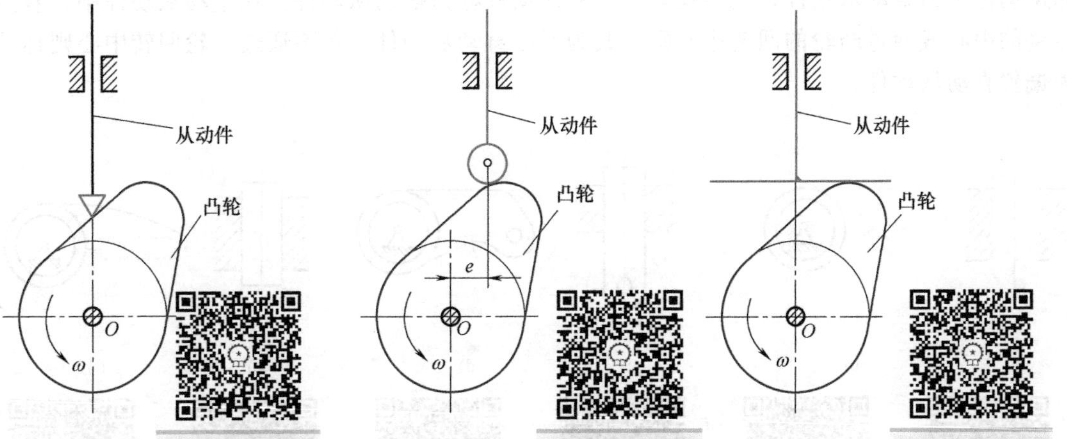

a) 直动尖顶从动件　b) 直动滚子从动件　c) 直动平底从动件

图 3-6　盘形凸轮

（2）移动凸轮　当盘形凸轮的回转中心趋于无穷远时，凸轮曲线轮廓相对于机架做往复直线运动，如图 3-4 所示，这种凸轮称为移动凸轮。

（3）圆柱凸轮　圆柱凸轮是在一个圆柱上开有曲线凹槽（图 3-5），或是在圆柱端面上作出曲线轮廓（图 3-7）。它可以看作是将移动凸轮卷成圆柱体演化而成的。

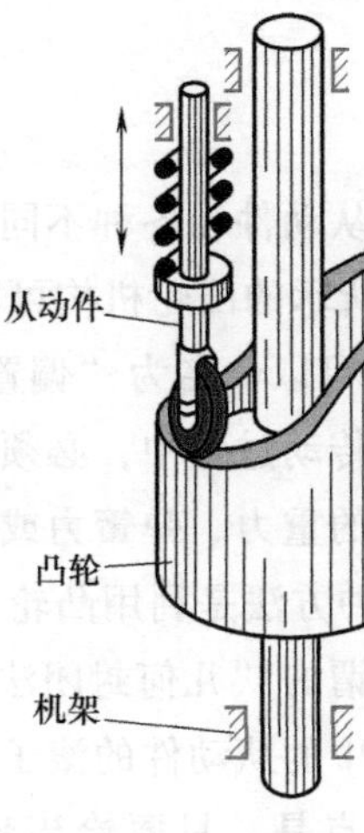

图 3-7　圆柱凸轮

圆柱凸轮

盘形凸轮和移动凸轮与从动件之间的相对运动为平面运动；而圆柱凸轮与从动件之间的相对运动为空间运动。因此，前者属于平面凸轮机构，后者属于空间凸轮机构。

2. 按从动件的形式分类

从动件又称推杆，常见形式有尖顶从动件、滚子从动件和平底从动件三种。

（1）尖顶从动件　如图 3-8a、b 所示，这种从动件结构最简单。尖顶能与任意复杂的凸轮轮廓保持接触，从而能使从动件实现任意预期的运动。但因为它与凸轮轮廓之间为点接触，接触应力大，易于磨损，所以只适用于轻载、低速的场合，如仪表机构中。

（2）滚子从动件　如图 3-4 及图 3-8c、d 所示。这种从动件的滚子与凸轮之间为滚动摩擦，磨损很小，可以传递较大的动力，因此应用较广泛。但当滚子半径值选取不合适时会使从动件产生运动失真。

（3）平底从动件　如图 3-3 及图 3-8e、f 所示。这种从动件的优点是凸轮对从动件的作用力始终垂直于从动件的底边（不计摩擦时），效率较高，而且从动件的平底与凸轮之间易于形成油膜，润滑性能较好，所以常用于高速传动中，但不能应用于有内凹曲线轮廓的凸轮。

以上三种从动件都可以相对机架做往复直线运动或做往复摆动。我们把做往复直线运动的从动件称为直动从动件，把做往复摆动的从动件称为摆动从动件。在直动从动件中，若其导路的中心线通过凸轮的回转中心则称其为对心直动从动件，若不通过凸轮回转中心则称其为偏置直动从动件。

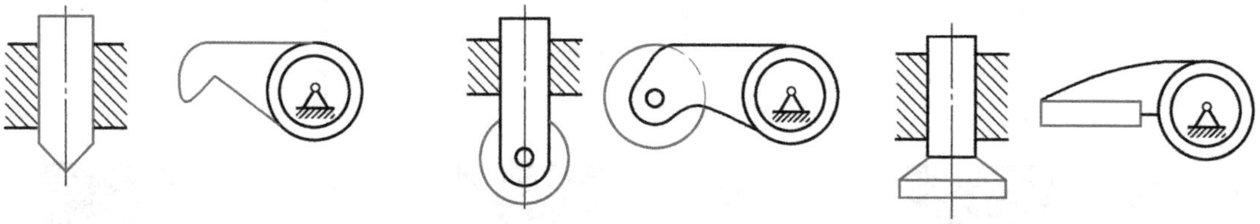

a) b) c) d) e) f)

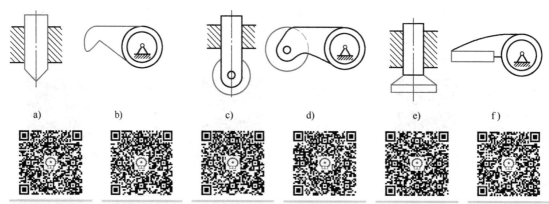

直动尖顶从动件 摆动尖顶从动件 直动滚子从动件 摆动滚子从动件 直动平底从动件 摆动平底从动件

图 3-8 从动件形式

将各种不同形式的从动件和各种不同形式的凸轮组合起来，就可以得到各种不同类型的凸轮机构。例如图 3-3 所示的凸轮机构可以命名为“对心直动平底从动件盘形凸轮机构”，图 3-6b 所示的凸轮机构可以命名为“偏置直动滚子从动件盘形凸轮机构”等。

在凸轮机构的传动过程中，必须使从动件与凸轮轮廓始终保持接触。方法有两种：一种是利用从动件自身的重力、弹簧力或其他外力使两者保持接触，即所谓的“力封闭法”，如图 3-3 所示；另一种方法是利用凸轮与从动件之间所构成的高副元素的特殊几何结构，使两者保持接触，即所谓的“几何封闭法”，例如图 3-5 所示的圆柱凸轮机构，它是利用凸轮上的凹槽与置于凹槽中的从动件的滚子使凸轮与从动件始终保持接触的。

凸轮机构的优点是，只要恰当地设计凸轮的轮廓，就可以使从动件得到任意的预期运动，而且结构简单、紧凑、工作可靠，设计、制造也很方便，因此在机床的自动进给机构、上料机构、内燃机的配气机构、制动机构，以及印刷机械、纺织机械的时间控制、温度控制、电器开关控制等自动控装置中得到广泛应用。它的缺点是凸轮轮廓与从动件之间为点或线接触，易于磨损，因此不宜用于传递过大的动力，而多用于机器的控制和辅助部分。

【任务实施】

对图 3-1 所示飞机发动机起动控制程序中的定时机构做如下分析：

1）分析凸轮机构的组成。由于图 3-1 所示飞机发动机起动控制程序定时机构中的七个凸轮机构的结构组成都是相同的，故这里只以其中的凸轮机构 1 为例加以分析。

凸轮机构是由机架、凸轮和从动件组成的。由图 3-2 可知，凸轮与减速器的输出轴相连，故凸轮是主动件。杠杆是与凸轮直接接触的，杠杆的底部被凸轮轮廓推动着进行摆动，故杠杆就是从动件。凸轮和杠杆的运动都是以定时机构的外壳为参考系的，故外壳就相当于机架。因此，该凸轮机构由凸轮（主动件）、杠杆（从动件）和外壳（机架）组成的。

2）分析凸轮机构的类型。凸轮机构的类型与凸轮的形状、从动件的形状以及从动件的运动形式有关。定时机构中的凸轮都是圆形的，其上开有凹槽，就是图 3-2 所示的凸轮盘。因此，该凸轮属于盘形凸轮。而与凸轮接触的杠杆的形状是尖的，属于尖顶从动件。杠杆摆动，因此该凸轮机构是摆动尖顶从动件盘形凸轮机构。

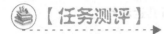

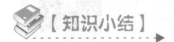

【任务测评】

项目三　任务一任务测评

【知识小结】

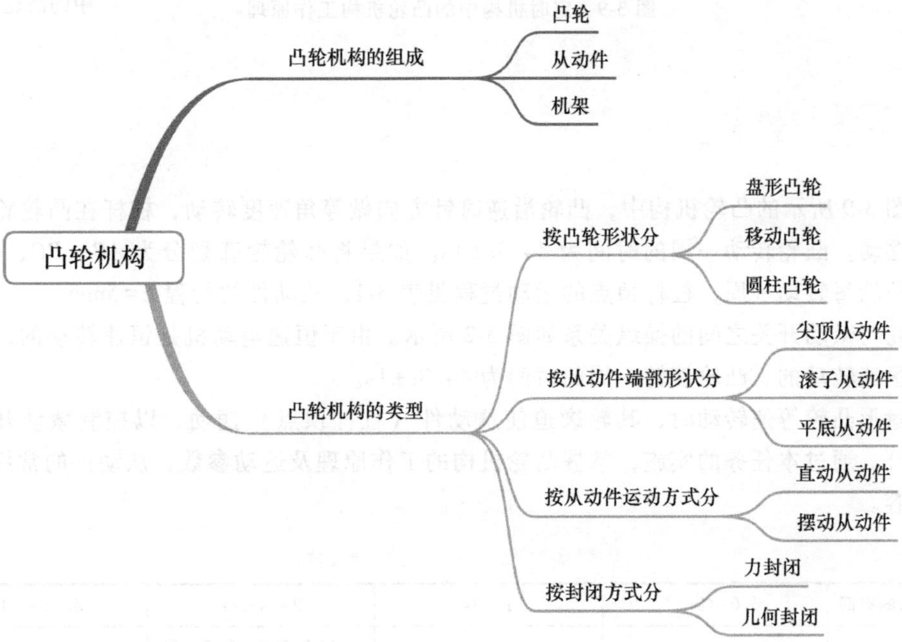

任务二　分析飞机发动机定时机构中凸轮机构的运动情况

【任务描述】

图 3-9 所示为某型飞机发动机起动控制程序定时机构中凸轮机构。其中凸轮沿逆时针方向做等速转动。杠杆在凸轮轮廓的推动下，时而上下移动，时而静止不动，时而被顶起，时而又回落。试用运动线图直观地表示杠杆顶点的运动规律，并分析其运动特性。

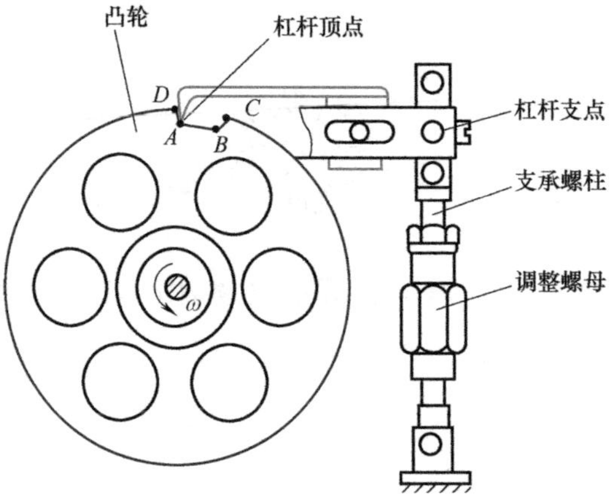

图 3-9　定时机构中的凸轮机构工作原理

飞机定时机构中的凸轮机构

【任务分析】

在图 3-9 所示的凸轮机构中，凸轮沿逆时针方向做等角速度转动，杠杆在凸轮轮廓的推动下而摆动。凸轮转动一周的时间为 44. 3s±1s。如果将凸轮轮廓划分为 *AB*、*BC*、*CD*、*DA* 四段，凸轮每转动一周，杠杆顶点的运动过程见表 3-1，从动件的行程 $h=5\text{mm}$。

凸轮与微动开关之间的操纵关系如图 3-2 所示。由于恒速电动机是恒速转动的，所以凸轮也是恒速转动的，凸轮旋转一周的时间为 44. 3s±1s。

当盘形凸轮等速转动时，其轮廓迫使从动件（杠杆顶点）摆动，以控制微动开关的接通或断开。通过本任务的实施，掌握凸轮机构的工作原理及运动参数、从动件的常用运动规律等内容。

表 3-1　凸轮机构的运动过程

凸轮转动的时间	0~ 1s	1~ 2s	2~ 43. 3s	43. 3~ 44. 3s
杠杆顶点的运动	与凸轮上弧 *AB* 段接触，由点 *A* 运动到点 *B*	与凸轮上弧 *BC* 段接触，由点 *B* 上升到点 *C*	与凸轮上弧 *CD* 段接触，由点 *C* 运动到点 *D*	与凸轮上弧 *DA* 段接触，由点 *D* 下降到点 *A*

【知识链接】

一、凸轮机构的工作原理及运动参数

以对心直动尖顶从动件盘形凸轮机构为例来说明凸轮机构的工作原理。凸轮机构是利用凸轮轮廓推动从动件运动，从而实现预期的运动规律。图 3-10a 所示为对心直动尖顶从动件盘形凸轮机构，其工作过程可以分为“升—停—降—停”四个阶段。

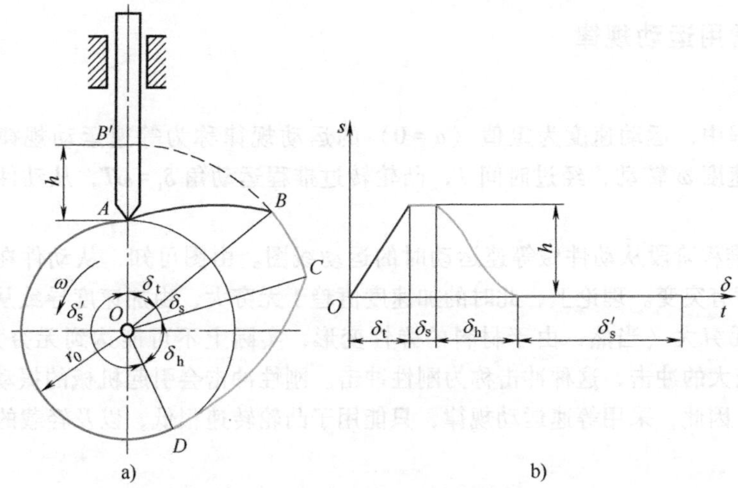

图 3-10 凸轮机构运动过程

凸轮机构的运动过程

图 3-10 中，以凸轮的最小半径 r_0 为半径所作的圆称为凸轮的基圆，r_0 为基圆半径。当从动件与凸轮轮廓上的点 A 接触时，从动件处于距凸轮回转中心最近的位置，即上升的起始点。当凸轮以等角速度 ω 沿逆时针方向转过 δ_t 角时，从动件被凸轮轮廓推动，以一定的运动规律由最低位置 A 上升到最高位置 B'（此时，从动件处于距凸轮轴心 O 最远的位置），这一过程称为推程，凸轮的相应转角 δ_t 称为推程运动角。当凸轮继续转过 δ_s 角时，从动件与凸轮的圆弧轮廓 $\widehat{BC}$（以凸轮轴心 O 为圆心）接触，从动件在最高位置停止不动，这一过程称为远休止，凸轮的相应转角 δ_s 称为远休止角。当凸轮继续转过 δ_h 角时，在弹簧力或重力的作用下，从动件又以一定的运动规律由距凸轮回转中心最远位置回到最近位置，这一过程称为回程，凸轮的相应转角 δ_h 称为回程运动角。当凸轮继续转过 δ'_s角时，从动件与凸轮的另一段圆弧轮廓 $\widehat{DA}$（以凸轮轴心 O 为圆心）接触，从动件在最近位置停止不动，这一过程称为近休止，凸轮的相应转角 δ'_s称为近休止角。此时，凸轮刚转过一圈，机构完成一个工作循环，从动件则完成一个“升—停—降—停”的运动循环。当凸轮继续回转时，从动件重复上述运动。从动件在推程或回程中运动的距离 h 称为从动件的升程。

从动件位移 s 与凸轮转角 δ 之间的对应关系可以用图 3-10b 所示的关系曲线直观地表达出来，图中纵坐标代表从动件的位移 s，横坐标代表凸轮转角 δ，因凸轮通常做等角速转动，故横坐标同时也代表时间 t，这一关系曲线称为从动件位移线图。

从动件在推程或回程运动过程中，其位移 s、速度 v 和加速度 a 随时间 t 变化的规律，称为从动件的运动规律。由于凸轮通常做等角速转动，转角 δ 与时间 t 成正比，所以为方便起见，常将从动件的运动规律表示为从动件的上述运动参数随凸轮转角 δ 变化的规律，即 $s=s(\delta)$、$v=v(\delta)$、$a=a(\delta)$。

由以上分析知道，从动件的运动规律完全取决于凸轮的轮廓形状，由位移线图不难求出 v-δ 和 a-δ 线图，它们统称为从动件运动线图。因此，从动件的运动规律是由凸轮轮廓曲线决定的。工程中，从动件的运动规律通常是由凸轮的使用要求确定的。因此，根据实际要求的从动件运动规律所设计的凸轮的轮廓曲线，完全能实现预期的功能要求。

二、从动件的常用运动规律

1. 等速运动规律

从动件在运动过程中，运动速度为定值（$a=0$）的运动规律称为等速运动规律。在推程阶段，凸轮以等角速度 ω 转动，经过时间 T，凸轮转过推程运动角 $\delta_t=\omega T$，从动件等速完成的升程为 h。

图 3-11 所示为在推程阶段从动件做等速运动时的运动线图。由图可知，从动件在运动开始和终止的瞬时，速度有突变。理论上，此时的加速度值趋于无穷大，由加速度导致从动件产生的惯性力也将趋于无穷大（当然，由于材料的弹性变形，实际上不可能达到无穷大）。因此，凸轮机构将受到极大的冲击，这种冲击称为刚性冲击。刚性冲击会引起机械的振动，加速磨损，甚至损坏构件。因此，采用等速运动规律，只能用于凸轮转速很低，以及轻载的场合。

2. 等加速等减速运动规律

所谓等加速等减速运动，是指从动件在一个行程 h 中，前半程做等加速运动，后半程做等减速运动，两部分加速度的绝对值相等。图 3-12 所示为推程阶段从动件做等加速等减速

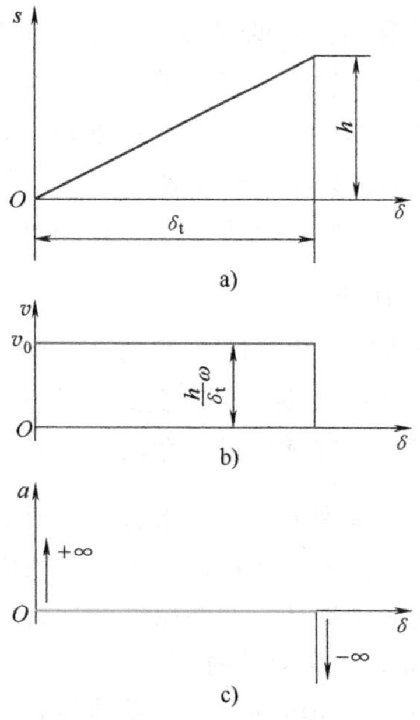

图 3-11　等速运动规律

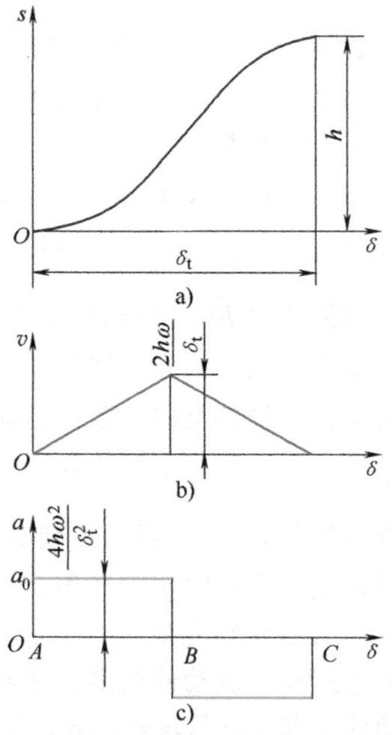

图 3-12　等加速等减速运动规律

运动的运动线图。由加速度曲线图可知，在点 A、点 B、点 C 处从动件的加速度有突变，因而从动件的惯性力也有突变，不过这一突变为有限值，由此将在凸轮机构中引起有限值的冲击，这种冲击称为柔性冲击。因此，等加速等减速运动规律只适用于中速轻载的场合。

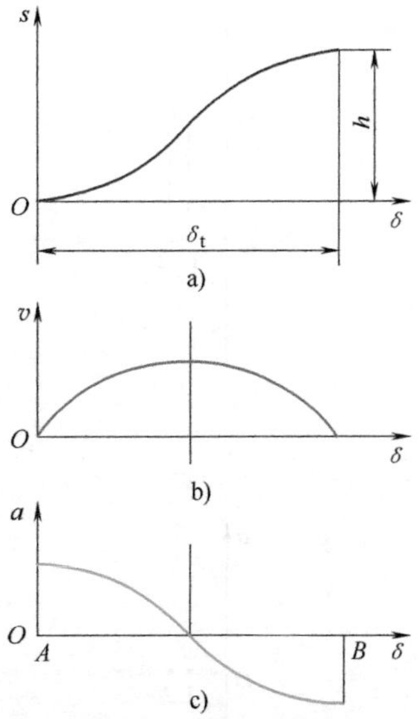

图 3-13　简谐运动规律

3. 简谐运动规律

点在圆周上做匀速运动时，它在这个圆的直径上的投影的运动称为简谐运动。从动件在升程 h 中做简谐运动，其运动规律如图 3-13a 所示。

从动件按简谐运动规律运动时的运动线图（推程）如图 3-13 所示。由于从动件按这种运动规律运动时，加速度是按余弦规律变化的，故这种运动规律又称余弦加速度运动规律。由加速度线图可知，这种运动规律的从动件在行程的起始点和终止点存在加速度的有限值突变，故也有柔性冲击。

除上面介绍的几种运动规律之外，为了使加速度曲线保持连续而避免冲击，工程上还应用正弦加速度、高次多项式等运动规律，或者将几种运动规律组合起来加以应用。

【任务实施】

对图 3-9 所示飞机发动机起动程序定时机构中的凸轮机构做如下分析：

1）绘制凸轮机构的运动线图。从表 3-1 中可以看出，当凸轮转动一周，从动件的运动可以分为四个阶段：近休止、推程、远休止和回程。其中，推程和回程运动均为匀速运动。其位移线图如图 3-14a 所示，其速度线图如图 3-14b 所示，其加速度线图如图 3-14c 所示。

2）分析从动件的运动情况。由图 3-14b 所示速度线图可知，从动件在推程的起始点和终止点、回程的起始点和终止点，速度均有突变，故产生刚性冲击。因此，从动件的速度必须非常小，该凸轮机构由恒速电动机经减速器带动旋转，总减速比为 5467 : 1，故该凸轮的转速也是非常低的。凸轮的转速很低，就是为了避免从动件（微动开关）产生刚性冲击，避免因转速过高而被损坏。

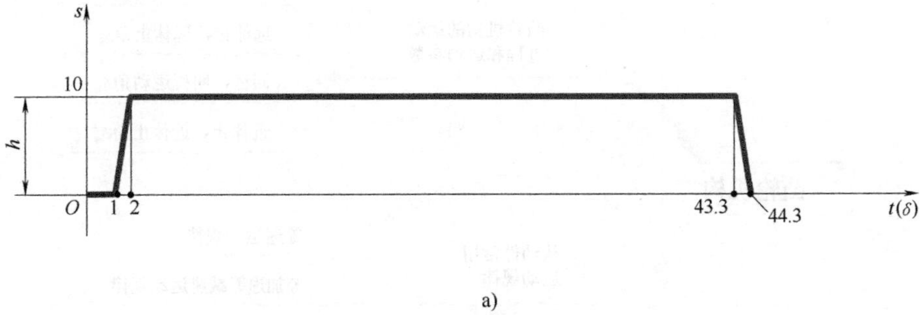

图 3-14　定时机构中凸轮机构的运动线图

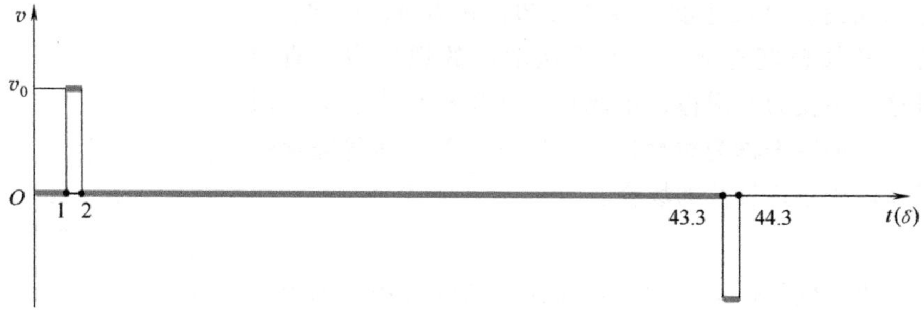

b)

c)

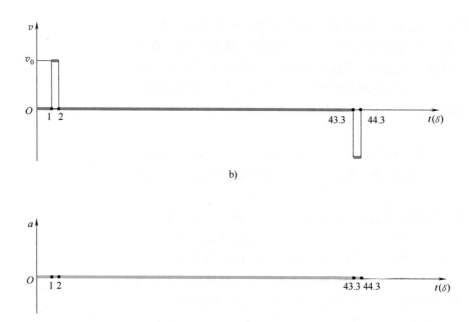

图 3-14　定时机构中凸轮机构的运动线图（续）

【任务测评】

项目三　任务二任务测评

【知识小结】

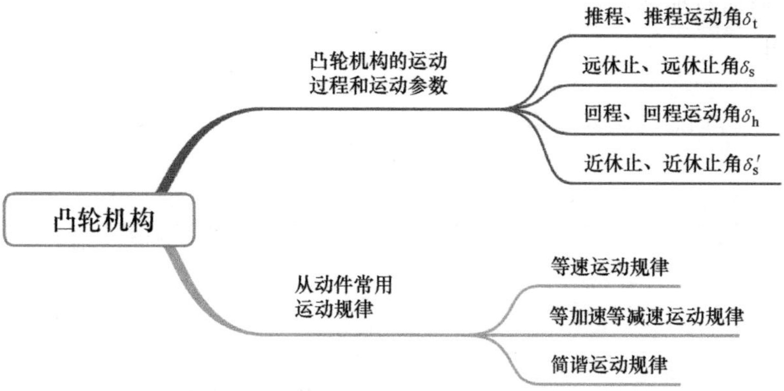

项目四

航空机械中的齿轮传动

本项目设置了以某型飞机中的减速器为载体的学习情境，通过分析其齿轮传动的类型、齿轮的传动特点、几何参数及尺寸计算、失效形式和维护方法等，达到掌握航空机械中齿轮传动的目的。

通过本项目的实施，达成以下教学目标。

1）知识目标：理解齿轮机构的类型及应用；掌握渐开线直齿圆柱齿轮各部分名称和几何参数；掌握渐开线斜齿圆柱齿轮各部分名称和几何参数；掌握渐开线直齿锥齿轮各部分名称和几何参数；掌握齿轮传动的失效形式及维护方法。

2）能力目标：通过学习各种齿轮几何参数，具备分析齿轮传动特点的能力；具备计算各种齿轮传动几何尺寸的能力；具备分析齿轮传动失效形式和进行维护的基本能力；具备利用二维码获取数字信息资源和进行自评的能力。

3）素质目标：树立依据国家标准选择参数的标准意识；养成理论联系实际，理论联系实装的学习习惯；形成严谨、细致、科学的用装养装的职业素养；形成踏实肯干的精神品质和团队协作意识。

任务一　分析直升机尾减速器中的标准直齿圆柱齿轮传动

【任务描述】

齿轮传动是航空机械中重要的传动形式之一，通过齿轮传动实现不同轴之间运动和动力的传递。图 4-1 所示的某型直升机的主减速器、中间减速器和尾减速器都是利用齿轮传动实现不同轴之间的运动传递。不同类型的齿轮传动，其传动特点各不相同。试以尾减速器为例，分析直齿圆柱齿轮传动的特点，计算单个齿轮的几何尺寸，计算直齿圆柱齿轮传动的传动参数。

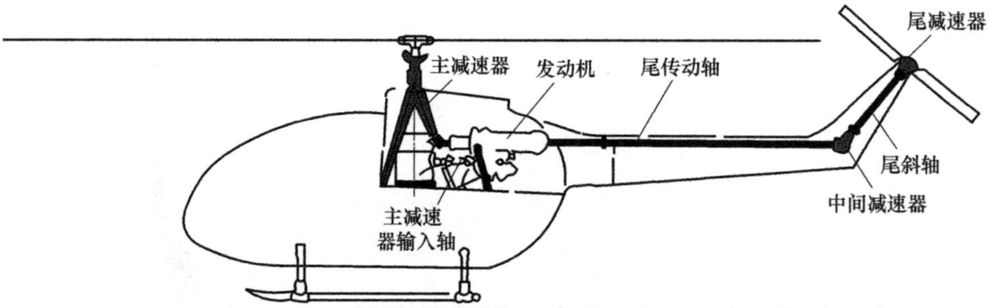

图 4-1　某型直升机的结构

【任务分析】

齿轮传动的类型比较多，且各具特点。直齿圆柱齿轮传动是最常见的齿轮传动形式之一。图 4-2 所示为直升机尾减速器中的齿轮传动，其中，齿轮 1、2、3 为直齿圆柱齿轮，齿轮 1 和齿轮 2 组成一级传动，齿轮 2 和齿轮 3 组成另一级传动，这三个齿轮的轴线都是相互平行的。试以齿轮 1 和齿轮 2 组成的传动为例，分析直齿圆柱齿轮传动的特点，计算单个齿轮的几何尺寸，计算直齿圆柱齿轮传动的传动参数。要进行以上分析，必须掌握与直齿圆柱齿轮传动相关的内容。

图 4-2 直升机尾减速器中直齿圆柱齿轮传动

【知识链接】

一、齿轮传动的特点

齿轮传动依靠主动齿轮与从动齿轮的啮合传递运动和动力。

与其他传动形式相比，齿轮传动具有以下优点：

1）适用的功率范围广。

2）效率高。

3）传动平稳。

4）传动比恒定。

5）寿命较长。

6）可实现任意两轴间的传动。

与其他传动形式相比，齿轮传动的缺点是：

1）要求有较高的制造和安装精度，成本较高。

2）不适宜两轴相距较远的传动。

二、齿轮传动的类型

齿轮机构可实现空间任意两轴间的运动和动力的传递，它是现代机械中应用最广的传动机构之一。

按两齿轮轴线的相对位置不同，可将齿轮传动分为两轴线平行齿轮传动、两轴线相交齿轮传动和两轴线交错齿轮传动三种类型。按齿轮轮齿的齿向不同，可将齿轮传动分为直齿轮传动、斜齿轮传动、人字齿轮传动和曲齿齿轮传动四种类型。齿轮传动的类型如图 4-3 所示。

a) 直齿圆柱齿轮传动(外啮合)　b) 直齿圆柱齿轮传动(内啮合)　c) 斜齿圆柱齿轮传动　d) 人字齿圆柱齿轮传动

e) 直齿锥齿轮传动　f) 蜗杆传动　g) 交错轴斜齿轮传动　h) 曲齿齿锥齿轮传动

直齿圆柱齿轮传动（外啮合）　直齿圆柱齿轮传动（内啮合）　斜齿圆柱齿轮传动　人字齿圆柱齿轮传动　直齿锥齿轮传动　蜗杆传动

图 4-3　齿轮传动的类型

三、渐开线齿廓

1. 渐开线的形成

如图 4-4 所示，当一条直线 BK 沿半径为 r_b 的基圆做纯滚动时，直线上任一点 K 的轨迹，即曲线 AK 称为该圆的渐开线。直线 BK 称为渐开线的发生线。

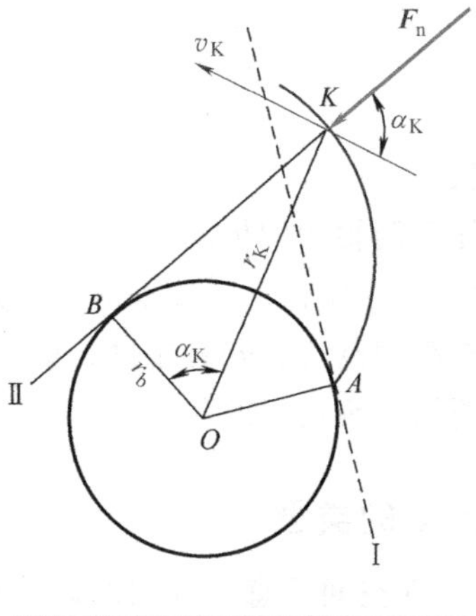

图 4-4　渐开线的形成

渐开线的形成

2. 渐开线的性质

由渐开线的形成过程可知，渐开线具有下列性质：

1）发生线沿基圆滚过的长度，等于基圆上被滚过的圆弧长度，即 $\overline{BK}=\widehat{AB}$。

2）渐开线上任一点 K 的法线 BK 必与基圆相切。切点 B 为渐开线上点的曲率中心，为 K 点的曲率半径。

3）渐开线上各点的压力角不相等。渐开线齿廓上某点的法线（压力方向线）与齿廓上该点速度方向线所夹的锐角 α_K，称为该点的压力角。以 r_b 表示基圆半径，r_K 表示该向径，由图可知

$$\cos\alpha_K = \frac{\overline{OB}}{\overline{OK}} = \frac{r_b}{r_K} \tag{4-1}$$

上式表明，渐开线上各点的压力角不等。向径越大（即点 K 离基圆圆心越远），其压力角越大。

4）渐开线的形状取决于基圆的大小。大小相等的基圆其渐开线相同。如图 4-5 所示，取大小不等的两个基圆，使其渐开线在点 K 处相切，则两条渐开线在 K 点处的压力角相等基圆越大，它的渐开线在点 K 的曲率半径也越大，即渐开线越趋于平直；当基圆半径为无穷大时，渐开线将成为垂直于直线 B_3K 的直线，因此直线为渐开线的特例。

5）基圆以内无渐开线。

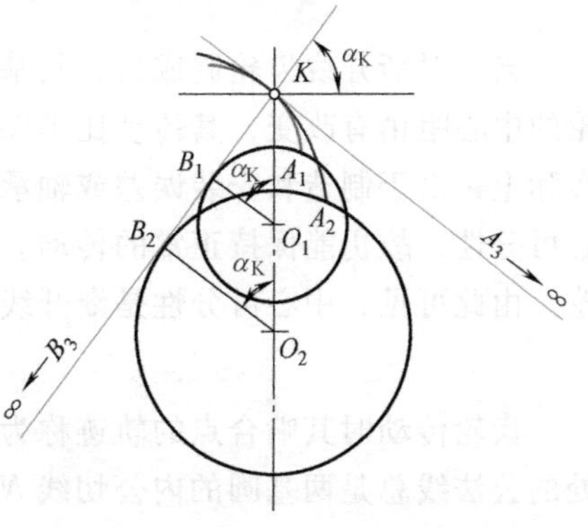

图 4-5 基圆大小对渐开线的影响

四、渐开线齿廓的啮合特性

理论上可作为齿轮齿廓的曲线有许多种，但由于轮齿加工、测量和强度要求等方面的原因，实际上可选用的齿廓曲线仅有渐开线、摆线、圆弧线和抛物线等几种，其中渐开线齿廓应用最广。渐开线齿廓啮合具有以下特性。

1. 渐开线齿廓传动具有传动比恒定不变性

图 4-6 所示为一对渐开线齿轮啮合。设两渐开线齿轮基圆半径分别 r_{b1} 为和 r_{b2}，两渐开线齿廓 E_1 和 E_2 在任意点 K 接触，过点 K 作两齿廓的公法线 nn 与两轮的连心线交于点 C。根据渐开线的性质 2），公法线 nn 必同时与两基圆相切，即直线 N_1N_2 为两基圆的内公切线。在齿轮传动过程中，由于两齿轮基圆的大小和安装位置均已固定，而同一方向的内公切线只有一条，故该公切线 N_1N_2 与两齿轮连心线 O_1O_2 的交点 C 必为定点。点 C 称为节点。以 O_1 和 O_2 为圆心，O_1C 和 O_2C 为半径所作的圆称为节圆。节圆的半径分别记为 r_1' 和 r_2'。

当不计转动方向时，传动比（即角速度之比）常用 i 表示。

由图 4-6 可知，一对齿轮的传动比为

$$i_{12} = \frac{\omega_1}{\omega_2} = \frac{n_1}{n_2} = \frac{r_2'}{r_1'} = \frac{r_{b2}}{r_{b1}} \tag{4-2}$$

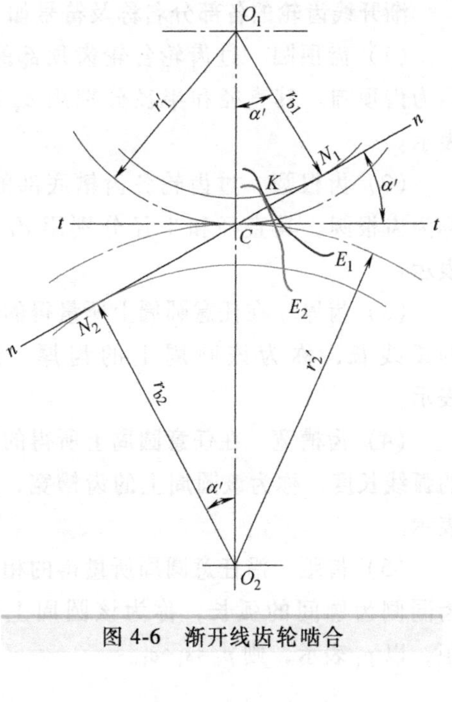

图 4-6 渐开线齿轮啮合

上式表示渐开线齿轮的传动比等于两基圆半径的反比，下标 1 表示主动轮，下标 2 表示从动轮。以下也按此规则标注。

两轮齿啮合时的接触点又称啮合点。渐开线齿轮在啮合过程中，啮合点沿着两齿轮基圆的公切线 N_1N_2 移动，故公切线 N_1N_2 为啮合点的轨迹线，常称为啮合线。

2. 渐开线齿轮传动具有中心可分性

当一对渐开线齿轮制成后，其基圆半径是不会改变的，因而由式（4-2）可知，即使两轮的中心距稍有改变，其传动比仍保持原值不变。这种性质称为渐开线齿轮的中心可分性。实际上，由于制造和安装误差或轴承磨损，常常导致中心距发生微小改变，但由于它具有中心可分性，故仍能保持正常的传动。此外，根据渐开线齿轮的中心可分性还可以设计变位齿轮。由此可见，中心可分性是渐开线齿轮的一大优点。

3. 啮合时具有传递压力方向不变性

齿轮传动时其啮合点的轨迹称为啮合线。对于渐开线齿轮，无论在哪一点接触，接触点处的公法线总是两基圆的内公切线 N_1N_2，因此公切线 N_1N_2 也就是渐开线齿廓的啮合线。

过节点 C 作两节圆的公切线 tt，它与啮合线 N_1N_2 间的夹角称为啮合角。由图 4-6 可知，渐开线齿轮传动中啮合角 α'为一常数，而啮合角也就是两齿廓在节点啮合时的压力角 α'，因此啮合角不变表示齿廓间压力方向不变。若齿轮传递的力矩恒定，则轮齿之间、轴与轴承之间的压力的大小和方向均不变，传动的平稳性好。这也是渐开线齿廓的一大优点。

五、渐开线齿轮各部分名称和基本尺寸

1. 渐开线齿轮各部分名称

图 4-7 所示为渐开线直齿圆柱齿轮的一部分。为使齿轮实现双向传动，轮齿两侧是完全对称的，就是轮齿两侧齿廓是形状相同、方向相反的渐开线曲面。

渐开线齿轮的各部分名称及符号如下：

（1）齿顶圆　过齿轮各轮齿顶部的圆，称为齿顶圆。其直径和半径分别用 d_a 和 r_a 表示。

（2）齿根圆　过齿轮各齿槽底部的圆，称为齿根圆。其直径和半径分别用 d_f 和 r_f 表示。

（3）齿厚　在任意圆周上所量得的轮齿的弧线长，称为该圆周上的齿厚，用 s_i 表示。

（4）齿槽宽　在任意圆周上所得的齿槽的弧线长度，称为该圆周上的齿槽宽，用 e_i 表示。

（5）齿距　沿任意圆周所量得的相邻两齿同侧齿廓间的弧长，称为该圆周上的齿距，以 p_i 表示，则 $p_i=s_i+e_i$。

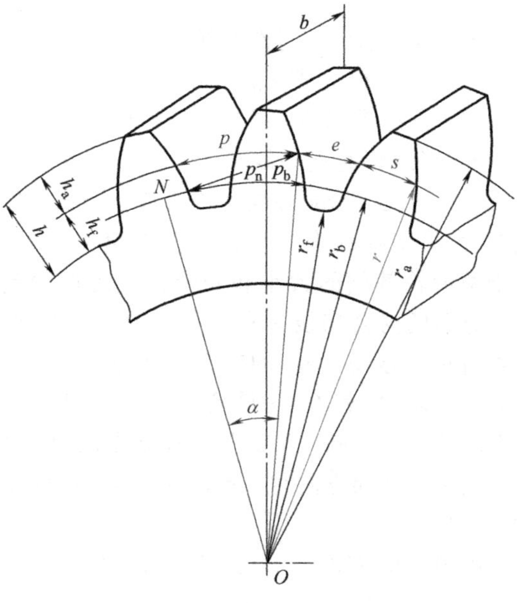

图 4-7　渐开线齿轮各部分名称

（6）分度圆　在齿顶圆和齿根圆之间、齿厚和齿槽宽相等的圆，是设计齿轮的基准圆，其直径和半径分别用 d 和 r 表示，其齿厚、齿槽宽、齿距分别用 s、e、p 表示。

（7）齿顶高　轮齿在分度圆与齿顶圆之间的部分，称为齿顶。分度圆与齿顶圆之间的径向距离，称为齿顶高，用 h_a 表示。

（8）齿根高　轮齿在分度圆与齿根圆之间的部分，称为齿根。分度圆与齿根圆之间的径向距离，称为齿根高，用 h_f 表示。

（9）齿高　齿顶圆与齿根圆之间的径向距离，称为齿高，用 h 表示，$h=h_a+h_f$。

（10）齿宽　轮齿的轴向宽度，称为齿宽，用 b 表示。

2. 渐开线齿轮的基本参数

（1）齿数 z　在齿轮整个圆周上均匀分布的轮齿总数称为齿数，用 z 表示。

（2）模数 m　齿轮分度圆的周长可用分度圆直径 d、齿距 p、齿数 z 表示为

$$\pi d=pz$$

故

$$d=\frac{p}{\pi}z \tag{4-3}$$

式中，π 为无理数。为了便于设计、制造、测量及互换，人为地把齿轮某一圆周上的比值 p/π 规定为简单有理数并标准化，称为齿轮的模数，用 m 表示，单位为 mm，即

$$m=\frac{p}{\pi} \tag{4-4}$$

模数是齿轮一个重要参数，是齿轮所有几何尺寸计算的基础。模数越大，齿轮的尺寸越大，轮齿抗弯的能力也就越强，因此模数 m 又是轮齿抗弯能力的重要标志。齿轮尺寸与模数的关系如图 4-8 所示。

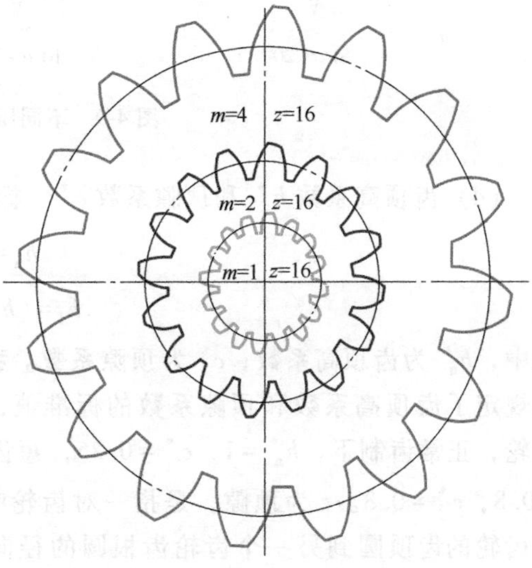

图 4-8　齿轮尺寸与模数的关系

表 4-1 列出了我国规定的标准模数系列中的一部分。

表 4-1　标准模数系列（摘自 GB/T 1357—2008）　（单位：mm）

第一系列	1　1.25　1.5　2　2.5　3　4　5　6　8　10　12　16　20　25　32　40　50
第二系列	1.125　1.375　1.75　2.25　2.75　3.5　4.5　5.5　(6.5)　7　9　11　14　18　22　28　36　45

注：1. 本表适用于渐开线圆柱齿轮，对于斜齿轮是指法向模数。

2. 优先采用第一系列，括号内的模数尽可能不用。

（3）压力角 α　由于渐开线齿廓在不同的圆周上压力角不同，所以在生产中通常使用的压力角是指分度圆上的压力角 α。为了便于设计、制造和测量，国家标准将齿轮分度圆上的压力角规定为标准值，称为标准压力角，其值为 $\alpha=20°$。由此可见，分度圆是齿轮上具有标准模数和标准压力角的圆。

压力角是决定齿轮齿廓形状的主要参数。当分度圆半径不变时，压力角减小，基圆半径增大，轮齿的齿顶变宽，齿根变窄，其承载能力降低。因此，小压力角齿轮的承载能力较

小。压力角增大时，基圆半径减小，轮齿的齿顶变窄，齿根变厚，其承载能力增大，但传动较费力。因此，大压力角齿轮虽然承载能力较强，但在传递转矩相同的情况下，轴承的负荷增大，仅在特殊情况下使用。不同压力角时轮齿的形状如图 4-9 所示。

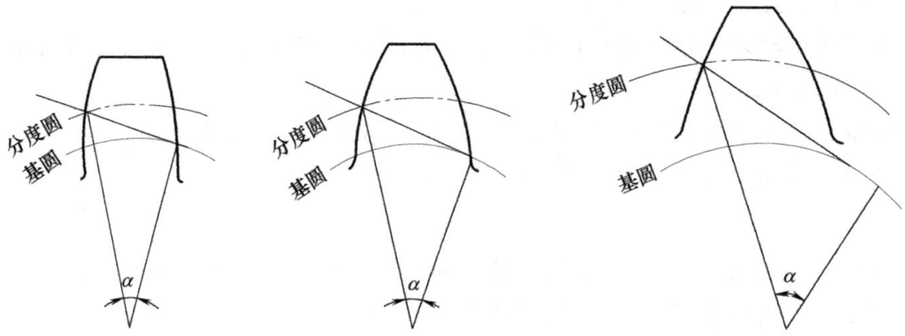

图 4-9　不同压力角时轮齿的形状

（4）齿顶高系数 h_a^* 和顶隙系数 c^*　标准齿轮的齿顶高和齿根高由下式确定：

$$\left.\begin{aligned} h_a &= h_a^* m \\ h_f &= (h_a^* + c^*)m \end{aligned}\right\} \tag{4-5}$$

式中，h_a^* 为齿顶高系数；c^* 为顶隙系数。我国国家标准规定了齿顶高系数和顶隙系数的标准值，对于圆柱齿轮，正常齿制下，$h_a^*=1$，$c^*=0.25$，短齿制下，$h_a^*=0.8$，$c^*=0.3$。c 为顶隙，是指一对齿轮啮合时，一个齿轮的齿顶圆到另一个齿轮齿根圆的径向间隙，$c=c^*m$，如图 4-10 所示。

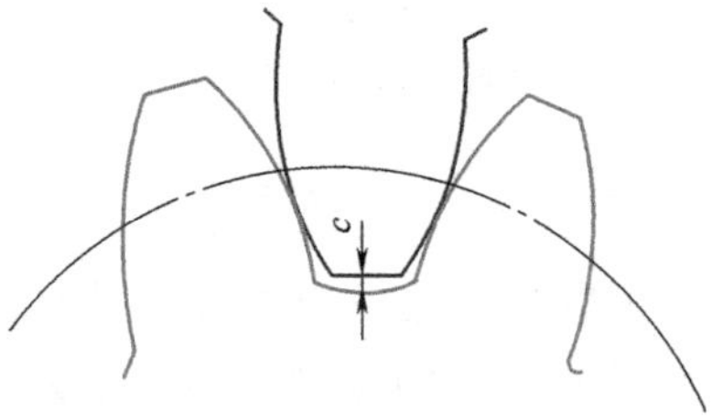

图 4-10　顶隙

顶隙用以避免两齿轮啮合时相碰撞，并能储存润滑油，有利于齿轮的润滑。

3. 标准直齿圆柱齿轮的几何尺寸

模数、压力角、齿顶高系数 h_a^* 和顶隙系数 c^* 均为标准值，且分度圆上 $s=e$ 的齿轮称为标准齿轮。标准直齿圆柱齿轮几何尺寸的计算公式见表 4-2。

表 4-2　标准直齿圆柱齿轮几何尺寸的计算公式

名称	符号	计算公式	
		外齿轮	内齿轮
齿顶高	h_a	$h_a=h_a^* m$	
齿根高	h_f	$h_f=(h_a^*+c^*)m$	
齿高	h	$h=h_a+h_f=(2h_a^*+c^*)m$	
齿厚	s	$s=p/2=\pi m/2$	
齿槽宽	e	$e=p/2=\pi m/2$	
齿距	p	$p=\pi m$	

（续）

名称	符号	计算公式	
		外齿轮	内齿轮
基圆直径	d_b	$d_b=d\cos\alpha=mz\cos\alpha$	
分度圆直径	d	$d=mz$	
齿顶圆直径	d_a	$d_a=d+2h_a=(z+2h_a^*)m$	$d_a=d-2h_a=(z-2h_a^*)m$
齿根圆直径	d_f	$d_f=d-2h_f=(z-2h_a^*-2c^*)m$	$d_f=d+2h_f=(z+2h_a^*+2c^*)m$
标准中心距	a	$a=(d_1+d_2)/2=m(z_1+z_2)/2$	$a=(d_2-d_1)/2=m(z_2-z_1)/2$

六、渐开线直齿圆柱齿轮的啮合传动

1. 正确啮合条件

在齿轮传动过程中，齿轮的每一对轮齿仅啮合一段时间就要分离，而由下一对轮齿接替。如图 4-11 所示，当前一对轮齿在点 K（脱离啮合前的点）接触时，其后一对轮齿在啮合线上另一点 K'（进入啮合的点）接触，这样才能保证当前一对轮齿分离时，后一对轮齿能不中断地继续传动。为了保证前后两对轮齿有可能同时在啮合线上接触，齿轮 1 上相邻两轮齿同侧齿廓沿法线的距离 $\overline{K_1K_1'}$，应与齿轮 2 上相邻两轮齿同侧齿廓沿法线的距离 $\overline{K_2K_2'}$ 相等，即 $\overline{K_1K_1'}=\overline{K_2K_2'}$。

根据渐开线的性质 1)，由图 4-11 可知：

$$\overline{K_2K_2'}=\overline{N_2K_2'}-\overline{N_2K_2}=\widehat{N_2i}-\widehat{N_2j}=\widehat{ij}=p_{b2}$$

同理，$\overline{K_1K_1'}=p_{b1}$。其中 p_{b1}、p_{b2} 为两齿轮的基齿距。故应有

$$p_{b1}=p_{b2} \tag{4-6}$$

由于 $p_b=\pi d_b/z$，$d_b=d\cos\alpha$，故

$$p_{b1}=p_1\cos\alpha_1=\pi m_1\cos\alpha_1$$
$$p_{b2}=p_2\cos\alpha_2=\pi m_2\cos\alpha_2$$

即

$$m_1\cos\alpha_1=m_2\cos\alpha_2 \tag{4-7}$$

由于模数和压力角已经标准化，所以必须有

$$\left.\begin{aligned}m_1=m_2\\ \alpha_1=\alpha_2\end{aligned}\right\} \tag{4-8}$$

才能满足式（4-7）的要求。故渐开线直齿轮的正确啮合条件为：两齿轮的模数和压力角必须分别相等。

这样，一对渐开线齿轮的传动比可表示为

$$i_{12}=\frac{\omega_1}{\omega_2}=\frac{d_2'}{d_1'}=\frac{d_{b2}}{d_{b1}}=\frac{d_2}{d_1}=\frac{z_2}{z_1} \tag{4-9}$$

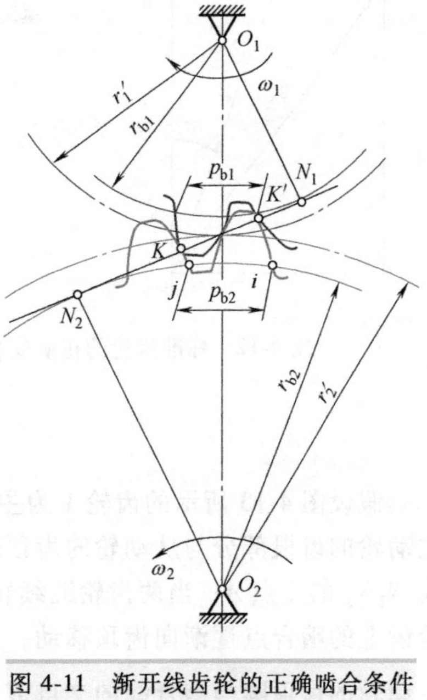

图 4-11　渐开线齿轮的正确啮合条件

2. 标准中心距

在一对齿轮传动中，一齿轮节圆上的齿槽宽与另一齿轮节圆上的齿厚之差称为齿侧间隙。考虑齿轮制造和装配时有误差以及齿轮工作时会产生变形及发热膨胀，同时也为了便于润滑，一般应有一定的齿侧间隙。但齿侧间隙是在规定齿轮公差时予以考虑的，因此在研究和设计齿轮时仍假定没有齿侧间隙存在。

如前所述，一对正确啮合的渐开线齿轮的模数相同，而标准齿轮的分度圆齿厚等于齿槽宽，因此 $s_1=e_1=s_2=e_2=\pi m/2$。若令分度圆与节圆重合（即两齿轮分度圆相切），如图 4-12 所示，则 $e_1'-s_2'=e_2'-s_1'=0$，齿侧间隙为零，这种安装方式称为正确安装，又称标准安装。一对标准齿轮分度圆相切时的中心距称为标准中心距，以 a 表示，则

$$a=r_1'+r_2'=r_1+r_2=\frac{m}{2}(z_1+z_2) \tag{4-10}$$

此时，顶隙为

$$c=c^*m=h_f-h_a \tag{4-11}$$

当分度圆与节圆重合时，压力角与啮合角相等。

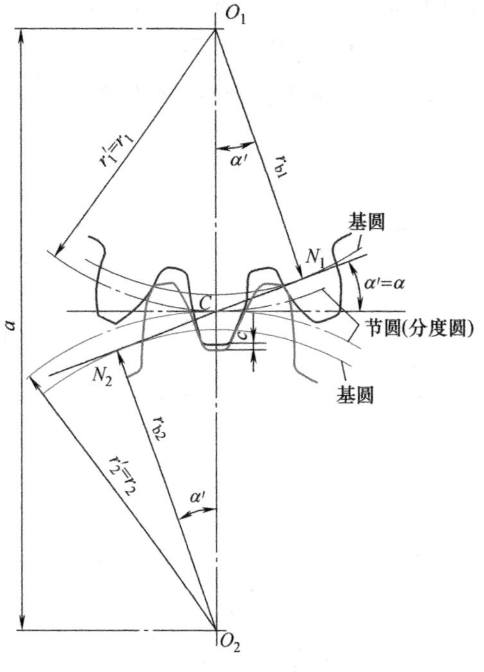

图 4-12　标准齿轮的正确安装

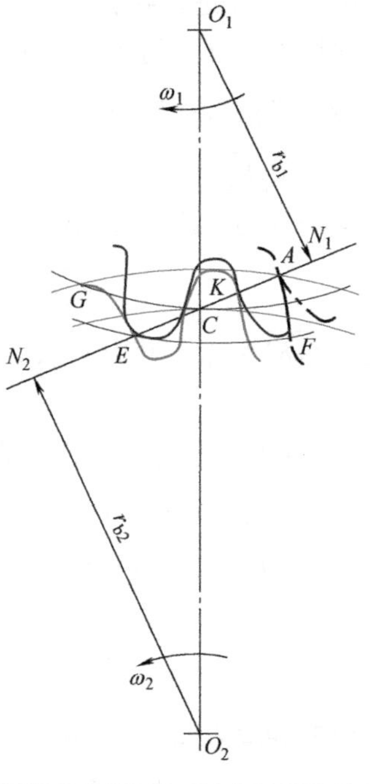

图 4-13　重合度

3. 重合度

假设图 4-13 所示的齿轮 1 为主动件，齿轮 2 为从动件，当一对轮齿开始啮合时，总是主动轮的齿根部分与从动轮的齿顶部分最先接触，因此开始啮合点是从动轮的齿顶圆与啮合线 N_1N_2 的交点 A；当两齿轮继续转动时，轮齿的啮合点沿啮合线 N_1N_2 向下移动，主动轮轮齿上的啮合点逐渐向齿顶移动，而从动轮轮齿上的啮合点逐渐向齿根移动。当传动进行到主动轮的齿顶圆与啮合线的交点 E 时，两轮齿将脱离接触，故点 E 为终止啮合点。线段 $\overline{AE}$

为啮合点的实际轨迹，称为实际啮合线段；若将两齿轮的齿顶圆加大，则点 A、点 E 就趋近于点 N_1、点 N_2，实际啮合线段就变长。但因基圆内无渐开线，故线段 $\overline{N_1N_2}$ 为理论上可能的最大啮合线段，称为理论啮合线段。

由上述齿轮的啮合过程可以看出，一对轮齿的啮合只能推动从动轮转过一定的角度，而要使齿轮连续地进行传动，则必须保证在前一对轮齿即将脱离啮合时，后一对轮齿已及时地进入了啮合。为此，必须使 $\overline{AE}\geqslant\overline{KE}$。由于 $\overline{KE}=p_b$，即应有 $\overline{AE}\geqslant p_b$。如果 $\overline{AE}=p_b$，当前一对轮齿在点 E 脱离啮合时，后一对轮齿恰好在点 A 进入啮合，表明传动恰好连续；如果 $\overline{AE}>p_b$，则表明齿轮在传动的过程中，有时是一对轮齿啮合，有时是多对轮齿啮合，传动能够连续进行；如果 $\overline{AE}<p_b$，则前一对轮齿在点 E 脱离啮合时，后一对轮齿尚未进入啮合，致使传动中断，从而引起轮齿间的冲击，影响传动的平稳性。

由此可知，齿轮传动的连续性条件是：两齿轮的实际啮合线段应大于或等于齿轮的基齿距。通常把这个条件用重合度 ε 来表示，即

$$\varepsilon=\frac{\overline{AE}}{p_b}=\frac{\widehat{FG}}{p}\geqslant 1 \tag{4-12}$$

式中，弧 $\widehat{FG}$ 为一对轮齿啮合过程中，节圆上任意一点走过的弧长，称为啮合弧。

重合度越大，表明同时参与啮合的齿的对数越多，重合度的详细计算公式可参阅机械设计手册。对于标准齿轮传动，其重合度恒大于 1。

七、齿轮的加工原理

齿轮加工的方法有多种，按其原理可分为展成法和仿形法两类。

1. 展成法

展成法是目前齿轮加工中最常用的一种方法，它是利用一对齿轮互相啮合时，两齿轮齿廓互为包络线的原理来加工齿轮的。加工时刀具和轮坯之间的对滚运动与一对齿轮互相啮合传动完全相同，在对滚过程中刀具逐渐切削出渐开线齿廓。

（1）插齿　图 4-14 所示为用齿轮插刀加工齿轮。

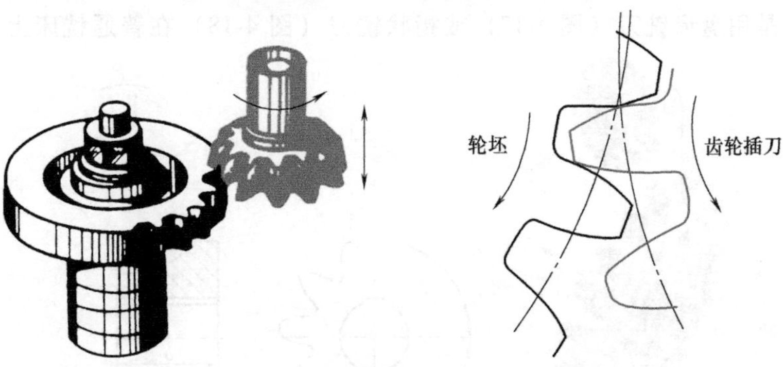

图 4-14　齿轮插刀加工齿轮

齿轮插刀是一个具有切削刃的渐开线外齿轮。插齿时，插刀与轮坯严格按一对齿轮啮合关系做旋转运动，即展成运动，同时插刀沿轮坯轴线方向做上下往复切削运动。为了防止插

刀退刀时划伤已加工的齿廓表面，在退刀时，轮坯还需做小距离的让刀运动。另外，为了切出轮齿的这个高度，插刀还需要向轮坯中心移动，做径向进给运动。

当齿轮插刀的齿数增加到无穷多时，其基圆半径增至无穷大，插刀的渐开线齿廓变成直线齿廓，则齿轮插刀变为齿条插刀。图 4-15 所示为用齿条插刀加工齿轮的情形。加工时，轮坯以等角速度 ω 转动，齿条插刀以速度 $v=r\omega$ 移动，相当于齿条与齿轮的啮合传动。

（2）滚齿　图 4-16 所示为用齿轮滚刀加工齿轮。

滚刀形状犹如一个开了纵向沟槽而形成切削刃的螺杆，轴向截面为一齿条。当滚刀与轮坯分别绕各自轴线转动时，在垂直于轮坯轴线并通过滚刀轴线的主剖面内，相当于齿条与齿轮的啮合传动。同时，滚刀还沿轮坯轴线做进给运动，以便切出整个齿宽。滚刀加工是连续切削，生产率较高，应用广泛。

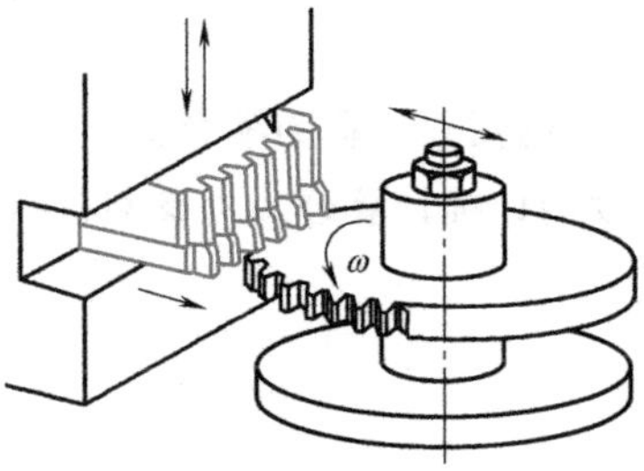

图 4-15　齿条插刀加工齿轮

齿条插刀
加工齿轮

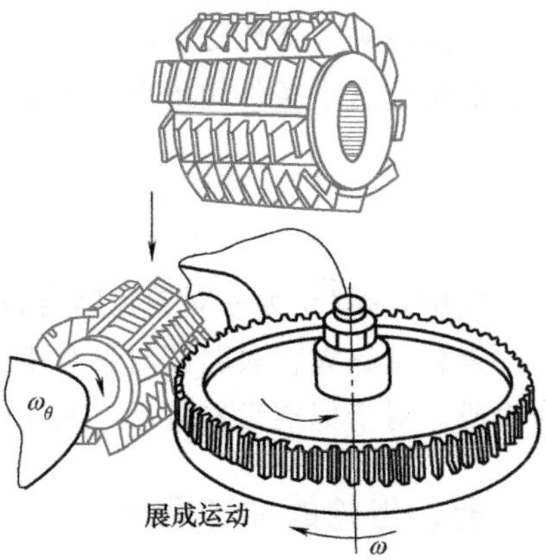

图 4-16　齿轮滚刀加工齿轮

用展成法加工齿轮时，只要刀具与被加工齿轮的模数和压力角相同，不管被加工齿轮的齿数是多少，都可以用同一把刀具来加工，这给生产带来了很大的方便，且效率高，因此展成法得到了广泛的应用。

2. 仿形法

这种方法是用盘形铣刀（图 4-17）或指状铣刀（图 4-18）在普通铣床上将轮坯齿槽的

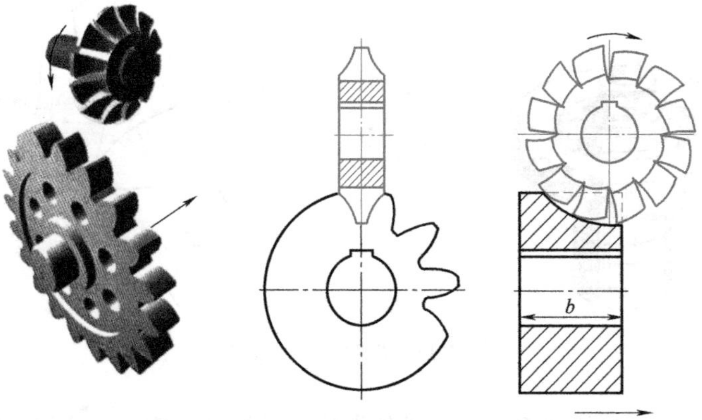

图 4-17　盘形铣刀切制齿轮

材料逐一铣掉，铣刀的轴向截面形状与齿轮齿槽的齿廓形状完全相同。加工时，铣刀绕自身的轴线旋转，同时轮坯沿齿轮轴线方向做直线运动。当切出一个齿槽后，将轮坯转过 $2\pi/z$ 的角度，再铣第二个齿槽，其余类推。

这种切齿方法简单，不需要专用机床，但生产率低，精度差，仅适用于单件生产及精度要求不高的齿轮加工。

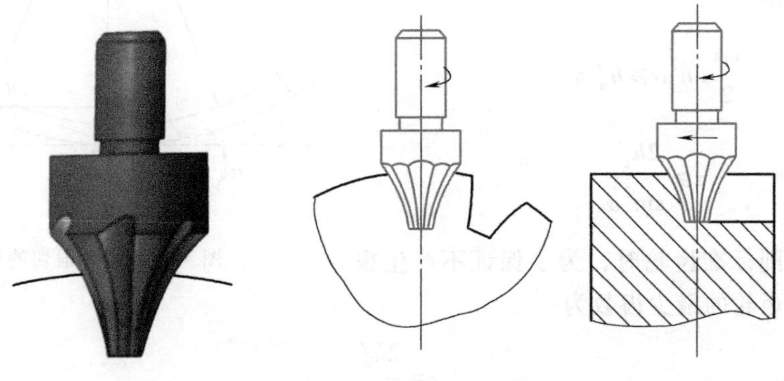

图 4-18 指状铣刀切制齿轮

八、渐开线齿廓的根切现象与最少齿数

用展成法加工齿轮时，若刀具的齿顶线与啮合线的交点超过理论啮合线极限点 N，被加工齿轮根部附近的渐开线齿廓将被切去一部分，这种现象称为根切，如图 4-19 所示。

轮齿的根切使齿根厚度变薄，渐开线齿廓变短，大大削减了轮齿的抗弯强度，而且使重合度减小，从而影响传动的平稳性，因此应尽量避免根切现象的产生。

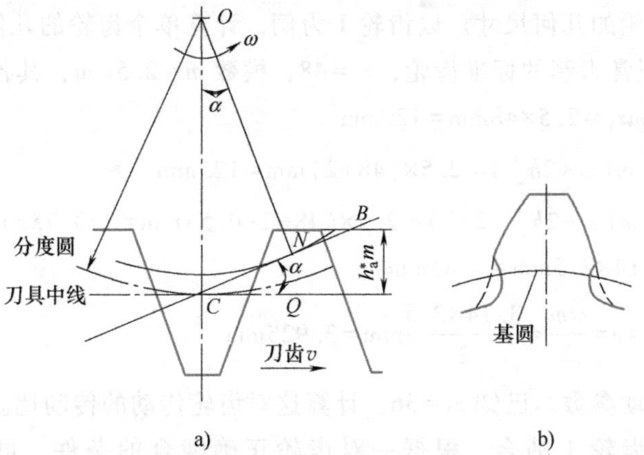

图 4-19 根切的产生与轮齿的根切现象

图 4-20 所示为用齿条插刀加工标准外齿轮的情况，齿条插刀的分度线与轮坯的分度圆相切。

要避免根切，就必须使刀具的齿顶线不超过点 N，即满足以下几何条件：

$$\overline{NQ} \geqslant h_a^* m \tag{4-13}$$

由图可知

$$\overline{NQ} = \overline{PN}\sin\alpha = \overline{OP}\sin^2\alpha = \frac{mz}{2}\sin^2\alpha$$

代入上式得

$$\frac{mz}{2}\sin^2\alpha \geqslant h_a^* m$$

$$z \geqslant \frac{2h_a^*}{\sin^2\alpha}$$

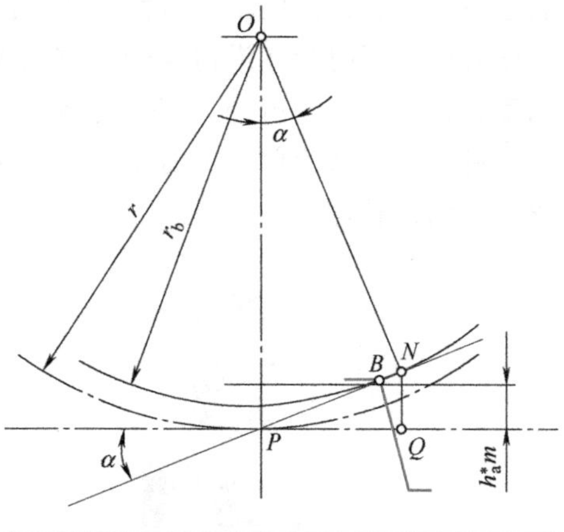

图 4-20　避免根切的条件

因此，切削标准齿轮时，为了保证不产生根切现象，被切齿轮的最少齿数为

$$z = \frac{2h_a^*}{\sin^2\alpha} \tag{4-14}$$

对于直齿齿制标准直齿圆柱齿轮，$\alpha = 20°$，$h_a^* = 1$，$z_{min} = 17$。若允许有微量根切，则实际最少齿数可取 14。

【任务实施】

对图 4-2 所示直升机尾减速器中直齿圆柱齿轮传动做如下分析：

1）分析齿轮传动的特点。直升机尾减速器中的齿轮 1、2、3 的齿廓都是渐开线齿廓，因此这两级圆柱齿轮传动都具有渐开线齿轮传动的特点，传动比是恒定的。

2）计算单个齿轮的几何尺寸。以齿轮 1 为例，计算单个齿轮的几何尺寸。

已知齿轮 1 为正常齿制的标准齿轮，$z_1 = 48$，模数 $m = 2.5\text{mm}$，其各部分的尺寸为

分度圆直径 $d = mz_1 = 2.5\times48\text{mm} = 120\text{mm}$

齿顶圆直径 $d_a = m(z_1 + 2h_a^*) = 2.5\times(48+2)\text{mm} = 125\text{mm}$

齿根圆直径 $d_f = m(z_1 - 2h_a^* - 2c^*) = 2.5\times(48-2-0.5)\text{mm} = 113.75\text{mm}$

齿距 $p = \pi m = 3.14\times2.5\text{mm} = 7.85\text{mm}$

齿厚和齿槽宽 $s = e = \dfrac{\pi m}{2} = \dfrac{3.14\times2.5}{2}\text{mm} = 3.925\text{mm}$

3）计算齿轮传动参数。已知 $z_2 = 36$，计算这对齿轮传动的传动比。

由于齿轮 2 和齿轮 1 啮合，根据一对齿轮正确啮合的条件，可知齿轮 2 的模数也为 2.5mm。

$$i_{12} = \frac{z_2}{z_1} = \frac{36}{48} = 0.75$$

$$a = \frac{m}{2}(z_2 + z_1) = \frac{2.5}{2}\times(36+48)\text{mm} = 105\text{mm}$$

【任务测评】

项目四 任务一任务测评

【知识小结】

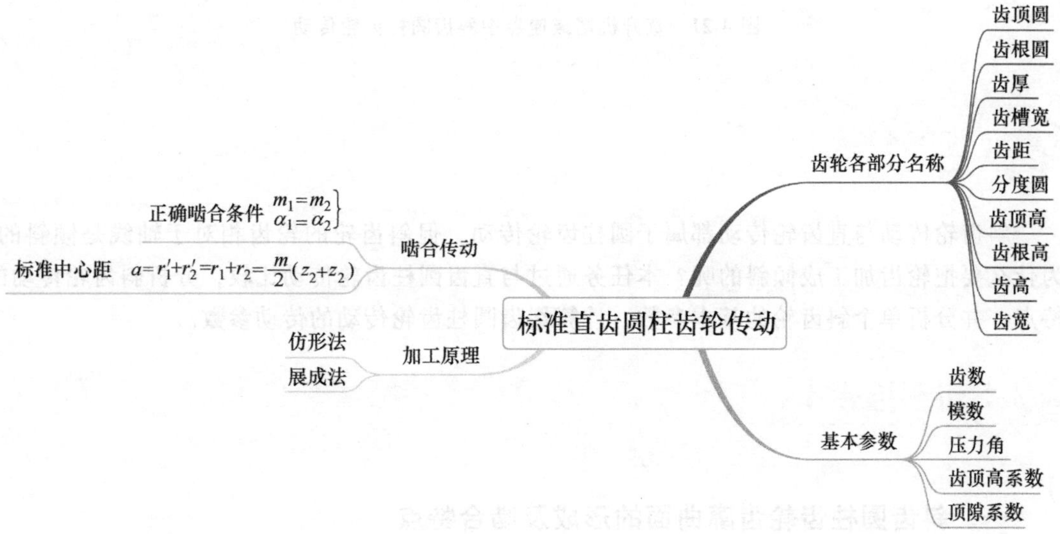

任务二 分析直升机尾减速器中的标准斜齿圆柱齿轮传动

【任务描述】

图 4-21 所示为某型直升机尾减速器中斜齿圆柱齿轮传动，其中齿轮 1、2、3、4 均为斜齿圆柱齿轮，这四个齿轮的轴线都是相互平行的。齿轮 1 和齿轮 2 组成一级传动，由于齿轮 1 的齿数多，齿轮 2 的齿数少，故该级传动为减速传动。齿轮 3 和齿轮 4 组成另一级传动，由于齿轮 3 的齿数多，齿轮 4 的齿数少，故这级传动也是减速传动。齿轮 2 和齿轮 3 为同轴齿轮，二者转速相等。通过这两级减速传动，将中间轴的转速传递到尾桨上。试以齿轮 1、2 组成的斜齿圆柱齿轮传动为例，分析斜齿圆柱齿轮传动的特点，计算单个斜齿圆柱齿轮的几何尺寸，计算斜齿圆柱齿轮的传动参数。

图 4-21　直升机尾减速器中斜齿圆柱齿轮传动

【任务分析】

斜齿轮传动与直齿轮传动都属于圆柱齿轮传动，但斜齿轮的轮齿相对于轴线是倾斜的。为什么要把轮齿加工成倾斜的呢？本任务通过与直齿圆柱齿轮传动比较，分析斜齿轮传动的特点，并分析单个斜齿轮的基本参数，计算斜齿圆柱齿轮传动的传动参数。

【知识链接】

一、斜齿圆柱齿轮齿廓曲面的形成及啮合特点

前面对直齿圆柱齿轮的讨论，是仅就端面来研究的，因此认为直齿圆柱齿轮的齿廓是一条渐开线。实际上，由于齿轮总是有宽度的，所以直齿圆柱齿轮的齿廓沿轴线方向是渐开线曲面。直齿圆柱齿轮齿廓曲面的形成如图 4-22 所示，当与基圆相切的发生面沿基圆柱做纯滚动时，发生面上与齿轮轴线相平行的直线 *KK* 所展开的曲面为渐开线曲面，即为直齿圆柱齿轮的齿廓曲面。

斜齿圆柱齿轮齿廓曲面的形成如图 4-23 所示，当发生面沿基圆柱做纯滚动时，其上与圆柱轴线成一倾斜角 β_b 的斜直线 *KK* 所展开的渐开螺旋面，即为斜齿圆柱齿轮的齿廓曲面，倾斜角 β_b 称为基圆柱上的螺旋角。

由齿廓曲面的形成过程可知，直齿圆柱齿轮在啮合过程中，齿面的接触线均为与齿轮轴线平行的等宽直线，如图 4-24a 所示。轮齿是沿整个齿宽同时进入啮合，再同时退出啮合，从而使轮齿的受力沿齿宽突然加上或卸下，因此传动的平稳性差，容易引起冲击、振动和噪声，不适用于高速和重载传动。

一对平行轴斜齿圆柱齿轮啮合传动过程中，斜齿轮的齿廓是逐渐进入啮合，再逐渐退出啮合的，如图 4-24b 所示。斜齿轮齿面接触线是一系列与轴线成 β_b 角的斜线，接触线的长

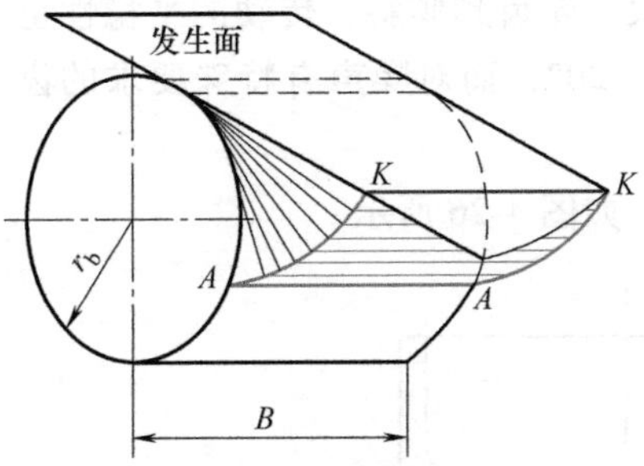

图 4-22　直齿圆柱齿轮齿廓曲面的形成

直齿圆柱齿轮齿廓曲面的形成

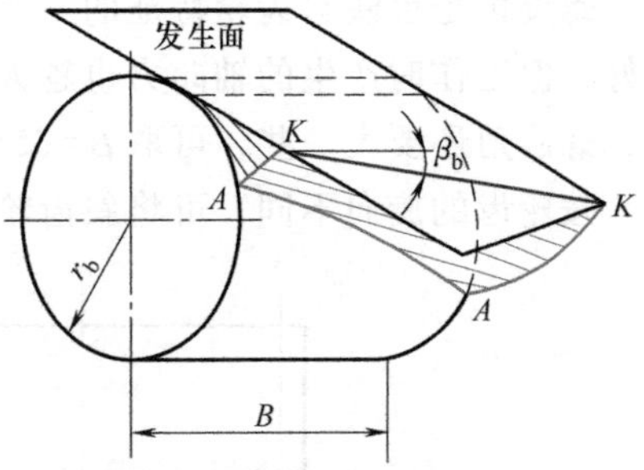

图 4-23　斜齿圆柱齿轮齿廓曲面的形成

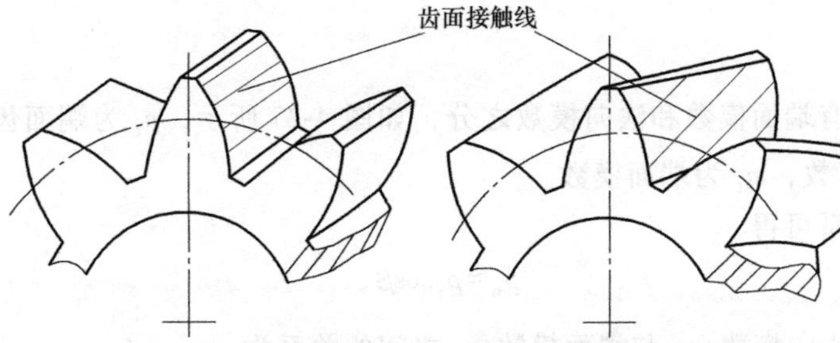

a) 直齿轮齿面接触线　b) 斜齿轮齿面接触线

图 4-24　圆柱齿轮齿面接触线

度由零逐渐增加，到某一位置后又逐渐缩短，直至脱离接触。轮齿受力不是突然加上或卸下，因此斜齿轮传动平稳，承载能力大，适用于高速和大功率的传动。

二、斜齿圆柱齿轮的基本参数及几何尺寸计算

斜齿轮的齿廓曲面为渐开线螺旋面。垂直于斜齿轮轴线的平面称为端面，垂直于分度圆柱面上螺旋线的平面称为法面。斜齿轮的端面齿形是标准渐开线齿廓，斜齿轮的端面和法面上有不同的参数。

1. 螺旋角 β

图 4-25 所示为斜齿圆柱齿轮分度圆柱面展开图，螺旋线展开成一条直线，该直线与齿轮轴线的夹角 β 称为斜齿圆柱齿轮在分度圆柱面上的螺旋角，简称斜齿轮的螺旋角。

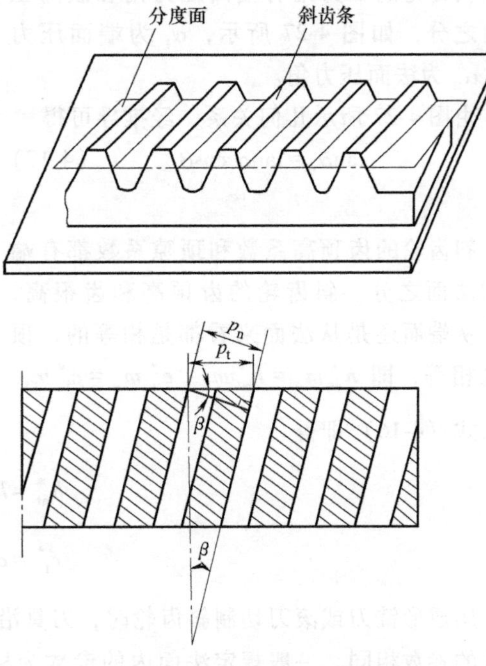

图 4-25　斜齿圆柱齿轮的展开

螺旋角是反映斜齿轮特征的一个重要参数。螺旋角越大，轮齿越倾斜，传动的平稳性也越好，但工作时产生的轴向力也越大。一般机械中取 $\beta=8°\sim20°$，而对噪声有特殊要求的齿轮，螺旋角还要大一些，可取 $\beta=35°\sim37°$。

按轮齿的旋向不同，可将斜齿轮分为左旋和右旋两种，如图 4-26 所示。

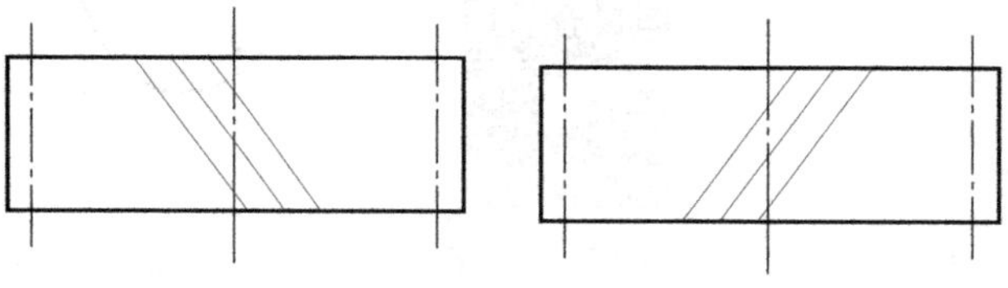

图 4-26　斜齿轮轮齿的旋向

2. 模数

斜齿轮的模数有端面模数和法向模数之分，如图 4-25 所示，p_t 为端面齿距，p_n 为法向齿距，m_n 为法面模数，m_t 为端面模数。

由图中几何关系可得

$$p_n=p_t\cos\beta \tag{4-15}$$

因 $p=\pi m$，故法向模数 m_n 与端面模数 m_t 之间的关系为

$$m_n=m_t\cos\beta \tag{4-16}$$

3. 压力角 α

斜齿轮的压力角有端面压力角和法向压力角之分，如图 4-27 所示，α_t 为端面压力角，α_n 为法面压力角。

由图 4-27 所示几何关系，经推导可得

$$\tan\alpha_n=\tan\alpha_t\cos\beta \tag{4-17}$$

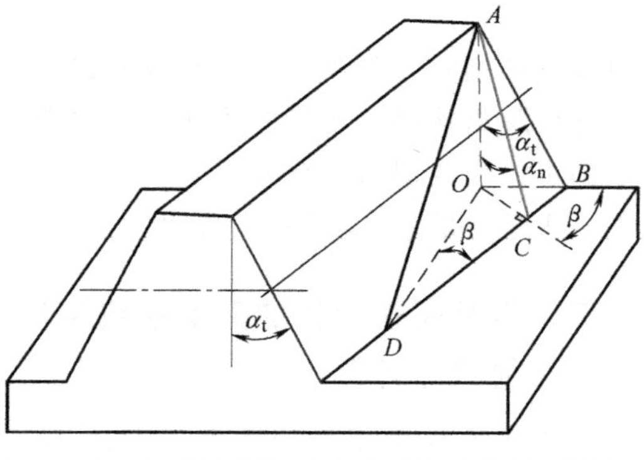

图 4-27　端面压力角与法向压力角

4. 齿顶高系数和顶隙系数

斜齿轮的齿顶高系数和顶隙系数都有端面和法面之分。斜齿轮的齿顶高和齿根高，不论从端面还是从法面来看都是相等的，顶隙也相等，即 $h_{an}^*m_n=h_{at}^*m_t$，$c_n^*m_n=c_t^*m_t$，代入式（4-16）即得

$$h_{at}^*=h_{an}^*\cos\beta$$

$$c_t^*=c_n^*\cos\beta \tag{4-18}$$

用成形铣刀或滚刀切制斜齿轮时，刀具沿轮齿的螺旋线方向进给，故其法面内的参数与刀具的参数相同。一般规定法面内的参数为标准参数，即 $\alpha_n=20°$，$h_{an}^*=1$，$c_n^*=0.25$，法向模数 m_n 按表 4-1 取标准值。

5. 几何尺寸计算

因一对斜齿圆柱齿轮的啮合在端面上相当于一对直齿圆柱齿轮的啮合，故将斜齿圆柱齿轮的端面参数代入直齿圆柱齿轮的几何尺寸计算公式，得到斜齿圆柱齿轮端面的相应几何尺寸，其计算公式见表 4-3。

表 4-3 外啮合标准斜齿圆柱齿轮（正常齿制）的几何尺寸计算公式

名称	符号	计算公式
齿顶高	h_a	$h_a=h_{at}^*m_t=h_{an}^*m_n$
齿根高	h_f	$h_f=(h_{at}^*+c_t^*)m_t=(h_{an}^*+c_n^*)m_n$
齿高	h	$h=h_a+h_f$
分度圆直径	d	$d=m_tz=m_nz/\cos\beta$
齿顶圆直径	d_a	$d_a=d+2h_a$
齿根圆直径	d_f	$d_f=d-2h_f$
基圆直径	d_b	$d_b=d\cos\alpha_t$
标准中心距	a	$a=(d_1+d_2)/2=m_n(z_1+z_2)/(2\cos\beta)$

三、斜齿圆柱齿轮的正确啮合条件

要使一对斜齿轮能正确啮合，除模数和压力角必须分别相等外，其螺旋角 β 必须相匹配，即对于外啮合的斜齿轮，两齿轮的螺旋角必须大小相等，方向相反（即一为左旋，另一为右旋）；对于内啮合的斜齿轮，两齿轮的螺旋角必须大小相等、方向相同（即旋向相同）。这就是斜齿圆柱齿轮的正确啮合条件。

四、斜齿圆柱齿轮的当量齿数

用仿形法加工选择铣刀时和进行斜齿轮强度计算时，必须知道斜齿轮的当量齿数。若一直齿圆柱齿轮的齿廓形状近似于斜齿圆柱齿轮的法面齿廓形状，则该直齿圆柱齿轮称为斜齿圆柱齿轮的当量齿轮，其齿数称为斜齿圆柱齿轮的当量齿数，用 z_v 表示，计算公式为

$$z_v=\frac{2\rho}{m_n}=\frac{d}{m_n\cos^2\beta}=\frac{m_nz}{m_n\cos^3\beta}=\frac{z}{\cos^3\beta} \tag{4-19}$$

式中，z 为斜齿轮的实际齿数。

正常齿制标准斜齿轮不发生根切的最少齿数 z_{min}，可由其当量齿轮的最少齿数 z_{vmin}（$z_{vmin}=17$）计算出来，即

$$z_{min}=z_{vmin}\cos^3\beta=17\cos^3\beta \tag{4-20}$$

五、斜齿轮的优缺点

与直齿圆柱齿轮传动相比，斜齿轮传动具有下列主要优点：

1）齿廓接触线为斜线，一对轮齿是逐渐进入啮合和逐渐脱离啮合的，故运转平稳，噪声小。

2）因重合度较大，故承载能力高，适于高速重载传动。

3）最少齿数小于直齿轮的最少齿数。

斜齿轮传动的主要缺点是斜齿受力 $\boldsymbol{F}$ 时会产生轴向推力 $\boldsymbol{F}_a$（图 4-28a），从而使结构复杂化。为克服这一缺点，可以采用人字齿轮（图 4-28b）。人字齿轮可看作是由螺旋角大小相等、方向相反的两个斜齿轮合并而成，因左右对称而使轴向力互相抵消。但人字齿轮制造比较困难，成本较高。

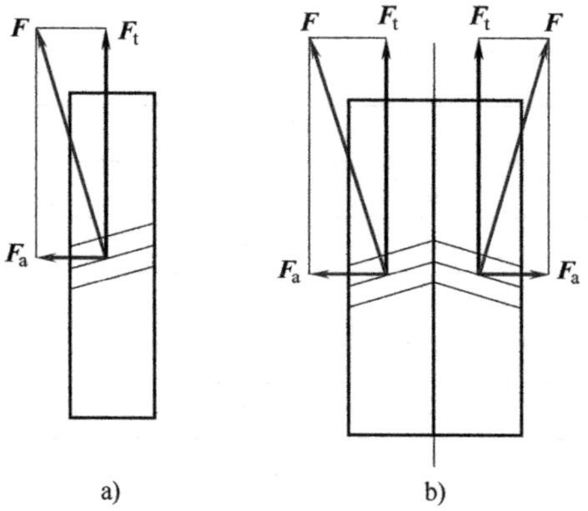

图 4-28　斜齿轮的轴向力

【任务实施】

对图 4-21 所示直升机尾减速器中的斜齿圆柱齿轮传动做如下分析：

1）分析斜齿轮传动的特点。直升机尾减速器中齿轮 1、2、3、4 均为斜齿圆柱齿轮，其轴线是相互平行的，因此传递的是平行轴之间的运动和动力。由于轮齿是倾斜的，故传动具有平稳性，传递的载荷较大。

2）计算单个斜齿轮的基本尺寸。已知齿轮 1 为正常齿制标准齿轮，$z_1=98$，模数 $m_n=4\text{mm}$，$\beta=14.5°$，计算其各部分的尺寸为

端面模数　$m_t=\dfrac{m_n}{\cos\beta}=\dfrac{4}{\cos14.5°}\text{mm}=4.13\text{mm}$

分度圆直径　$d_1=m_t z_1=4.13\times98\text{mm}=404.74\text{mm}$

齿顶高　$h_a=h_{an}^* m_n=1.0\times4\text{mm}=4\text{mm}$

齿根高　$h_f=(h_{an}^*+c_n^*)m_n=(1.0+0.25)\times4\text{mm}=5\text{mm}$

齿顶圆直径　$d_{a1}=d_1+2h_{a1}=(404.74+2\times4)\text{mm}=412.74\text{mm}$

齿根圆直径　$d_{f1}=d_1-2h_{f1}=(404.74-2\times5)\text{mm}=394.74\text{mm}$

3）若 $z_2=24$，计算斜齿轮传动参数。

传动比　$i_{12}=\dfrac{\omega_1}{\omega_2}=\dfrac{z_2}{z_1}=0.24$

中心距 $a=\frac{(d_1+d_2)}{2}=\frac{m_n(z_1+z_2)}{2\cos\beta}=\frac{4\times(98+24)}{2\cos 14.5°}\text{mm}=252.03\text{mm}$

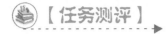

【任务测评】

项目四 任务二任务测评

【知识小结】

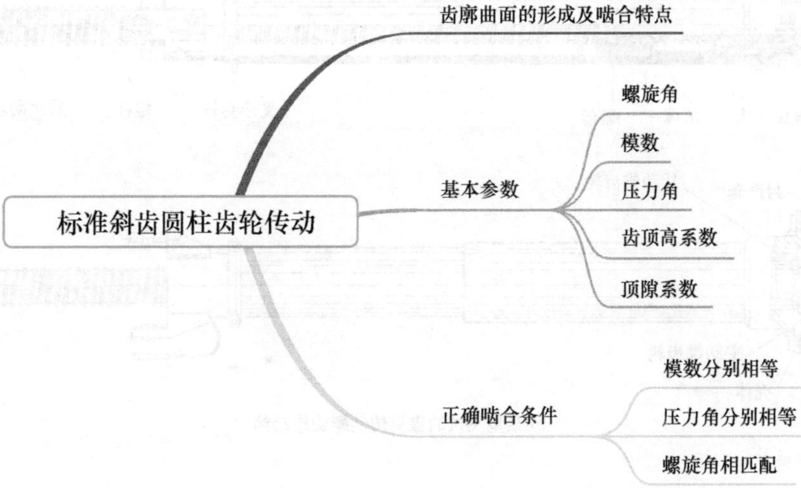

任务三 分析飞机襟翼传动中螺旋作动筒的锥齿轮传动

【任务描述】

直齿锥齿轮传动是一种重要的齿轮传动形式，主要用来实现相交两轴之间运动和动力的传递，在航空机械中的应用十分广泛。图 4-29 所示为某型飞机襟翼传动，其中的螺旋作动筒利用了直齿锥齿轮传动。图 4-30a 所示为某型飞机襟翼传动中的螺旋作动筒，其功用是将传动机构传递的旋转运动变成直线运动，以实现襟翼的收放。该螺旋作动筒由头部、螺旋机构和保护罩组成。螺旋作动筒的头部由壳体、主动锥齿轮、从动锥齿轮和封严套组成，其实物图如图 4-30b 所示。螺旋机构由螺杆、螺套、滚珠、叉形套管、前止动块、后止动块、前

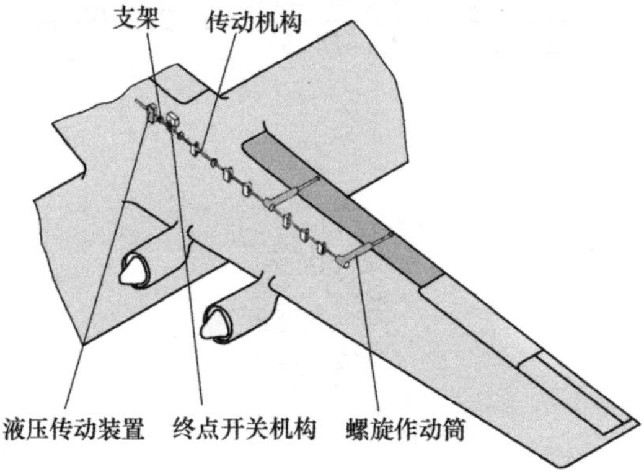

图 4-29　某型飞机的襟翼传动

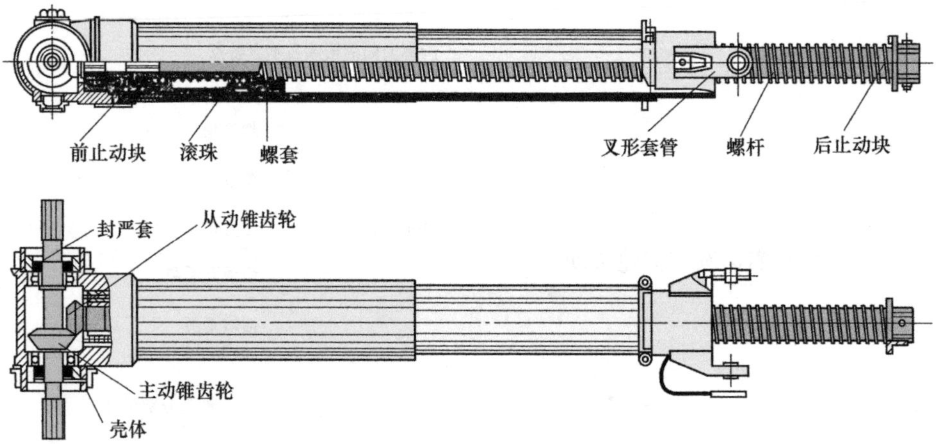

a) 某型飞机的襟翼传动螺旋作动筒

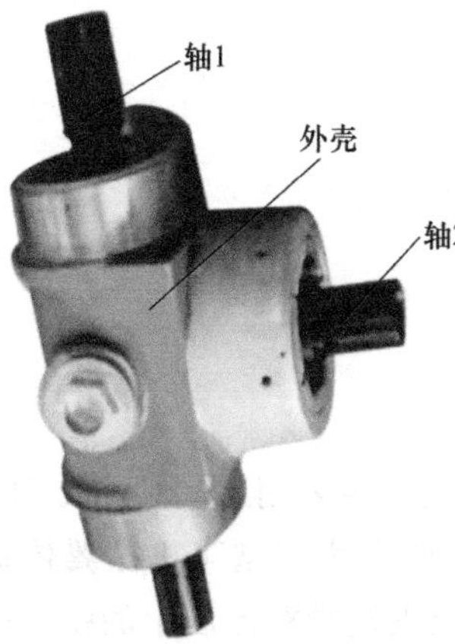

b) 螺旋作动筒头部实物图

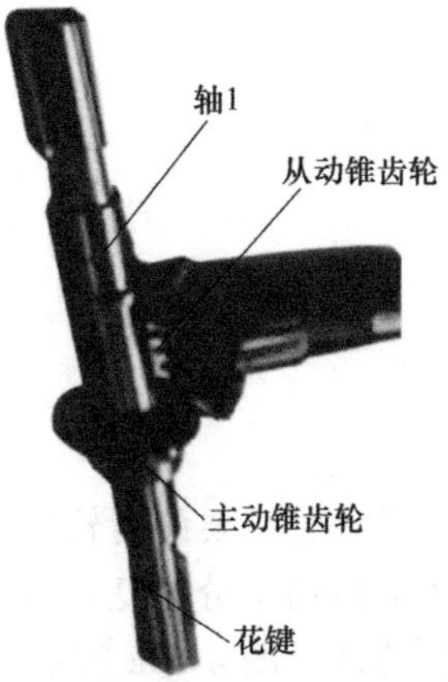

c) 头部中的锥齿轮传动

图 4-30　飞机襟翼传动中的螺旋作动筒

螺旋作动筒头部

止动件、后止动件等组成。头部中的锥齿轮，如图 4-30c 所示。头部通过锥齿轮传动实现相交轴之间的运动传递。试分析这对锥齿轮传动的特点，计算单个锥齿轮的几何尺寸，计算这对锥齿轮传动的传动参数。

【任务分析】

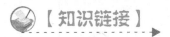

螺旋作动筒中的锥齿轮传动为一对直齿锥齿轮传动，主动锥齿轮所在的轴为轴 1，与传动机构所在的轴同轴。从动锥齿轮所在的轴为轴 2，与螺旋机构的螺杆所在的轴同轴。轴 1 与轴 2 是垂直相交的，轴交角 $\Sigma=90°$。螺旋作动筒中的锥齿轮传动实现的是两相交轴之间的运动和动力传递。单个直齿锥齿轮是轮齿加工在圆锥外表面上的齿轮，其特点是一端小一端大，形同伞状，故俗称伞齿轮。锥齿轮的结构与圆柱齿轮的结构不同，表达其结构的参数也不同。要完成本任务，必须要了解单个圆锥齿轮的基本参数和传动参数，掌握与直齿圆锥齿轮传动相关的内容。

【知识链接】

一、锥齿轮概述

锥齿轮用于两相交轴之间的传动。和圆柱齿轮传动相似，一对锥齿轮的运动相当于一对节圆锥的纯滚动。除节圆锥外，锥齿轮还有分度圆锥、齿顶圆锥、齿根圆锥和基圆锥。图 4-31 所示为一对正确安装的标准锥齿轮，其节圆锥与分度圆锥重合。设 δ_1 和 δ_2 分别为小齿轮和大齿轮的分度圆锥角，$\Sigma=\delta_1+\delta_2$ 为两轴线的轴交角，因 $r_1=OC\sin\delta_1$，$r_2=OC\sin\delta_2$，故传动比为

$$i_{12}=\frac{\omega_1}{\omega_2}=\frac{z_2}{z_1}=\frac{r_2}{r_1}=\frac{\sin\delta_2}{\sin\delta_1} \tag{4-21}$$

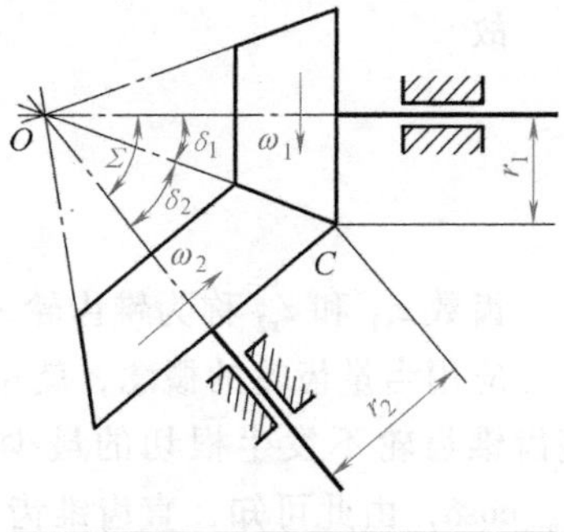

图 4-31 锥齿轮机构

一般机械中 $\Sigma=90°$，这时

$$i_{12}=\frac{\omega_1}{\omega_2}=\frac{z_2}{z_1}=\frac{r_2}{r_1}=\tan\delta_2=\cot\delta_1 \tag{4-22}$$

二、锥齿轮的当量齿轮

锥齿轮转动时，其上任一点与锥顶 O 的距离保持不变，渐开线必定在一以锥顶 O 为球心的球面上，因此直齿锥齿轮的理论齿廓曲线为球面渐开线。因球面为不可展曲面，设计和制造都较困难，故采用下述近似方法进行研究。

图 4-32a 所示为一对相互啮合的直齿锥齿轮在其轴平面上的投影。$\triangle OCA$ 和 $\triangle OCB$ 分别为两轮的分度圆锥，OC 为锥距。过大端上点 C 做 OC 的垂线交两轮的轴线于点 O_1 和点 O_2，分别以直线 OO_1 和直线 OO_2 为轴线，以直线 O_1C 和直线 O_2C 为圆锥母线作两个圆锥 O_1CA

和 O_2CB，该两圆锥称为背锥；背锥与球面相切于大端分度圆 CA 和 CB，并与分度圆锥直角相截。若在背锥上过点 C、A 和 B 沿背锥母线方向取齿顶高和齿根高，则由图可见，背锥面上的齿高部分与球面上的齿高部分非常接近，可以认为一对直齿锥齿轮的啮合近似于背锥面上的齿廓啮合。因圆锥面为可展曲面，故可把球面渐开线简化为平面曲线来进行研究。

如图 4-32b 所示，将背锥 O_1CA 和 O_2CB 展开为两个平面扇形。以直线 O_1C 和直线 O_2C 为圆半径，以锥齿轮大端模数为模数，并取标准压力角，按照圆柱齿轮的作图法画出两扇形齿轮的齿廓，该齿廓即为锥齿轮大端的近似齿廓，两扇形齿轮的齿数为两锥齿轮的真实齿数。将两扇形齿轮补足为完整的圆柱齿轮，则它们的齿数分别增加到 z_{v1} 和 z_{v2}，由图可见

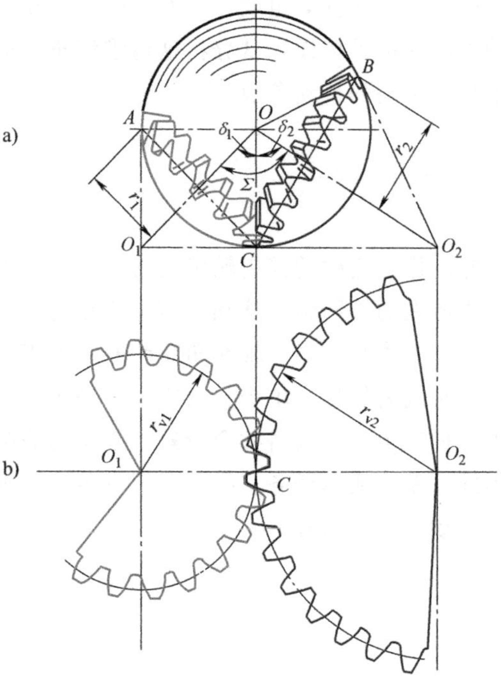

图 4-32　锥齿轮的背锥和当量齿轮

$$r_{v1}=\frac{r_1}{\cos\delta_1}=\frac{mz_1}{2\cos\delta_1} \text{且} \ r_{v1}=\frac{mz_{v1}}{2}$$

故

$$\left.\begin{aligned} z_{v1}&=z_1/\cos\delta_1 \\ z_{v2}&=z_2/\cos\delta_2 \end{aligned}\right\} \tag{4-23}$$

齿数 z_{v1} 和 z_{v2} 称为锥齿轮的当量齿数，上述圆柱齿轮称为锥齿轮的当量齿轮。

应用当量齿轮的概念，就可以将圆柱齿轮的某些研究结论，直接应用到锥齿轮上。例如直齿锥齿轮不发生根切的最少齿数 z_{min} 与当量齿轮的最少齿数 z_{vmin} 之间的关系为 $z_{min}=z_{vmin}\cos\delta$，由此可知，直齿锥齿轮的最少齿数比直齿圆柱齿轮的要少；当 $\delta=45°$，$\alpha=20°$，$h_a^*=1.0$ 时，$z_{vmin}\approx17$，而 $z_{vmin}=17\cos45°\approx12$。

直齿锥齿轮的正确啮合条件也可从当量直齿圆柱齿轮中得到，即两轮大端模数和压力角必须分别相等。除此之外，两轮的锥顶还必须重合，锥距应相等。

三、直齿锥齿轮的几何尺寸计算

图 4-33 所示为一对标准直齿锥齿轮。其节圆锥与分度圆锥重合，轴交角 $\Sigma=90°$，它的各部分名称及几何尺寸计算公式见表 4-4。

直齿锥齿轮的几何尺寸计算以大端为标准。因此，以锥齿轮的大端分度圆的模数为标准模数，以大端分度圆上的压力角为标准压力角。这主要是考虑大端的尺寸较大，计算和测量的相对误差较小，同时也便于确定齿轮机构的外廓尺寸。锥齿轮的齿宽 b 不宜过大，其最佳范围是（0.25～0.3）R，R 是锥距。

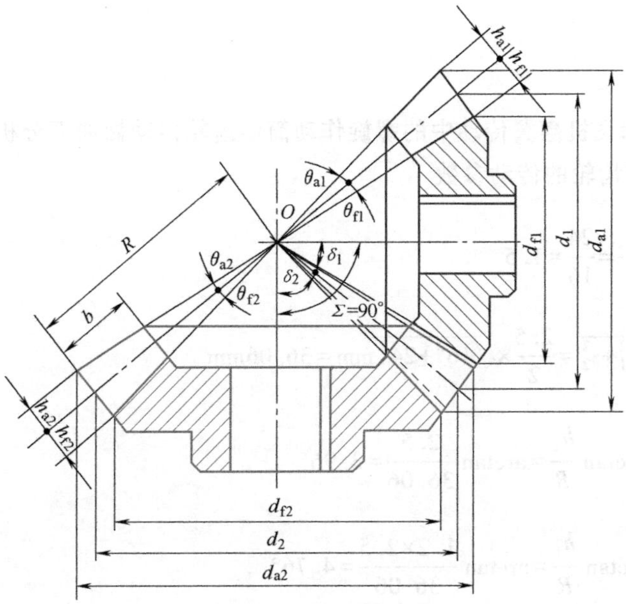

图 4-33 $\Sigma=90°$的标准直齿锥齿轮机构

表 4-4 标准直齿锥齿轮（$\sum=90°$）的几何尺寸计算公式

名称	符号	计算公式及参数选择
模数	m	以大端模数为标准
传动比	i	$i_{12}=z_2/z_1=\tan\delta_2=\cot\delta_1$，单级 $i<6\sim7$
分锥角	δ_1、δ_2	$\delta_2=\arctan(z_2/z_1)$，$\delta_1=90°-\delta_2=\arctan(z_1/z_2)$
分度圆直径	d_1、d_2	$d_1=mz_1$，$d_2=mz_2$
齿顶高	h_a	$h_{a1}=h_{a2}=h_a=h_a^* m=m$
齿根高	h_f	$h_{f1}=h_{f2}=h_f=(h_a^*+c^*)m=1.2m$
齿高	h	$h_1=h_2=h=(2h_a^*+c^*)m=2.2m$
顶隙	c	$c=c^* m=0.2m$
齿顶圆直径	d_{a1}、d_{a2}	$d_{a1}=d_1+2h_a\cos\delta_1$，$d_{a2}=d_2+2h_a\cos\delta_2$
齿根圆直径	d_{f1}、d_{f2}	$d_{f1}=d_1-2h_f\cos\delta_1$，$d_{f2}=d_2-2h_f\cos\delta_2$
锥距	R	$R_1=R_2=R=\sqrt{r_1^2+r_2^2}=\frac{m}{2}\sqrt{z_1^2+z_2^2}=\frac{d_1}{2\sin\delta_1}=\frac{d_2}{2\sin\delta_2}$
齿宽	b	$b\leqslant R/3$，$b\leqslant 10m$
齿顶角	θ_a	$\theta_{a1}=\theta_{a2}=\theta_a=\arctan(h_a/R)$（不等顶隙齿） $\theta_a=\theta_f$（等顶隙齿）
齿根角	θ_f	$\theta_{f1}=\theta_{f2}=\theta_f=\arctan(h_f/R)$
根锥角	δ_{f1}、δ_{f2}	$\delta_{f1}=\delta_1-\theta_f$，$\delta_{f2}=\delta_2-\theta_f$
顶锥角	δ_{a1}、δ_{a2}	$\delta_{a1}=\delta_1+\theta_a$，$\delta_{a2}=\delta_2+\theta_a$

注：$h_a^*=1$，一般取 $c^*=0.2$。

【任务实施】

对图 4-30c 所示飞机襟翼传动中的螺旋作动筒锥齿轮传动做如下分析。

1）计算直齿锥齿轮的传动参数

传动比 $i_{12}=\dfrac{z_2}{z_1}=\dfrac{24}{16}=1.5$

锥距 $R=\dfrac{m}{2}\sqrt{z_1^2+z_2^2}=\dfrac{2.5}{2}\times\sqrt{16^2+24^2}\text{mm}=36.06\text{mm}$

齿顶角 $\theta_a=\arctan\dfrac{h_a}{R}=\arctan\dfrac{2.5}{36.06}=3.96°$

齿根角 $\theta_f=\arctan\dfrac{h_f}{R}=\arctan\dfrac{1.2\times2.5}{36.06}=4.76°$

2）计算单个直齿锥齿轮的几何尺寸。若已知这对锥齿轮为正常齿制的标准齿轮，$z_1=16$，$z_2=24$，模数 $m=2.5\text{mm}$，则计算齿轮各部分的尺寸为

齿轮 1 各部分的几何尺寸为

分度圆直径 $d_1=mz_1=2.5\times16\text{mm}=40\text{mm}$

分锥角 $\delta_1=\arctan\dfrac{z_1}{z_2}=\arctan\dfrac{16}{24}=33.7°$

齿顶圆直径 $d_{a1}=d_1+2h_a\cos\delta_1=(40+2\times2.5\times\cos33.7°)\text{mm}=44.16\text{mm}$

齿根圆直径 $d_{f1}=d_1-2h_f\cos\delta_1=(40-2.4\times2.5\times\cos33.7°)\text{mm}=35.01\text{mm}$

顶锥角 $\delta_{a1}=\delta_1+\theta_a=33.7°+3.96°=37.66°$

根锥角 $\delta_{f1}=\delta_1-\theta_f=33.7°-4.76°=28.94°$

齿顶高 $h_a=h_a^*m=1\times2.5\text{mm}=2.5\text{mm}$

齿根高 $h_f=(h_a^*+c^*)m=(1+0.2)\times2.5\text{mm}=3\text{mm}$

齿轮 2 各部分的几何尺寸为

分度圆直径 $d_2=mz_2=2.5\times24\text{mm}=60\text{mm}$

齿顶圆直径 $d_{a2}=d_2+2h_a\cos\delta_2=60+2\times2.5\times\cos56.3°\text{mm}=62.77\text{mm}$

齿根圆直径 $d_{f2}=d_2-2h_f\cos\delta_2=60-2.4\times2.5\times\cos56.3°\text{mm}=56.67\text{mm}$

分度圆锥角 $\delta_2=\arctan\dfrac{z_2}{z_1}=\arctan\dfrac{24}{16}=56.3°$

顶锥角 $\delta_{a2}=\delta_2+\theta_a=56.3°+3.96°=60.26°$

根锥角 $\delta_{f2}=\delta_2-\theta_f=56.3°-4.76°=51.54°$

锥距 $R=\sqrt{r_1^2+r_2^2}=\dfrac{m}{2}\sqrt{z_1^2+z_2^2}=\dfrac{2.5}{2}\sqrt{16^2+24^2}\text{mm}=36.06\text{mm}$

【任务测评】

项目四　任务三任务测评

【知识小结】

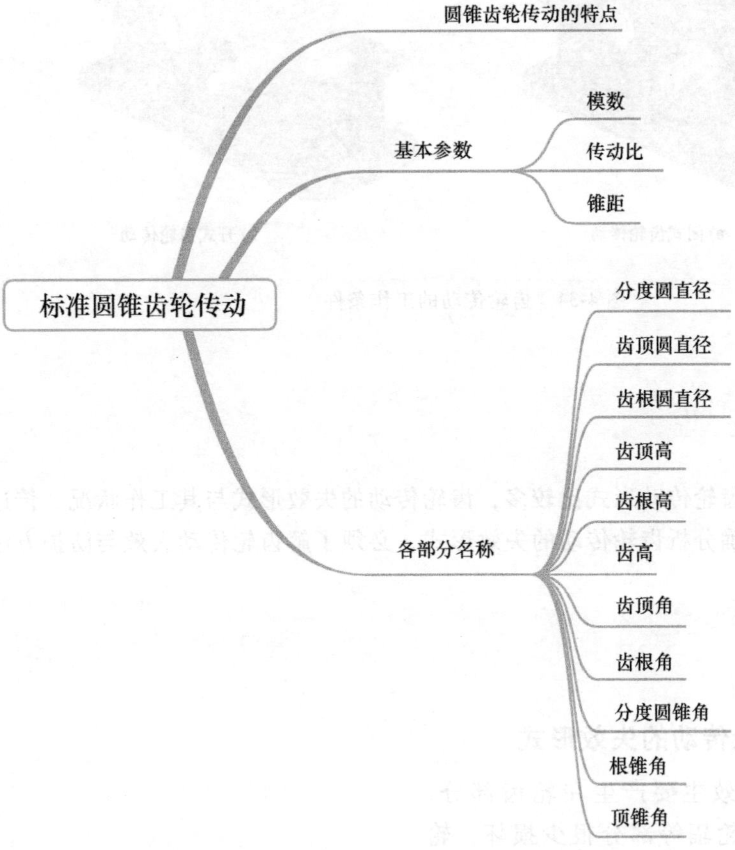

任务四　分析飞机中的齿轮传动失效形式

【任务描述】

齿轮传动失效是指齿轮失去正常工作能力的状态。齿轮传动失效往往表现为轮齿折断，或轮齿表面出现麻点或凹坑等现象，会降低齿轮传动的能力，影响齿轮传动正常工作。齿轮传动的失效形式与其工作条件有关。按工作条件不同，可将齿轮传动分为闭式齿轮传动和开式齿轮传动。闭式齿轮传动的齿轮封闭在刚性的箱体内，且能保证良好的润滑与工作条件，因此重要的齿轮传动都采用闭式传动，如图 4-34a 所示。开式传动的齿轮是外露的，不能保证良好的润滑，而且外界杂物极易侵入，齿面易磨损，因而只适用于低速传动，如图 4-34b 所示。飞机中的齿轮传动均为闭式齿轮传动。飞机中齿轮传动的失效形式有哪些？产生失效的原因有哪些呢？如何进行润滑等维护呢？本任务就来回答这些问题。

a) 闭式齿轮传动

b) 开式齿轮传动

图 4-34　齿轮传动的工作条件

减速器

【任务分析】

飞机中的齿轮传动形式比较多，齿轮传动的失效形式与其工作状况、传递载荷大小等因素相关。要正确分析齿轮传动的失效形式，必须了解齿轮传动失效与防护方法相关内容。

【知识链接】

一、齿轮传动的失效形式

齿轮的失效主要产生在轮齿部分，齿轮的轮毂、轮辐等部分很少损坏，轮齿的失效形式主要有以下五种：

1. 轮齿折断

轮齿折断（图 4-35）一般发生在齿根部分，因为当一对轮齿处于啮合状态时，在载荷的作用下，轮齿相当于悬臂梁，齿根处的弯曲应力最大，而且有应力集中。

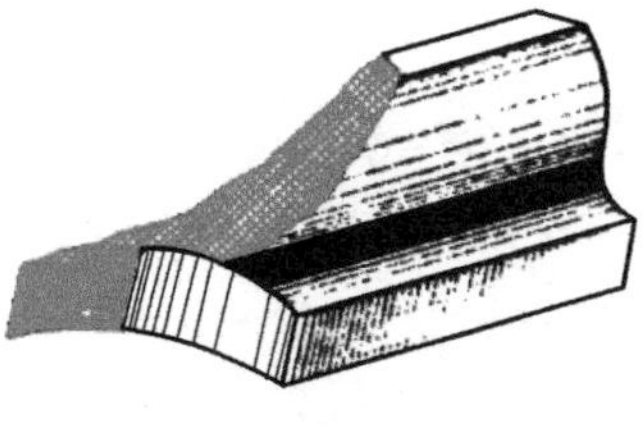

a)

b)

图 4-35　轮齿折断

轮齿折断有过载折断和疲劳折断两种。过载折断是由短时过载或冲击载荷作用引起的。用脆性材料（铸钢、淬火钢等）制成的齿轮，通常会发生过载折断。疲劳折断是由于齿根部分在受到多次重复弯曲应力作用下，首先在受拉的一侧产生疲劳裂纹，随着裂纹的逐步扩大，最终引起的轮齿折断。

2. 齿面点蚀

轮齿工作时，齿面受脉动循环变应力作用，首先在齿面表层产生细微的疲劳裂纹，随着应力循环次数的增多，裂纹逐步扩展而使齿面上的小块金属微粒剥落下来而形成浅坑（麻点），这种现象称为齿面疲劳点蚀。点蚀的发生，会破坏齿轮的正常工作，引起振动和噪声。实践表明，疲劳点蚀首先出现在齿根表面靠近节线部位（图 4-36）。齿面抗点蚀能力主要与齿面硬度有关，齿面硬度越高就越不容易发生点蚀。

疲劳点蚀是闭式软齿面（硬度≤350HBW）齿轮传动的主要失效形式；在开式齿轮传动中，由于磨损较快，裂纹来不及扩展就被磨掉了，所以一般不会发生点蚀。

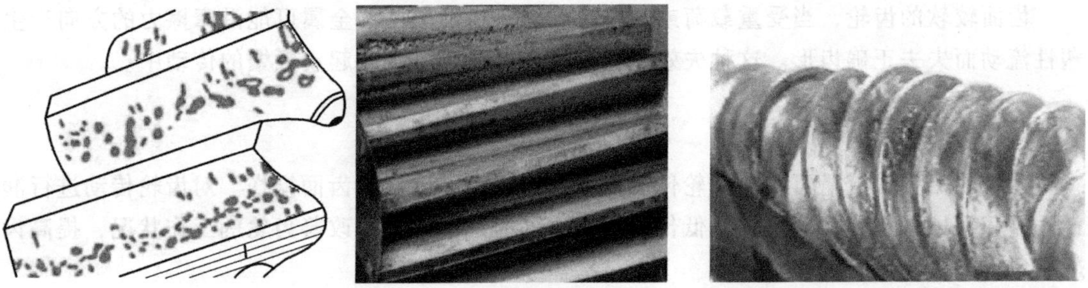

a) b) c)

图 4-36 齿面点蚀

3. 齿面胶合

在高速重载传动中，由于齿面间压力大，相对滑动速度较高，发热量大，温度上升较高，从而引起润滑失效，致使两齿面金属直接接触而发生黏连，在两齿面相对运动时，较软的齿面将沿滑动方向被撕下而形成沟纹（图 4-37），这种现象称为齿面胶合。在低速重载的齿轮传动中，由于齿面间压力大，齿面间不易形成润滑油膜，所以也会出现胶合。

提高齿面抗胶合的措施有提高齿面硬度、降低表面粗糙度值等，以增强抗胶合能力；对于低速传动，采用黏度较大的润滑油；对于高速传动，采用混入抗胶合添加剂的润滑油。

4. 齿面磨损

齿面磨损是齿轮在啮合传动过程中，轮齿接触表面上的材料因摩擦而产生损耗的现象。齿面磨损主要有磨料磨损和跑合磨损两种。磨料磨损是由于砂粒、金属屑等硬质颗粒进入啮合面所引起的磨损。在开式齿轮传动中，由于轮齿外露不能保证良好的润滑，且外界杂质颗粒易于进入啮合面间，所以磨料磨损是其主要的失效形式。在闭式齿轮传动中，如果润滑油中混有金属屑，可能会引起齿面的磨料磨损。跑合磨损是由于齿面间的相互摩擦而产生的磨损，通常发生在新齿轮的工作初期。由于新齿轮的齿面较为粗糙，受载时齿面磨损较快，当齿面磨损到一定程度后，磨损速度放慢，直到跑合磨损终止。但如果一对新齿轮的硬度相差

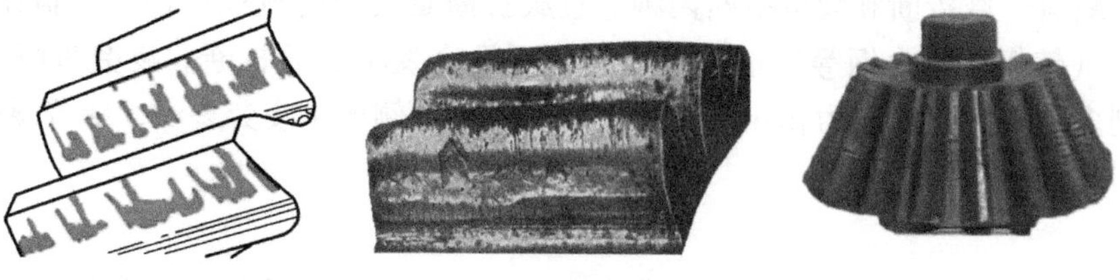

a)　　b)　　c)

图 4-37　齿面胶合

很大，并且硬齿的表面很粗糙，这一跑合磨损阶段就可能持续很长时间。

经常清洁和更换润滑油，保持良好的润滑和密封，合理提高齿面的硬度和质量，采用闭式齿轮传动，是防止磨损的有效措施。

5. 齿面塑性变形

齿面较软的齿轮，当受重载荷或严重过载时，齿面表层的金属可能沿摩擦力的方向产生塑性流动而失去正确齿形。这种失效主要产生在低速且过载或起动频繁的传动中。

二、齿轮传动的润滑

由齿轮的失效分析可知，齿轮传动如果润滑不良，会导致齿面损伤。对齿轮传动进行润滑，不仅可以减轻齿面磨损，降低传动噪声，同时还能散热，改善齿轮的工作状况，提高齿轮传动的寿命。

齿轮传动的润滑方式，主要取决于齿轮圆周速度的大小和工作条件。闭式齿轮传动的润滑方式有浸油润滑和喷油润滑两种。当齿轮的圆周速度 $v<12\text{m/s}$ 时，常采用浸油润滑，如图 4-38 所示，将大齿轮浸入油池中，深度为 10mm 到 1~2 个齿高。运转时大齿轮将油带到啮合面上进行润滑。对于开式和半开式齿轮传动，由于圆周速度较低，常采用人工定期加注润滑剂的方式进行润滑，润滑剂可采用润滑油或润滑脂。在多级齿轮传动中，当几个大齿轮直径不相等时，可以采用带油轮浸油润滑，如图 4-39 所示。

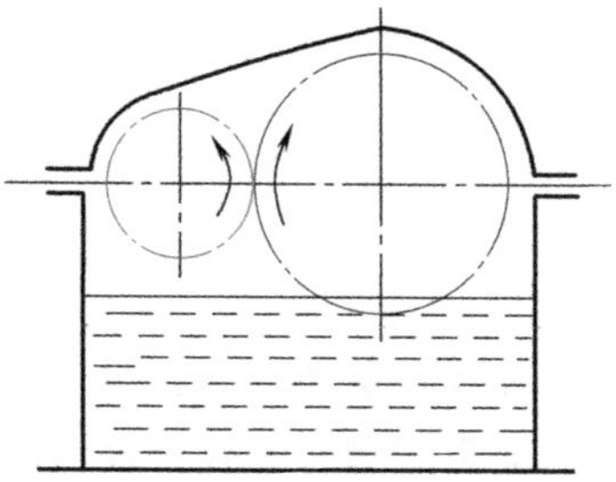

图 4-38　浸油润滑

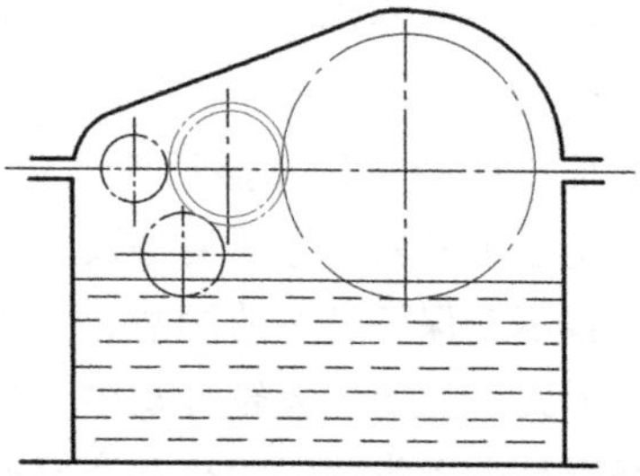

图 4-39　采用带油轮浸油润滑

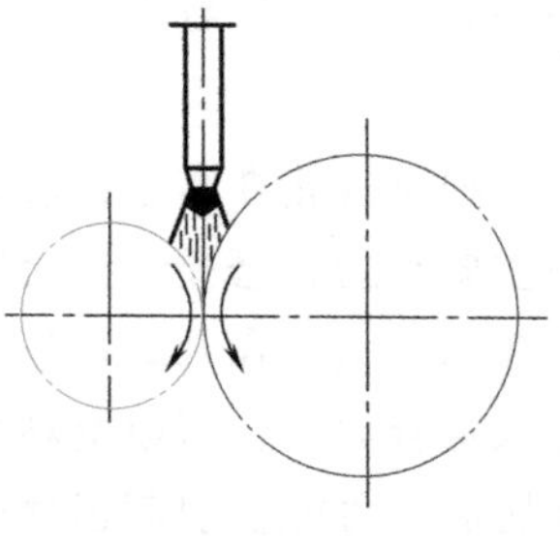

图 4-40　喷油润滑

当齿轮的圆周速度 $v > 12\text{m/s}$ 时，常采用喷油润滑，即用一定的压力将润滑油喷射到轮齿的啮合面上，如图 4-40 所示。当齿轮的圆周速度 $v<25\text{m/s}$ 时，将喷油嘴置于轮齿的啮入边或啮出边均可。当齿轮的圆周速度 $v>25\text{m/s}$ 时，将喷油嘴置于轮齿的啮出边，这样喷射油既可以对齿轮进行润滑，又可以迅速冷却啮合过的轮齿。

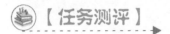

【任务实施】

对飞机中齿轮传动做如下分析：

1）分析飞机中齿轮传动的失效形式。飞机中的齿轮传动都采用的是闭式齿轮传动，例如图 4-2 所示直升机尾减速器中的齿轮传动，图 4-30a 所示襟翼传动中螺旋作动筒的锥齿轮传动等。因此，从理论上讲，这些齿轮传动的主要失效形式是轮齿磨损、齿面点蚀和齿面胶合。但实际工作中，由于实时进行飞机油液监控，当油液中某些金属元素含量达到一定程度时，就及时进行了更换，所以通常不会发生失效。

2）分析飞机中齿轮传动的润滑。飞机中的齿轮传动都采用的是闭式齿轮传动。图 4-2 所示直升机尾减速器的中齿轮传动，齿轮的圆周速度 $v>12\text{m/s}$，采用是喷油润滑。图 4-30a 所示襟翼传动螺旋作动筒中的锥齿轮传动，由于齿轮圆周速度较低，采用的是人工定期加注润滑剂进行润滑。

【任务测评】

项目四　任务四任务测评

【知识小结】

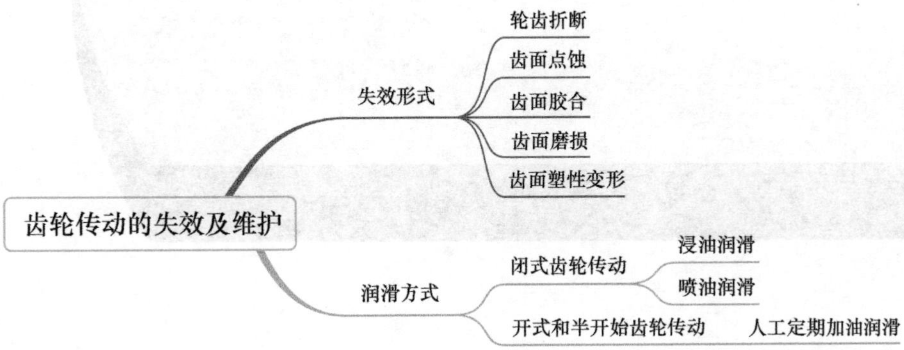

项目五

航空机械中的轮系传动

本项目设置了以某型飞机中的减速器和前轮转弯机构为载体的学习情境，通过分析其轮系传动，达到掌握航空机械中轮系传动的目的。

通过本项目的实施，达成以下教学目标。

1）知识目标：理解轮系的概念；掌握轮系的分类方法；掌握定轴轮系、周转轮系、复合轮系传动比的计算方法；理解轮系的功用。

2）能力目标：通过学习轮系传动比的计算方法，具备判别轮系类型的能力；具备计算轮系传动比的能力；具备利用二维码获取数字信息资源和进行自评的能力。

3）素质目标：养成严谨、细致、科学的思维方法；养成理论联系实际，理论联系实装的学习习惯，培养精益求精的工匠精神和团队合作精神。

任务一　分析飞机襟翼变角减速器中的定轴轮系传动

【任务描述】

飞机襟翼变角减速器是飞机襟翼操纵系统的重要组成部分，主要起着支撑襟翼传动线系、改变襟翼传动线系传递方向、降低传动轴的转速和传递转矩等作用。图 5-1 所示为飞机襟翼变角减速器，其中轴 1 为动力输入轴，轴 2 为动力输出轴，万向联轴器 1 连接轴 1 和襟翼变角减速器的输入轴，万向联轴器 2 连接襟翼变角减速器的输出轴和轴 2。该襟翼变角减速器主要作用是实现轴 1 和轴 2 之间的转矩传递，改变轴 1 和轴 2 的传递方向，降低轴 1 的转速后输出到轴 2 上。

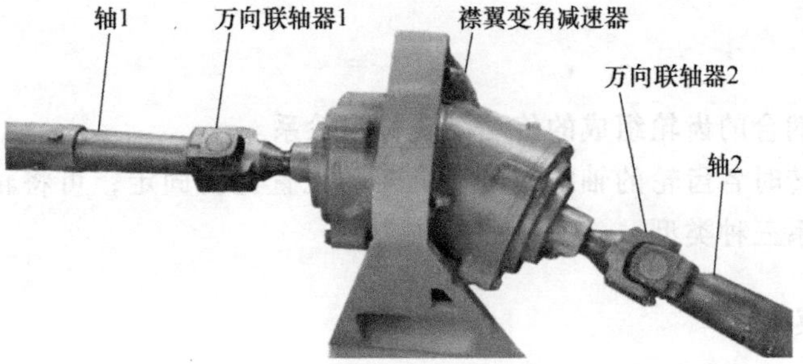

图 5-1　某型飞机襟翼变角减速器

图 5-2 所示为某型飞机襟翼变角减速器的原理。该型飞机襟翼变角减速器的内部是由六个齿轮相互啮合组成轮系，其中，齿轮 1、2 为直齿锥齿轮，齿轮 3、4、5、6 为直齿圆柱齿轮。由于各齿轮的轴线位置均是固定的，故该轮系为定轴轮系。该襟翼变角减速器正常工作时，转矩和转速的传递路线为：轴 Ⅰ 为输入轴（扭力杆），首先通过锥齿轮 1、2 啮合，将运动输入到轴 Ⅱ；再通过圆柱齿轮 3、4 啮合，将运动输入到轴 Ⅲ；最后通过圆柱齿轮 5、6 啮合，将运动输入到轴 Ⅳ，由轴 Ⅳ 将运动输出。

试根据图 5-2 所示襟翼变角减速器的原理，绘制其内部定轴轮系的运动简图，计算该轮系的传动比，并分析图 5-1 中轴 1 和轴 2 的转速和转向关系。

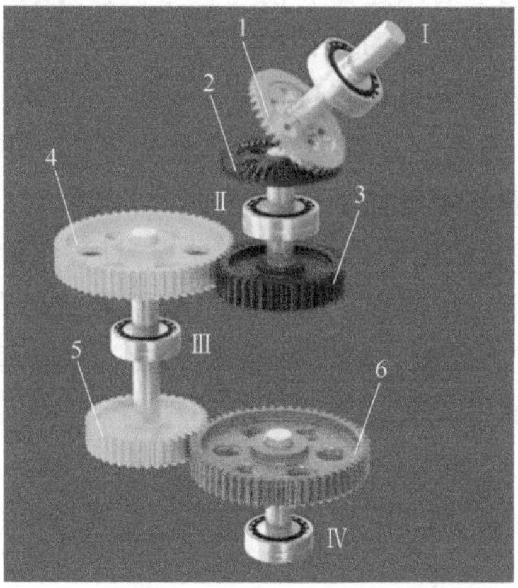

图 5-2　某型飞机襟翼变角减速器原理图

飞机襟翼变角减速器

【任务分析】

飞机襟翼变角减速器是通过定轴轮系实现转矩传递和减速作用的。轮系的传动比包含首末轮的转速和转向关系两方面的内容，因此正确计算定轴轮系的传动比是分析变角减速器中轴 1 和轴 2 转速和转向的前提。要完成本任务，必须要掌握与定轴轮系相关的内容。

【知识链接】

由一系列相互啮合的齿轮组成的传动系统称为轮系。

根据轮系在运转时各齿轮的轴线相对于机架的位置是否固定，可将轮系分为定轴轮系、周转轮系和复合轮系三种类型。

一、定轴轮系

在运转时，各齿轮的轴线相对于机架的位置都是固定的轮系称为定轴轮系。

定轴轮系还可以根据各齿轮轴线间的相对位置做进一步的划分。由轴线相互平行的齿轮组成的定轴轮系，称为平面定轴轮系，如图 5-3 所示；包含蜗轮蜗杆、锥齿轮等在内的定轴轮系，称为空间定轴轮系，如图 5-4 所示。

二、定轴轮系传动比计算

轮系的传动比是指轮系中首、末两构件的转速之比，用字母 i 表示，并在其右下角附注两个脚标来表示对应的两个齿轮。例如 $i_{15}=n_1/n_5$ 表示齿轮 1 和齿轮 5 的传动比。轮系的传动比包括首末两构件转速比的大小和两构件的转向关系两个方面。因此，计算轮系的传动比包括确定传动比的数值和符号两方面内容。

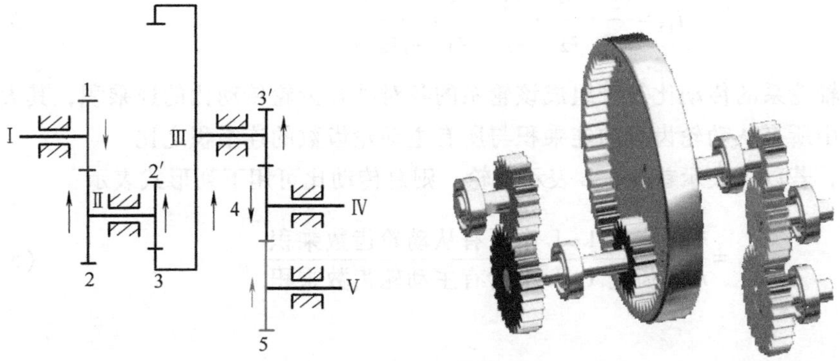

a)　　b)

图 5-3　平面定轴轮系

平面定轴轮系

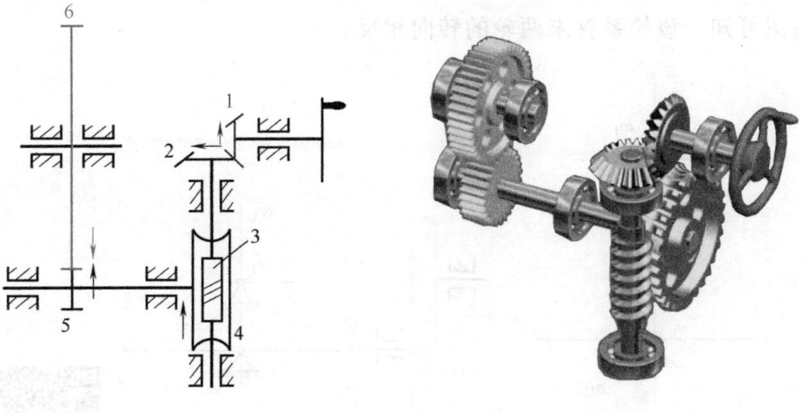

a)　　b)

图 5-4　空间定轴轮系

空间定轴轮系

1. 传动比大小的计算

现以图 5-3 所示轮系为例，讨论其传动比的计算方法。在此轮系中，齿轮 1、2，齿轮 3′、4 和齿轮 4、5 是三对外啮合圆柱齿轮，齿轮 2′、3 是一对内啮合圆柱齿轮。设齿轮 1 为主动轮（首轮），齿轮 5 为从动轮（末轮），则该轮系的传动比为 $i_{15}=n_1/n_5$。

设轮系中各齿轮的齿数分别为 z_1、z_2、$z_{2'}$、z_3、$z_{3'}$、z_4 及 z_5；各齿轮的转速分别为 n_1、n_2、$n_{2'}$、n_3、$n_{3'}$、n_4 及 n_5，其中 $n_2=n_{2'}$，$n_3=n_{3'}$，轮系中各对啮合齿轮的传动比如下：

$$i_{12}=n_1/n_2=z_2/z_1;\ i_{2'3}=n_{2'}/n_3=n_2/n_3=z_3/z_{2'};$$

$$i_{3'4}=n_{3'}/n_4=n_3/n_4=z_4/z_{3'};\ i_{45}=n_4/n_5=z_5/z_4;$$

将以上各式两边分别连乘后得

$$i_{12}\cdot i_{2'3}\cdot i_{3'4}\cdot i_{45}=\frac{n_1}{n_2}\cdot\frac{n_2}{n_3}\cdot\frac{n_3}{n_4}\cdot\frac{n_4}{n_5}=\frac{n_1}{n_5}=i_{15} \tag{5-1}$$

当用齿数来表示总传动比时，有

$$i_{15}=\frac{z_2}{z_1}\cdot\frac{z_3}{z_{2'}}\cdot\frac{z_4}{z_{3'}}\cdot\frac{z_5}{z_4}=\frac{z_2 z_3 z_5}{z_1 z_{2'} z_{3'}} \tag{5-2}$$

上式表明：定轴轮系的传动比等于组成该轮系的各对啮合齿轮传动比的连乘积，其大小等于各对啮合齿轮中所有从动轮齿数的连乘积与所有主动轮齿数的连乘积之比。

根据上述分析，若以 1 表示首轮，L 表示末轮，则总传动比可用下列形式表示：

$$i_{1L}=\frac{n_1}{n_L}=\frac{\text{齿轮 }1\sim L\text{ 中所有从动轮齿数乘积}}{\text{齿轮 }1\sim L\text{ 中所有主动轮齿数乘积}} \tag{5-3}$$

2. 首、末轮转向关系的确定

轮系中首末两轮的转向关系可以用画箭头的方法表示。箭头的含义是齿轮上离观察者最近点的速度方向，如图 5-5 所示。因为一对啮合传动的圆柱齿轮或锥齿轮在其啮合节点处的圆周速度是相同的，所以标志两者转向的箭头不是同时指向节点，就是同时背离节点。根据此法则，在图 5-3 所示轮系中，设首轮 1 的转向已知，并如箭头所示，则其余各轮的转向不难依次用箭头标出。由图可知，该轮系首末两轮的转向相反。

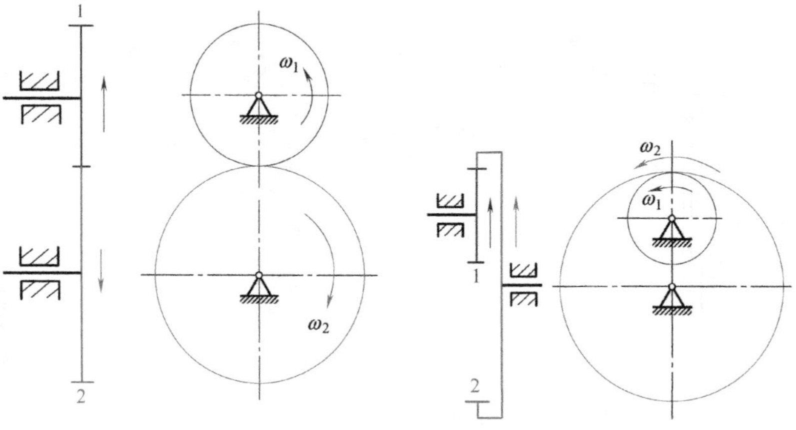

a) 外啮合　　b) 内啮合

直齿轮外啮合传动　　直齿轮内啮合传动

图 5-5　一对齿轮传动的转向关系

在定轴轮系中，当首末两轮的轴线相互平行时，两轮的转向不是相同就是相反。此时，两轮的转向关系还可以用“±”表示。当两轮的转向相同时，用“+”表示；当两轮的转向相反时，用“−”表示。在上述轮系中，首末两轮的转向相反，传动比 i_{15} 取“−”。

在图 5-3 所示轮系中，齿轮 4 同时与齿轮 3′和 5 啮合，它既是主动轮又是从动轮，其齿数在式（5-2）中可以消去，它虽不影响传动比的大小，但改变了首末两轮的转向关系，这种齿轮称为惰轮。

根据上述分析，若以 S 表示首轮，L 表示末轮，k 表示外啮合的次数，并能用“±”表示首末轮的转向关系时，则总传动比可用下列形式表示：

$$i_{SL}=\frac{n_S}{n_L}=(-1)^k\frac{\text{所有从动轮齿数积}}{\text{所有主动轮齿数积}} \tag{5-4}$$

【例 5-1】 在图 5-4 所示轮系中，锥齿轮 1 为主动轮，齿轮 6 为从动轮，已知 $z_1=16$，$z_2=16$，$z_3=1$（左旋），$z_4=29$，$z_5=13$，$z_6=144$，$n_1=1440$ r/min，试求 n_6。

【解】 该轮系为空间定轴轮系，其传动比的大小由式（5-4）可得

$$i_{16}=\frac{n_1}{n_6}=\frac{z_2z_4z_6}{z_3z_3z_5}=\frac{16\times29\times144}{16\times1\times13}=\frac{1440}{n_6}$$

解得

$$n_6=4.483\text{r/min}$$

【任务实施】

对图 5-2 所示的某型飞机襟翼变角减速器中的轮系做如下分析：

1）绘制飞机襟翼变角减速器的运动简图。根据表 2-1 所示锥齿轮传动、外啮合圆柱齿轮传动、内啮合圆柱齿轮传动的运动简图符号，绘制的飞机襟翼变角减速器运动简图如图 5-6 所示。由于该轮系中各齿轮的轴线位置都固定的，轮系中包含锥齿轮，故该轮系为空间定轴轮系。

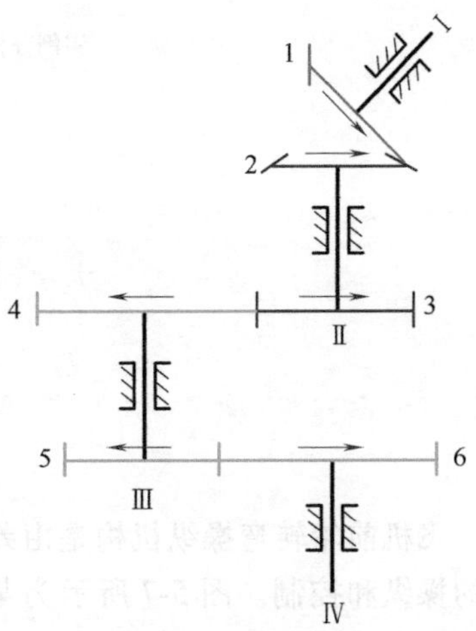

图 5-6 飞机襟翼角减速器运动简图

2）计算飞机襟翼变角减速器中定轴轮系的传动比。已知各齿轮齿数，$z_1=z_2=15$，$z_3=z_5=19$，$z_4=z_6=27$，齿轮 1 的转向如图 5-6 所示，则该轮系的传动比为

$$i_{16}=\frac{n_1}{n_6}=\frac{z_2z_4z_6}{z_1z_3z_5}=\frac{15\times27\times27}{15\times19\times19}\approx2.02$$

各轮的转向关系如图 5-6 中箭头所示。

3）分析轴 1 和轴 2 的转速和转向关系。因图 5-1 中轴 1 的转速与襟翼变角减速器中齿轮 1 所在轴的转速相等，轴 2 的转速与襟翼变角减速器中齿轮 6 所在轴的转速相等，故轴 1 的转速是轴 2 的转速 2.02 倍，该飞机襟翼变角减速器将轴 1 的转速降低了。

轴 1 的转向与襟翼变角减速器中齿轮 1 所在轴的转向相同，轴 2 的转向与襟翼变角减速器中齿轮 6 所在轴的转向相同，该飞机襟翼变角减速器改变了轴 1 的转向。

【任务测评】

项目五 任务一任务测评

【知识小结】

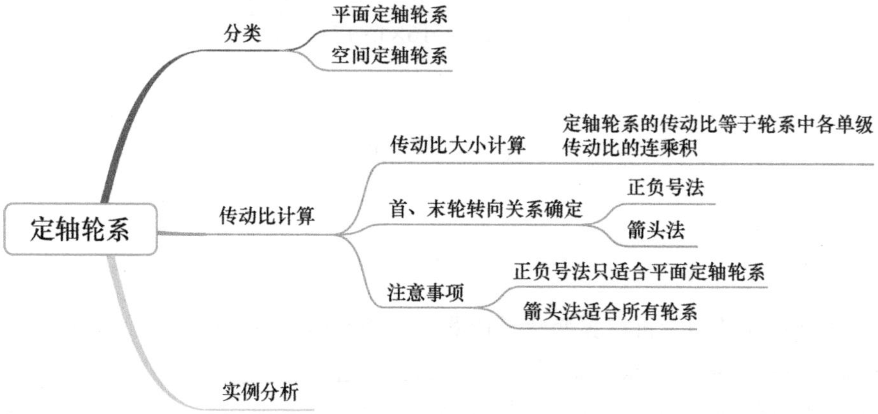

任务二　分析飞机前轮转弯操纵机构中的周转轮系传动

【任务描述】

飞机前轮转弯操纵机构是由差动装置和手操纵控制活门组成的，其功能是实现对前轮转弯的操纵和控制。图 5-7 所示为某型飞机前轮转弯操纵机构的外形图。

图 5-7　飞机前轮转弯操纵机构的外形图

如图 5-8 所示，差动装置由手柄、壳体、小齿轮、行星齿轮（三个）、大齿轮、行星齿轮座、拨杆、限动螺钉等组成。其中，小齿轮、行星齿轮、大齿轮和行星齿轮座构成行星齿轮传动机构，用来将手柄的操纵信号按一定的传动比输出给手操纵控制活门。同时，将前轮反馈信号再传入手操纵控制活门，从而控制手操纵控制活门中的滑阀开启和关闭，实现对前轮的随动控制。拨杆通过螺栓固定在行星齿轮座上，其作用是带动滑阀向左或向右移动，其行程由两个限动螺钉调定。

手操纵控制活门是滑阀式活门，其内部的滑阀通过拨杆与差动装置相连。在差动装置的带动下，可向左或向右移动，从而改变压力油的流向。其作用是控制输向转弯作动筒的压力

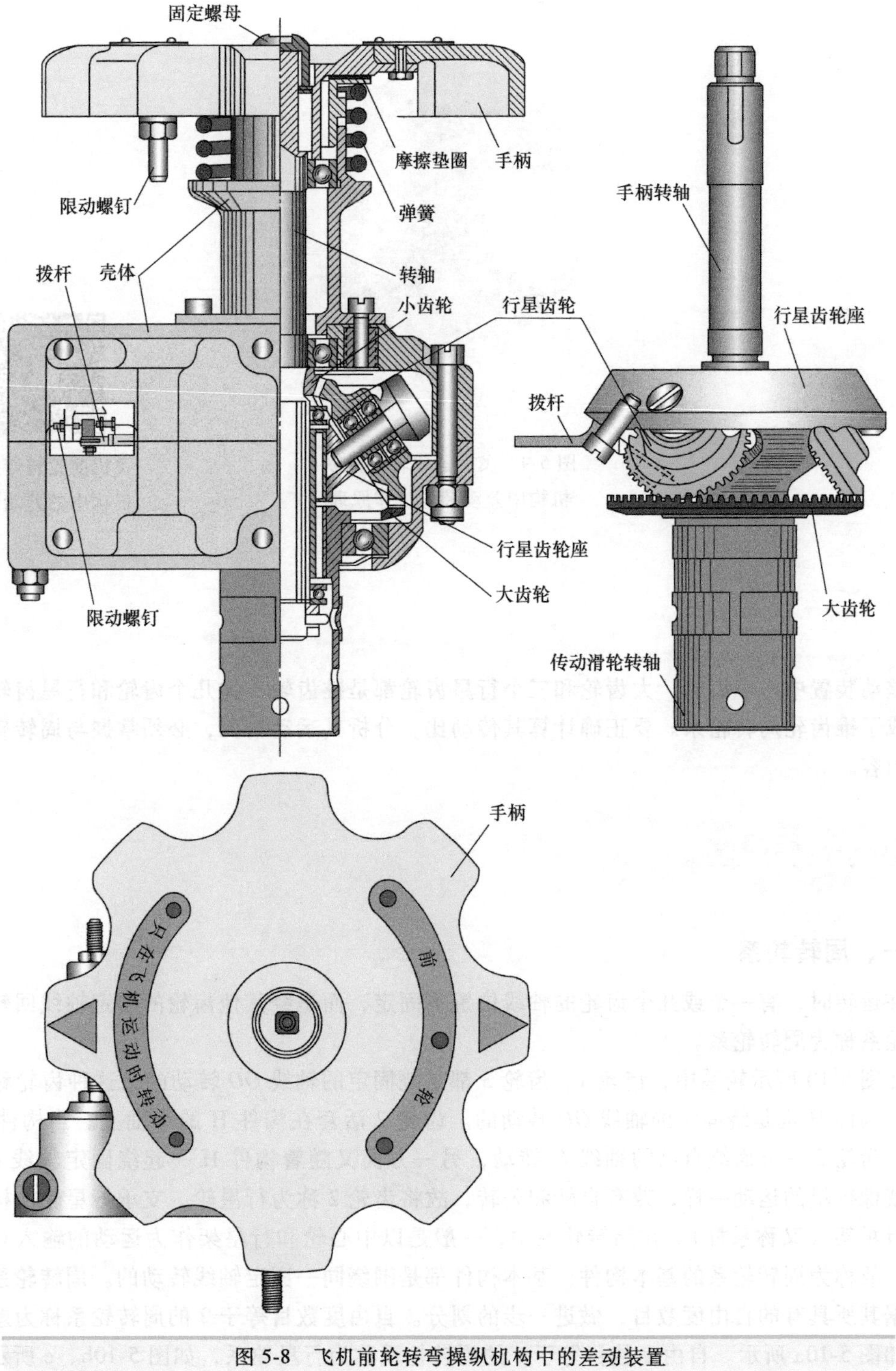

图 5-8 飞机前轮转弯操纵机构中的差动装置

油的流向和供油量的大小，即控制前轮的转动方向和快慢。

差动装置是一个行星齿轮传动机构，其工作原理如图 5-9 所示，试根据工作原理绘制其运动简图，计算其传动比，分析运动情况。

图 5-9　飞机前轮转弯操纵机构中差动装置工作原理

飞机前轮转弯操纵机构中的差动装置

【任务分析】

差动装置中的小齿轮、大齿轮和三个行星齿轮都是锥齿轮，这几个齿轮和行星齿轮座共同构成了锥齿轮周转轮系。要正确计算其传动比，分析其运动情况，必须掌握与周转轮系相关的内容。

【知识链接】

一、周转轮系

在运转时，有一个或几个齿轮的轴线位置不固定，而是绕其他齿轮的固定轴线回转，这样的轮系称为周转轮系。

在图 5-10 所示轮系中，齿轮 1、齿轮 3 都是绕固定的轴线 OO 转动的，这种齿轮称为太阳轮。构件 H 也是绕固定的轴线 OO 转动的。齿轮 2 活套在构件 H 的小轴上。当构件 H 回转时，齿轮 2 一方面绕自己的轴线 O'转动，另一方面又随着构件 H 一起绕固定轴线 OO 转动，就像行星的运动一样，兼有自转和公转，故将齿轮 2 称为行星轮。支承行星轮的构件 H 称为行星架（又称系杆）。在周转轮系中，一般是以中心轮和行星架作为运动的输入和输出构件，故称为周转轮系的基本构件。基本构件都是围绕同一固定轴线转动的。周转轮系还可以根据其所具有的自由度数目，做进一步的划分。自由度数目等于 2 的周转轮系称为差动轮系，如图 5-10a 所示。自由度数目等于 1 的周转轮系称为行星轮系，如图 5-10b、c 所示。

二、周转轮系传动比计算

在周转轮系中，由于行星轮既有自转又有公转，故其传动比不能直接用定轴轮系传动比计算公式来计算。

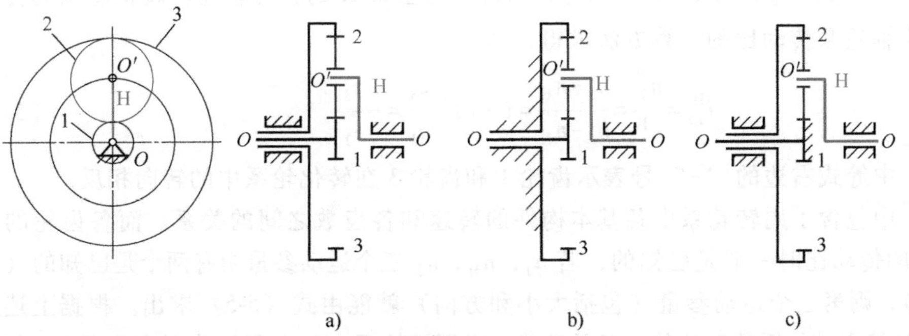

图 5-10 周转轮系

周转轮系

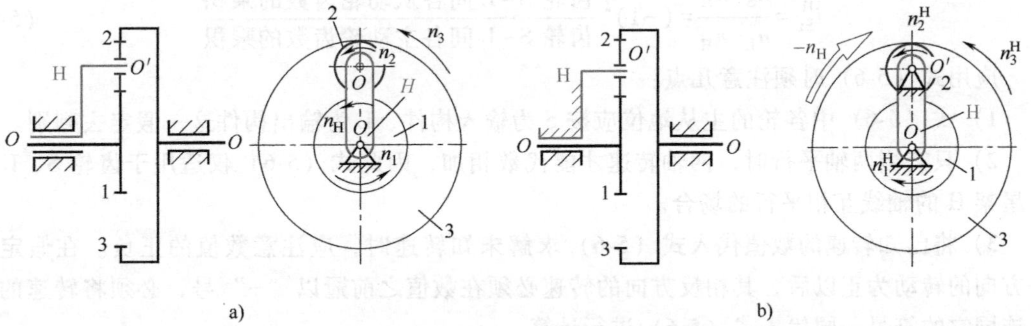

图 5-11 周转轮系传动比的计算

根据相对运动的原理，若给整个周转轮系加上一个绕行星架的固定轴线回转的公共转速“$-n_H$”，并保持各构件之间的相对运动不变，这时行星架的转速就等于零，即行星架成为“固定不动”的了。这样周转轮系就转化成为定轴轮系。这种经过转化所得的定轴轮系称为原周转轮系的转化轮系。

周转轮系的转化轮系是一个定轴轮系，转化轮系的传动比可以按定轴轮系传动比的计算方法来计算。

现以图 5-11 所示的周转轮系为例说明这种计算方法。由图可知，当整个周转轮系加上一个绕行星架的固定轴线回转的公共转速“$-n_H$”以后，各构件转化前后的转速见表 5-1。

表 5-1 轮系中各构件的转速

构件	原来的转速	在转化轮系中的转速（即相对于行星架的转速）
齿轮 1	n_1	$n_1^H=n_1-n_H$
齿轮 2	n_2	$n_2^H=n_2-n_H$
齿轮 3	n_3	$n_3^H=n_3-n_H$
机架 4	n_4	$n_4^H=n_4-n_H$
行星架 H	n_H	$n_H^H=n_H-n_H=0$

上表中，n_1^H、n_2^H、n_3^H、n_4^H、n_H^H 分别为各构件对行星架 H 的相对转速。转化轮系的传动比 i_{13}^H 可按求定轴轮系传动比的计算方法求得，即

$$i_{13}^H=\frac{n_1^H}{n_3^H}=\frac{n_1-n_H}{n_3-n_H}=(-1)^1\frac{z_3}{z_1}=-\frac{z_3}{z_1} \tag{5-5}$$

式（5-5）中等式右边的“-”号表示齿轮 1 和齿轮 3 在转化轮系中的转向相反。

式（5-5）中包含了周转轮系中各基本构件的转速和各齿数之间的关系。而各齿轮的齿数在计算轮系的传动比时一般是已知的，若 n_1，n_H，n_3 三个运动参量中有两个是已知的（包括大小和方向），则第三个运动参量（包括大小和方向）就能由式（5-5）求出。根据上述原理，不难得出计算周转轮系传动比的一般关系式。设周转轮系中的太阳轮分别为 S 和 L，行星架为 H，k 为转化轮系中齿轮 S~L 的外啮合次数，则其转化轮系的传动比可表示为

$$i_{SL}^H=\frac{n_S-n_H}{n_L-n_H}=(-1)^k\frac{\text{齿轮 S~L 间各从动轮齿数的乘积}}{\text{齿轮 S~L 间各主动轮齿数的乘积}} \tag{5-6}$$

应用式（5-6）时须注意几点：

1）式（5-6）中各轮的主从地位应按 S 为输入构件、L 为输出构件这一假定去判别。

2）只有当两轴平行时，两轴转速才能代数相加，因此式（5-6）仅适用于齿轮 S、L 和行星架 H 的轴线互相平行的场合。

3）将已知转速的数值代入式（5-6）求解未知转速时，应注意数值的正负。在假定某一方向的转动为正以后，其相反方向的转速必须在数值之前冠以“-”号，必须将转速的大小连同它的符号一同代入式（5-6）进行计算。

4）对于中心轮轴线重合的锥齿轮组成的周转轮系，如图 5-12 所示，也可应用式（5-6）求其传动比，但不能求得行星轮的转速。此时，只有用画箭头的方法来确定齿轮 S 和齿轮 L 的转向，若转向相同，式（5-6）中传动比前的符号为“+”，转向相反时为“-”。

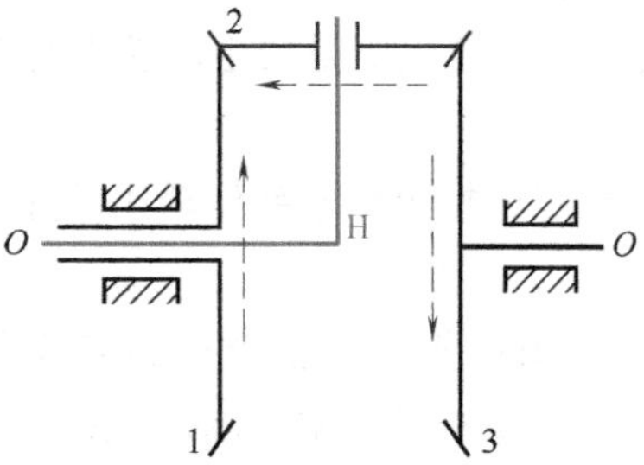

图 5-12　锥齿轮组成的周转轮系

锥齿轮组成的周转轮系

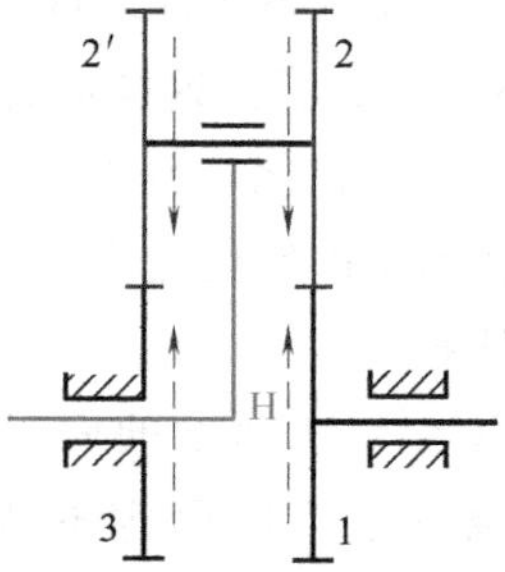

图 5-13　传动比计算

为了进一步理解和掌握周转轮系传动比的计算方法，现举例如下。

【例 5-2】 在图 5-13 所示周转轮系中，已知 $z_1=100$，$z_2=101$，$z_{2'}=100$，$z_3=99$，试求传动比 i_{H1}。

【解】 根据式（5-6），图示周转轮系的转化轮系的传动比为

$$i_{13}^H=\frac{n_1-n_H}{n_3-n_H}=-\frac{z_2z_3}{z_1z_{2'}} \tag{5-7}$$

由于齿轮 3 为固定齿轮，故其转速 $n_3=0$。

将 $n_3=0$ 代入式（5-7）可得

$$i_{1H}=1-i_{13}^{H}=1-\frac{z_2 z_3}{z_1 z_{2'}}=1-\frac{101\times 99}{100\times 100}=\frac{1}{10000}$$

所以 $i_{H1}=\frac{1}{i_{1H}}=10000$，齿轮 1 和行星架 H 的转动方向相同。

【任务实施】

对图 5-9 所示飞机前轮转弯操纵机构中的差动装置做如下分析：

1）绘制飞机前轮转弯操纵机构中差动装置中周转轮系的运动简图。差动装置是由小齿轮、大齿轮、行星齿轮和齿轮座组成的周转轮系。其中小齿轮、大齿轮都是中心轮，其轴线是固定的，行星齿轮有三个，齿轮座就相当于行星架 H。根据表 2-1 中锥齿轮传动、外啮合圆柱齿轮传动、内啮合圆柱齿轮传动的运动简图符号，绘制的飞机转弯机构差动装置的运动简图如图 5-14 所示。由于该周转轮系的自由度等于 2，故该周转轮系是一个差动轮系。

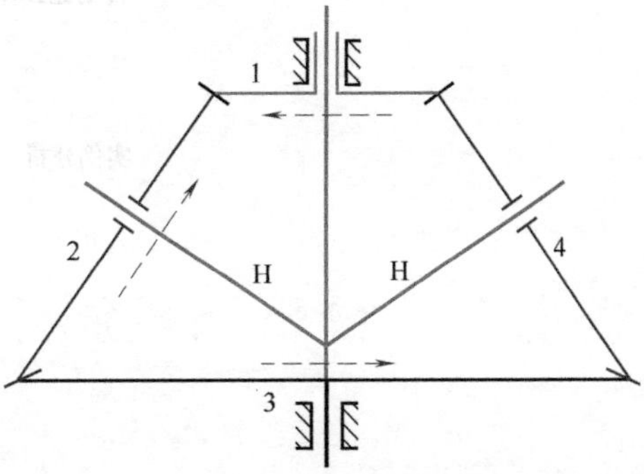

图 5-14　差动装置的运动简图

2）分析差动装置中周转轮系的传动比。设 $z_1=24$，$z_3=72$，$z_2=z_4=45$，若 $n_1=n_3=120\text{r/min}$，且 n_1 和 n_3 的转向相反，试分析行星架的转速大小和转向。

该轮系是单一周转轮系，其转化轮系的传动比为

$$i_{13}^{H}=\frac{n_1-n_H}{n_3-n_H}=-\frac{z_2 z_3}{z_1 z_2}-\frac{45\times 72}{24\times 45}=-3 \tag{5-8}$$

在转化轮系中，各齿轮的转向关系如图 5-13 中箭头所示。

由式（5-8）可得

$$n_H=\frac{3}{4}n_3+\frac{1}{4}n_1 \tag{5-9}$$

由式（5-9）可知，行星架 H 的运动是齿轮 1 和齿轮 3 运动的合成。

因 n_1 和 n_3 的转向相反，若设 n_1 为正，则 n_3 为负，将 $n_1=120\text{r/min}$ ，$n_3=-120\text{r/min}$ 代入式（5-9），可解得 $n_H=-60\text{r/min}$，转向与齿轮 1 转向相反。

【任务测评】

项目五　任务二任务测评

【知识小结】

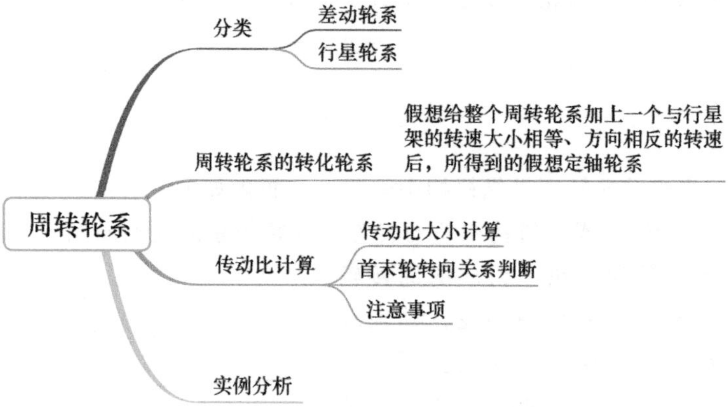

任务三　分析飞机涡桨主减速器中的复合轮系传动

【任务描述】

图 5-15 所示为某型飞机涡桨发动机主减速器的外形图，其内部由一系列相互啮合的齿轮组成的复合轮系，通过复合轮系实现运动传递并实现减速功能的，其工作原理图如图 5-16 所示。试根据工作原理绘制该减速器中复合轮系的运动简图，计算复合轮系的传动比，并分析复合轮系的运动情况。

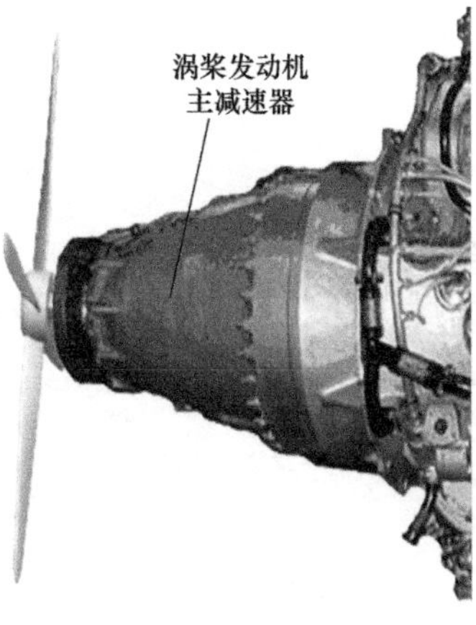

图 5-15　某型飞机涡桨发动机主减速器的外形图

图 5-16　某型飞机涡桨发动机主减速器工作原理

涡桨发动机主减速器

【任务分析】

飞机涡桨发动机主减速器内部结构比较复杂，其内部的复合轮系既包含定轴轮系部分，又包含周转轮系部分，其传动比的计算与前述定轴轮系和周转轮有着紧密联系，要正确计算其传动比和分析其运动情况，必须掌握与复合轮系相关的内容。

【知识链接】

一、复合轮系

既包含定轴轮系，又包含周转轮系，或者是由几部分周转轮系组成的复杂轮系称为复合轮系，如图 5-17 所示。

二、复合轮系传动比计算

对于复合轮系传动比的计算问题，因为轮系中包含周转轮系部分，所以显然不能只采用定轴轮系传动比的计算方法。但也不能只采用周转轮系传动比的计算方法。因为计算周转轮系传动比时，需要给整个轮系附加一个与系杆的转速大小相等、方向相反的公共转速，原来的周转轮系部分虽然转化成了定轴轮系，但原来的定轴轮系部分因反转而变成了周转轮系，问题仍然没有得到解决。因此，唯一正确的方法是将复合轮系中包含的定轴轮系和周转轮系逐一加以分离，并分别列出其传动比的计算关系式，然后联立求解，从而求出复合轮系的传动比。

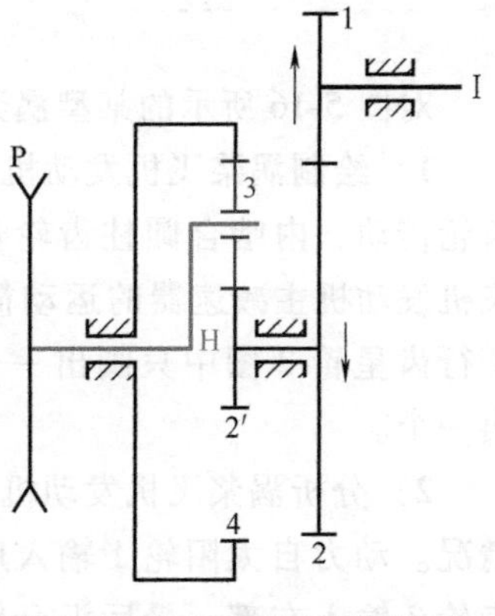

图 5-17 复合轮系

计算复合轮系传动比时，首先将各个单一周转轮和定轴轮系正确区分开来，再分别列出计算这些轮系传动比的关系式，最后联立解出所要求的传动比。正确区分各个轮系的关键是找出各个单一周转轮系。其方法是：先找出行星轮，再找出支持行星齿轮运动的行星架和与行星轮相啮合的太阳轮，这组行星齿轮、行星架、太阳轮和机架构成一个单一周转轮系。区分出各个单一周转轮系后，剩下的就是定轴轮系。

【例 5-3】 在图 5-17 所示轮系中，已知 $z_1=21$，$z_2=35$，$z_{2'}=19$，$z_3=15$，$z_4=49$，轴 I 为输入轴，行星架 H 和驱动轮 P 固连，求输入轴 I 与驱动轮 P 的传动比。

【解】 该轮系为复合轮系，齿轮 1 和齿轮 2 组成定轴轮系，中心轮 2′和 4，行星齿轮 3，行星架 H 组成单一周转轮系。行星架 H 和驱动轮 P 固连，所以输入轴 I 与驱动轮 P 的传动比就是齿轮 1 与行星架 H 的传动比 i_{1H}。

定轴轮系部分的传动比：

$$i_{12}=\frac{n_1}{n_2}=-\frac{z_2}{z_1}=-\frac{35}{21}=-\frac{5}{3} \tag{5-10}$$

周转轮系部分的传动比：

$$i_{2'4}^{H}=\frac{n_{2'}-n_H}{n_4-n_H}=-\frac{z_4}{z_{2'}}=-\frac{49}{19} \tag{5-11}$$

由式（5-10）得 $$n_2=n_{2'}=-\frac{3}{5}n_1$$

代入式（5-9）得 $$\frac{-\frac{3}{5}n_1-n_H}{n_4-n_H}=-\frac{49}{19}$$

又因为 $n_4=0$，得 $i_{1H}=\frac{n_1}{n_H}\approx -5.96$，所以 $i_{1p}=i_{1H}=-5.96$。

【任务实施】

对图 5-16 所示的某型涡桨飞机发动机主减速器做如下分析：

1）绘制涡桨飞机发动机主减速器中复合轮系的运动简图。根据表 2-1 所列外啮合圆柱齿轮传动、内啮合圆柱齿轮传动运动简图，绘制的涡桨飞机发动机主减速器的运动简图如图 5-18 所示，其中四个行齿星轮 2 图中只画出一个，六个中介轮 4 图中只画出一个。

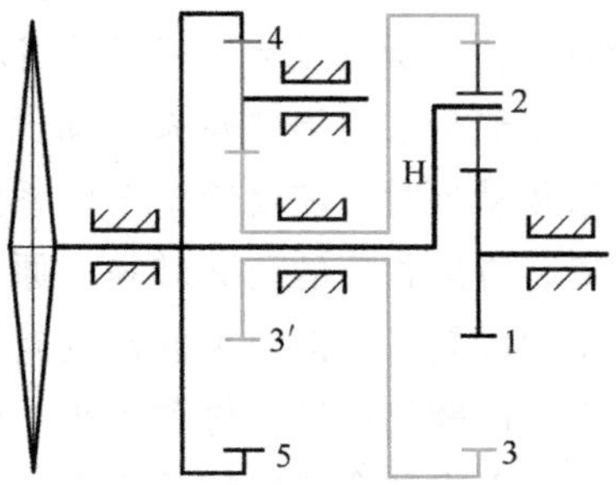

图 5-18　涡桨飞机发动机主减速器中复合轮系的运动简图

2）分析涡桨飞机发动机主减速器中复合轮系的运动情况。动力自太阳轮 1 输入后，分两路从行星架 H 和内齿轮 3 输入左部，最后汇合输往螺旋桨。该减速器中的齿轮 1、2、3、行星架 H 组成周转轮系部分，齿轮 3′、4、5 组成定轴轮系部分，定轴轮系将周转轮系的内齿轮与行星架的运动联系起来。

3）计算涡桨飞机发动机主减速器中复合轮系的传动比。若已知各齿轮的齿数分别为 $z_1=z_{3'}=35$，$z_3=z_5=97$，该轮系中齿轮 1、2、3 组成周转轮系部分，其传动比为

$$i_{13}^{H}=\frac{n_1-n_H}{n_3-n_H}=-\frac{z_2z_3}{z_1z_2}=-\frac{z_3}{z_1}=-\frac{97}{35} \tag{5-12}$$

该轮系中齿轮 3′、4、5 组成定轴轮系部分，其传动比为

$$i_{3'5}=\frac{n_{3'}}{n_5}=-\frac{z_4z_5}{z_{3'}z_4}=-\frac{z_5}{z_{3'}}=-\frac{97}{35} \tag{5-13}$$

由图 5-18 可知：

$$n_3=n_{3'} \tag{5-14}$$

$$n_H=n_5 \tag{5-15}$$

联立式（5-12）、式（5-13）、式（5-14）、式（5-15）得 $i_{15}=11.45$。

【任务测评】

项目五 任务三任务测评

【知识小结】

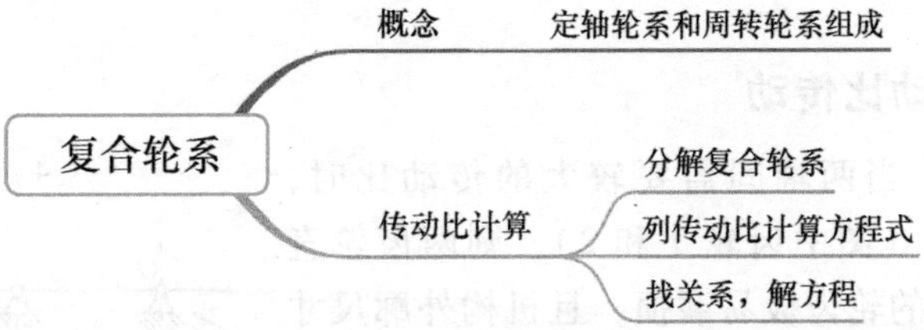

任务四 分析飞机发动机附件中轮系的功用

【任务描述】

飞机发动机附件传动系统是利用轮系将发动机主轴的运动和动力分路传递到各个附件，为飞机附件提供动力。图 5-19 所示为飞机发动机附件传动系统，其中，主轴就是发动机的

图 5-19 飞机发动机附件传动系统

输出轴，动力由主轴输入，由轴Ⅰ、Ⅱ、Ⅲ、Ⅳ、Ⅴ、Ⅵ输出到滑油泵、液压泵、发电机、起动机、转速传感器、发动机的燃油泵调节器、加力泵等飞机附件，为这些附件提供动力。

试根据图 5-19 绘制该飞机发动机附件传动系统的运动简图，并分析各附件的传动路线。

【任务分析】

分路传动是轮系的功用之一，通过分析飞机发动机附件传动系统各附件的传动路线，进一步理解轮系的功用，掌握与轮系功用相关的内容。

【知识链接】

轮系的功用主要表现在以下几个方面：

一、实现大传动比传动

如图 5-20 所示，当两轴间需要较大的传动比时，若仅用一对齿轮传动（图中齿轮 1 和 2），则两齿轮直径相差很大，小齿轮的轮齿极易磨损，且机构外廓尺寸大，过于笨重。若改用轮系传动（图中齿轮 3、4、4′、5 组成的轮系），则可克服上述缺点。此外，若采用行星轮系，则只需很少的齿轮，就可获得很大的传动比。在图 5-13 所示行星轮系，当 $z_1=100$，$z_2=101$，$z_{2'}=100$，$z_3=99$，其传动比 i_{H1} 可达 10000。

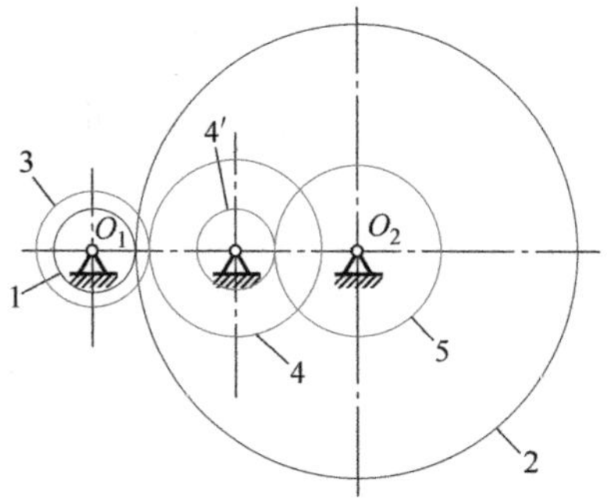

图 5-20　实现大传动比传动

二、实现较远距离传动

如图 5-21 所示，主动轴 O_1 和从动轴 O_2 之间的距离 a 较大，若仅用一对齿轮传动（图中齿轮 1 和 2），则机构总体尺寸过大，既浪费材料又给加工和安装带来不便，若改用轮系传动（图中齿轮 3、4、5、6 组成的轮系），则可缩小尺寸，使结构紧凑。

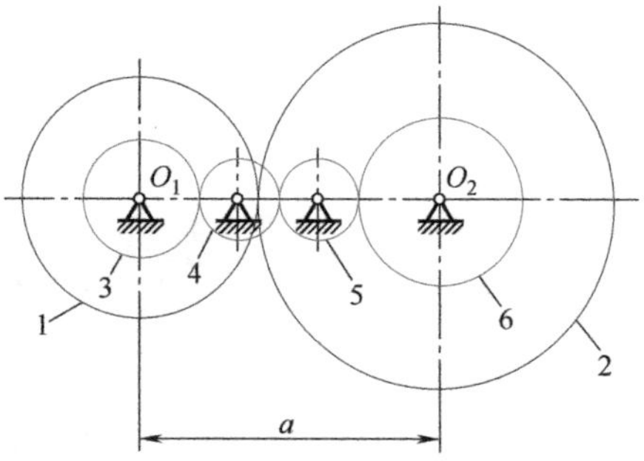

图 5-21　实现较远距离传动

三、实现变速和换向传动

图 5-22 所示为汽车变速箱传动装置工作原理，在输入轴Ⅰ转速不变的情况下，利用轮系可使输出轴Ⅲ获得多种工作转速。当轮系中引入惰轮 8 时，还可改变输出轴的转向。这种变速换向传动，在飞机、车辆、车床等机械设备中被广泛采用。

四、实现分路传动

当主动轴的转速一定时，利用轮系可将主动轴的运动同时传递到几根从动轴上，获得所需的各种转速。图 5-23 所示为钟表传动装置工作原理，发条 N 驱动齿轮 1、2 转动，带动分针 m 转动的同时，通过轮系传动，分别带动秒针 s 和时针 h 转动，使秒针和分针、分针和时针之间符合一定的传动比关系。

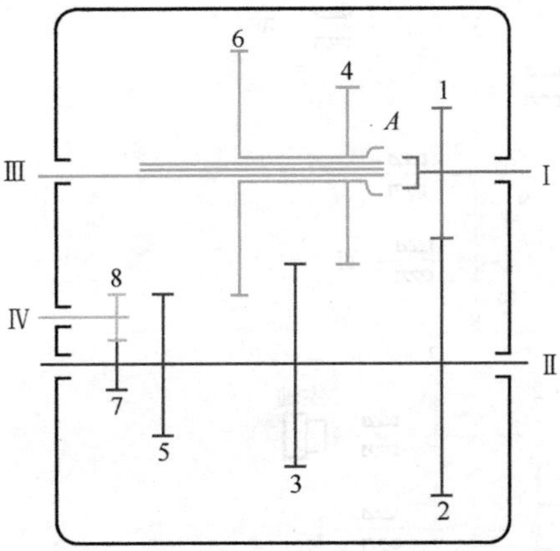

图 5-22　汽车变速箱传动装置工作原理

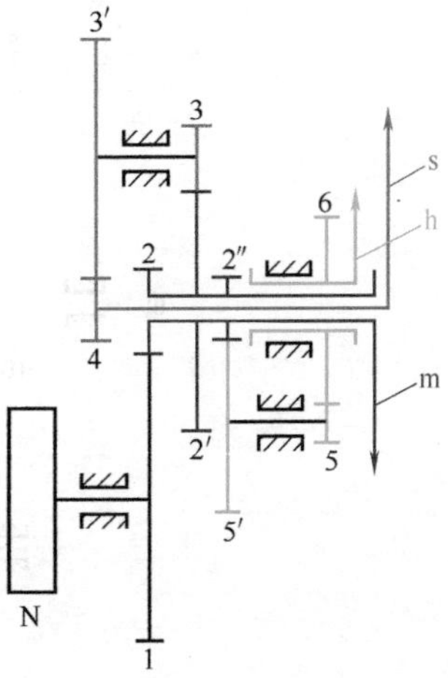

图 5-23　钟表传动装置工作原理

五、实现运动的合成与分解

图 5-12 所示轮系是最简单的合成运动的轮系。若轮系中 $z_1=z_3$，由式（5-5）得 $2n_H=n_1+n_3$，则当给出中心轮 1、3 和行星架 H 中任意两构件的运动后，第三个构件的运动即可确定，因此该构件的运动是上述两构件运动的合成。这种机构广泛地应用于机床、计数和补偿装置中。

【任务实施】

对图 5-19 所示飞机发动机附件传动系统做如下分析。

1）绘制飞机发动机附件传动系统的运动简图。根据表 2-1 所列锥齿轮传动、外啮合圆柱齿轮传动、内啮合圆柱齿轮传动的运动简图符号，绘制的飞机发动机附件传动系统的运动简图如图 5-24 所示。

2）分析飞机发动机附件传动系统各附件的传动路线。飞机发动机附件传动系统主要利用的是轮系实现分路传动的功能。由图 5-24 可知，其中的主轴就是发动机的输出轴，动力由主轴输入，而由轴Ⅰ、Ⅱ、Ⅲ、Ⅳ、Ⅴ、Ⅵ分别输出。各输出轴的传动路线如下。

轴Ⅰ：2—1。

轴Ⅱ：2′—3。

轴Ⅲ：2″—4（4′）—5′（5）—10。

轴Ⅳ：2″—4（4′）—5′（5‴）—6。

轴Ⅴ：2″—4（4′）—5′（5″）—7—8（8′）—9。

轴Ⅵ：2″—4（4′）—5′（5″）—7—8。

这些输出轴分别与滑油泵、液压泵、发电机、起动机、转速传感器、发动机的燃油泵调节器、加力泵等附件相连，为这些附件提供动力。

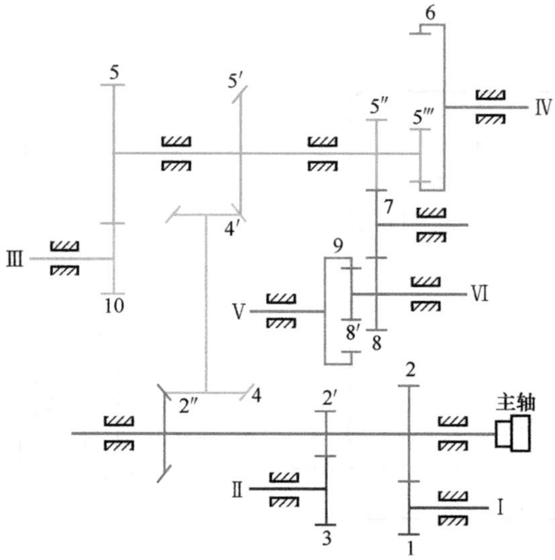

图 5-24　飞机发动机附件传动系统

【任务测评】

项目五　任务四任务测评

【知识小结】

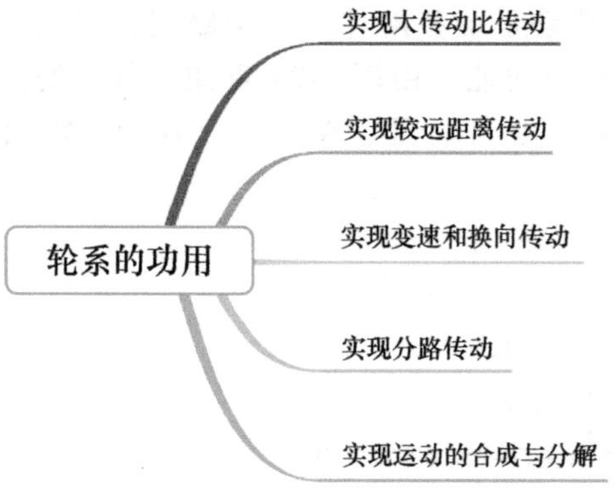

项目六
航空机械中的螺旋传动

本项目设置了以某型飞机救生系统中的人椅分离器为载体的学习情境，通过分析其滚珠螺旋传动，达到掌握航空机械中螺旋传动相关内容的目的。

通过本项目的实施，达成以下教学目标。

1）知识目标：了解普通螺旋传动、差动螺旋传动和滚珠螺旋传动的类型；理解各种螺旋传动的结构组成、工作原理和工程应用。

2）能力目标：通过学习飞机人椅分离器中滚珠螺旋传动的相关知识，能够正确分析螺旋传动中螺杆和螺母的运动情况；会计算螺旋传动中螺母或螺杆移动的距离；具备利用二维码获取数字信息资源和进行自评的能力。

3）素质目标：养成崇尚科学、实事求是、理论联系实际的学习态度；培养科学的思维方法，形成学以致用的思维习惯。

任务　分析飞机弹射救生系统人椅分离器中的螺旋传动

【任务描述】

人椅分离系统属于飞机弹射救生系统，是飞机的重要组成部分，其功能是在座椅弹离飞机一定时间后，完成飞行员与座椅的分离。人椅分离器是人椅分离系统的关键机构，它是利用滚珠螺旋机构进行工作的。图 6-1a 所示为飞机人椅分离器中的滚珠螺旋机构实物图，它

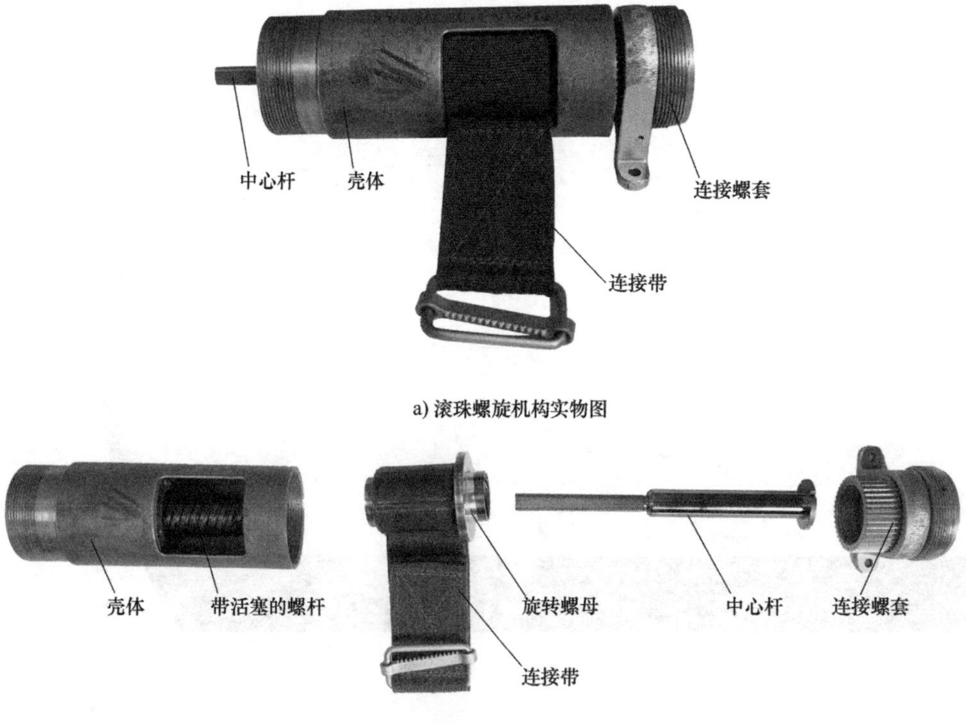

a) 滚珠螺旋机构实物图

b) 滚珠螺旋机构实物分解图

图 6-1　滚珠螺旋机构

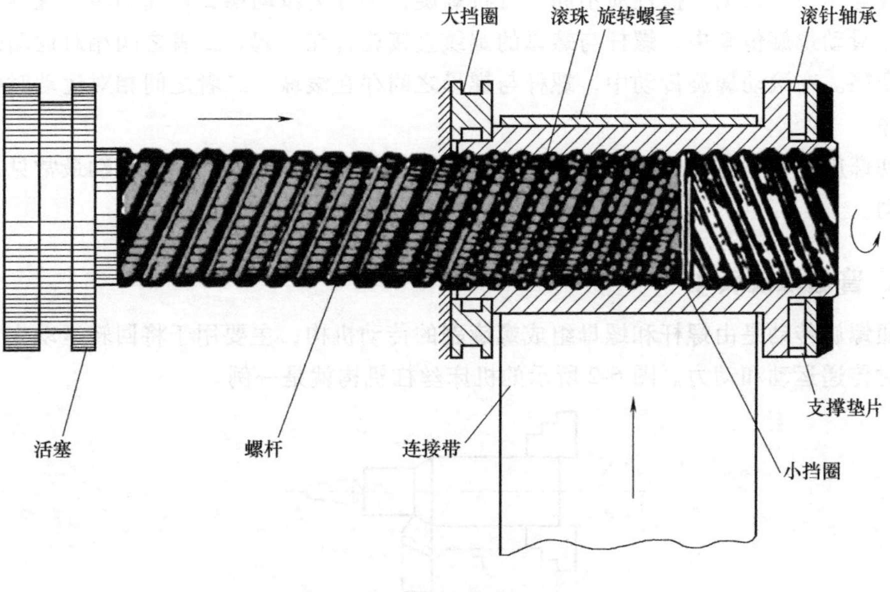

c) 滚珠螺旋机构装配图

图 6-1 滚珠螺旋机构（续）

是由壳体、带活塞的螺杆、旋转螺母、连接带、滚珠、中心杆、连接螺套等组成的，如图 6-1b 所示，其功能是将带活塞的螺杆的移动变换成旋转螺母的连续转动。旋转螺母与连接带相连。当人椅分离器工作时，连接带卷进，使连接带迅速绷紧，飞行员从椅盆内抛出，实现人椅分离。

试分析人椅分离器中螺旋传动的运动情况，分析滚珠循环方式，并计算当要求人椅分离器工作时间不大于 0.15s 时，连接带绷紧时的最大行程是多少？已知螺杆上活塞的行程 L 为 50~56mm，螺杆的螺距 $P=3$mm，该螺杆的线数 $n=4$，旋转螺母的最大直径 $d=30$mm。

【任务分析】

在图 6-1 所示飞机人椅分离器螺旋机构中，带活塞的螺杆和旋转螺母构成螺旋副，螺杆做直线运动，旋转螺母在原位转动，将螺杆的直线运动变换为旋转螺母的转动。螺杆和旋转螺母之间有滚珠，使螺杆和旋转螺母之间的摩擦为滚动摩擦，摩擦力较小，使运动更加顺畅。旋转螺母上固定有连接带，当旋转螺母在原位转动时，连接带做直线运动，其速度就是旋转螺母的线速度。要计算连接带绷紧时的最大行程，完成本任务，必须掌握与螺旋传动相关的内容。

【知识链接】

螺旋传动是航空机械中常用的一种传动形式，它是利用螺杆与螺母组成的螺纹副来实现传动要求的传动机构，主要起着将旋转运动变为直线运动、传递运动和动力、调整零件间的相对位置等作用。根据摩擦性质不同，可将螺旋传动分为滑动螺旋传动和滚动螺旋传动两种类型。在滑动螺旋传动中，螺杆与螺母的螺纹直接旋合在一起，二者之间相对运动时的摩擦为滑动摩擦。在滚动螺旋传动中，螺杆与螺母之间存在滚珠，二者之间相对运动时的摩擦为滚动摩擦。

滑动螺旋传动可分为普通螺旋传动和差动螺旋传动两种，滚动螺旋传动最常见的是滚珠螺旋传动。

一、普通螺旋传动

普通螺旋传动是由螺杆和螺母组成螺旋副的传动机构，主要用于将回转运动变为直线运动，同时传递运动和动力。图 6-2 所示的机床丝杠机构就是一例。

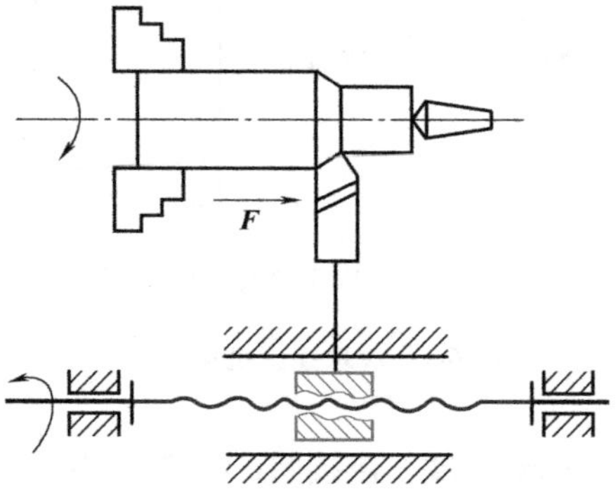

图 6-2　机床丝杠机构

机床的丝杠机构

1. 普通螺旋传动的类型

根据用途不同，可将螺旋传动可分为以下三种。

(1) 传导螺旋　传导螺旋以传递运动为主，要求具有较高的传动精度，图 6-3 所示的机床进给机构中的螺旋传动就是传导螺旋的实例。

在传导螺旋机构中，螺母的移动距离可按下式计算：

$$L=nPz \tag{6-1}$$

式中，L 为螺母移动距离（mm）；n 为螺纹线数；P 为螺纹的螺距（mm）；z 为螺杆回转圈数。

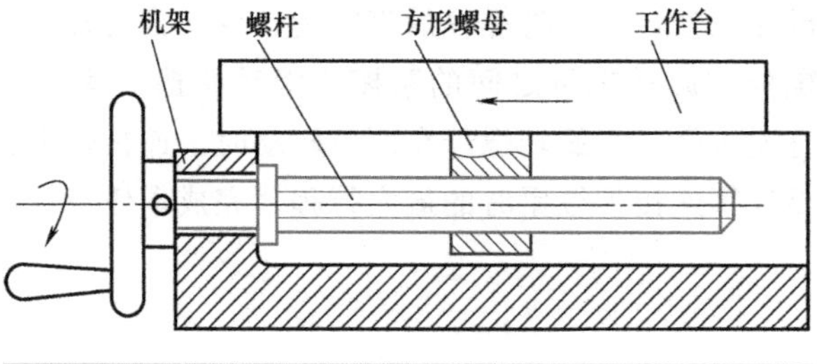

图 6-3　机床进给机构

(2) 传力螺旋　传力螺旋以传递动力为主，要求用较小的转矩产生较大的轴向力，螺旋千斤顶（图 6-4a）、压力机（图 6-4b）中的螺旋传动就是传力螺旋的实例。

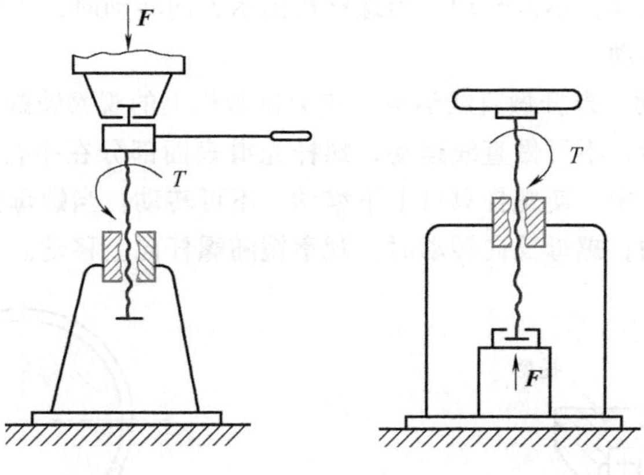

a) 螺旋千斤顶　　b) 压力机

图 6-4　传力螺旋

螺旋千斤顶

（3）调整螺旋　调整螺旋用于调整并固定零件或部件之间的相对位置，这种螺旋不经常转动。

2. 普通螺旋传动的运动形式

常见的普通螺旋传动都是右旋，其运动形式有以下四种。

（1）螺母固定不动，螺杆转动并做直线运动　图 6-5 所示为台虎钳，螺杆与活动钳口轴向固定连接，螺母与固定钳口固定连接。当螺杆按图示方向相对螺母做回转运动时，螺杆连同活动钳口向右做直线运动，与固定钳口靠近，实现对工件的夹紧。当螺杆反向回转时，活动钳口随螺杆左移，即可放松工件。

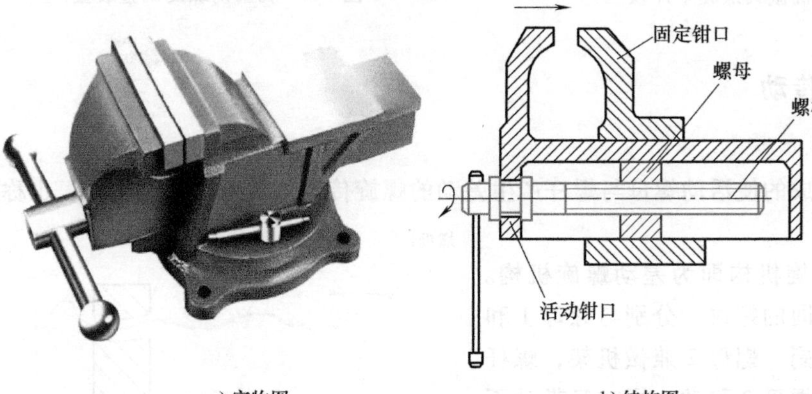

a) 实物图　　b) 结构图

图 6-5　台虎钳

台虎钳

（2）螺杆固定不动，螺母转动并做直线运动　图 6-6 所示为机械式螺旋千斤顶，螺杆固定在底座上，手柄和螺母固连在一起，转动手柄使螺母转动并做上升或下降运动，从而举起或放下托盘。

（3）螺杆原位转动，螺母做直线运动　图 6-3 所示为机床进给机构，螺杆与机架组成转动副，螺杆只能原地转动，不可做直线运动，方形螺母与工作台固连，方形螺母嵌在机架的导槽中，只可做直线运动，不能转动。当螺杆按图示方向转动时，方形螺母带动工作台沿机架的导轨向左做直线运动。

（4）螺母原位转动，螺杆做直线运动　应力试验机上的观察镜螺旋调整装置如图 6-7 所示，螺母只可原地旋转，不可做直线运动，螺杆光滑表面部分在平行于轴线方向开有键槽，机架上的销轴嵌入键槽中，使螺杆只可上下移动，不可转动。当螺母按图示方向转动时，螺杆带动观察镜向下移动；螺母反向转动时，观察镜随螺杆向上移动。

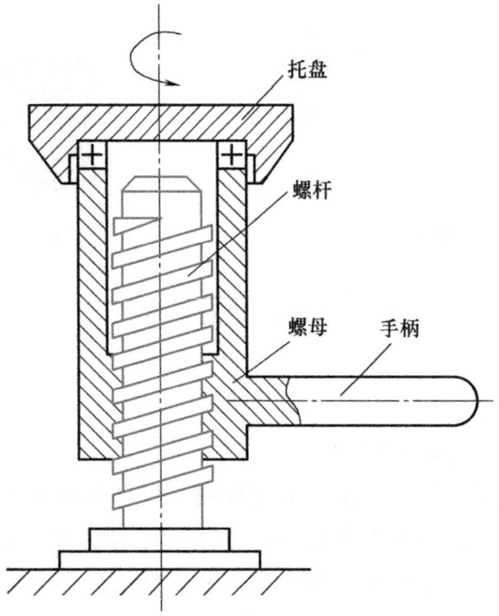

图 6-6　机械式螺旋千斤顶

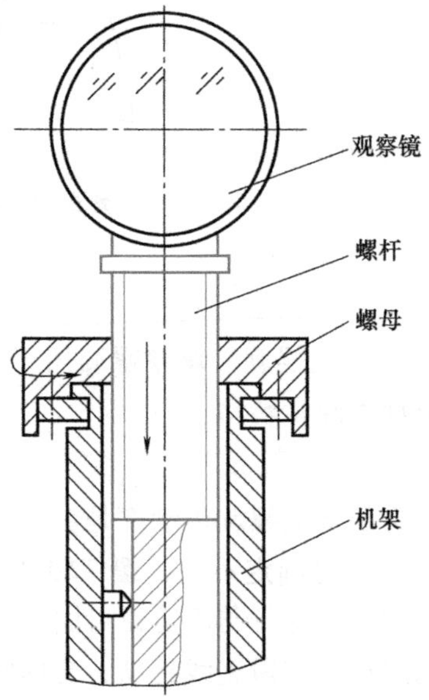

图 6-7　观察镜螺旋调整装置

二、差动螺旋传动

1. 差动螺旋传动的概念

由两个螺旋副组成的使活动螺母与螺杆产生差动的螺旋传动称为差动螺旋传动，也称双螺旋传动。

图 6-8 所示的螺旋机构即为差动螺旋机构。螺杆上有两段螺距不同的螺纹，分别与螺母 1 和螺母 2 组成两个螺旋副。螺母 2 兼做机架，螺杆转动时，一方面相对螺母 2 移动，同时又带动不能回转的螺母 1 相对螺杆移动。

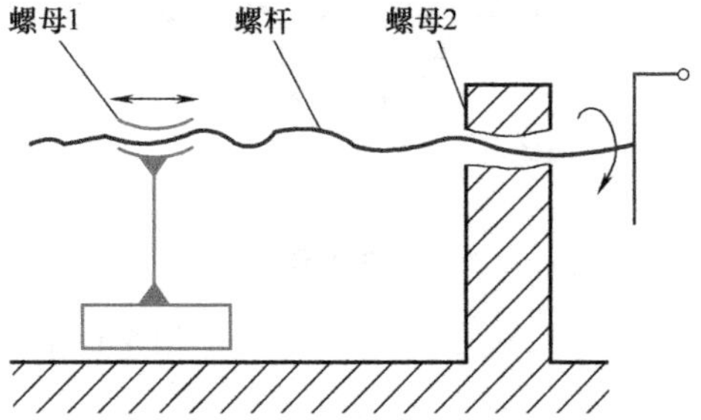

图 6-8　差动螺旋机构

2. 差动螺旋传动的类型

根据两螺旋副中螺纹旋向的不同，可将差动螺旋机构分为差速式螺旋传动和增速式螺旋传动两种。

（1）差速式螺旋传动　两螺旋副螺纹旋向相同的差动螺旋传动称为差速式螺旋传动。由式（6-1）可知，两螺旋副螺纹旋向相同时，若 P_{hA} 和 P_{hB} 相差很小，则螺母的位移可以很小，即实现微调，其工作原理如图 6-9 所示。

在差速式螺旋机构中，当螺杆转动时，活动螺母的移动距离为

$$L=z(P_{hA}-P_{hB}) \tag{6-2}$$

式中，L 为活动螺母的实际移动距离(mm)；z 为螺杆回转圈数；P_{hA} 为固定螺母的导程；P_{hB} 为活动螺母的导程。

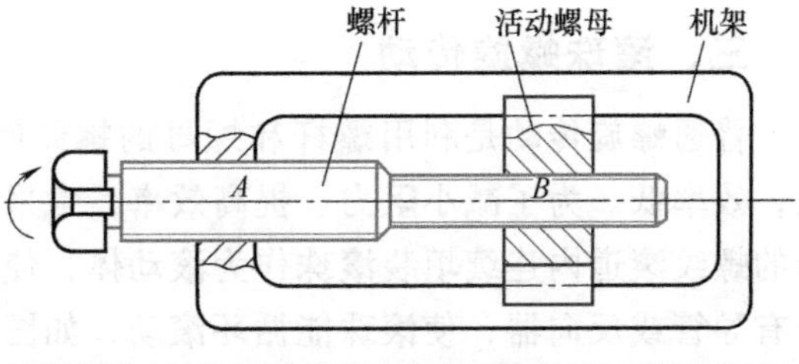

图 6-9　差速式螺旋传动的工作原理

差速式螺旋传动常用在微调机构中，图 6-10 所示千分尺的微调机构就是其应用实例。

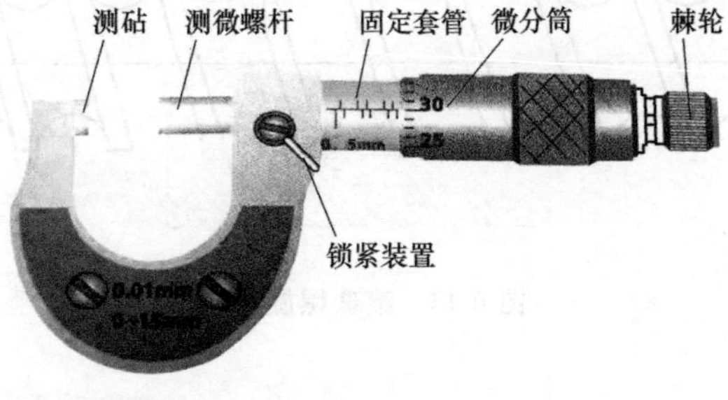

图 6-10　千分尺

(2) 增速式螺旋传动　两螺旋副中螺纹旋向相反的差动螺旋传动称为增速式螺旋传动。增速式螺旋传动的工作原理如图 6-11 所示。

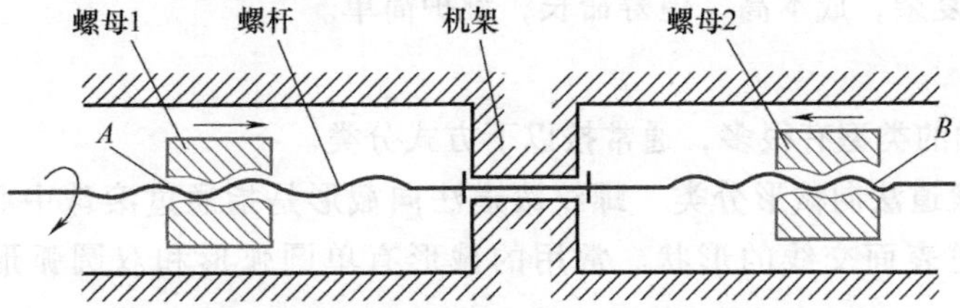

图 6-11　增速式螺旋传动的工作原理

在增速式螺旋机构中，当螺杆转动时，两活动螺母之间的移动距离为

$$L=z(P_{hA}-P_{hB}) \tag{6-3}$$

式中，L 为两活动螺母之间实际移动距离(mm)；z 为螺杆回转圈数；P_{hA} 为螺母 1 的导程；P_{hB} 为螺母 2 的导程。

增速式螺旋传动常用在快速反应机构中，使螺母实现快速移动。图 6-12 所示台钳定心夹紧机构就是利用增速式螺旋传动实现工件快速夹紧的。

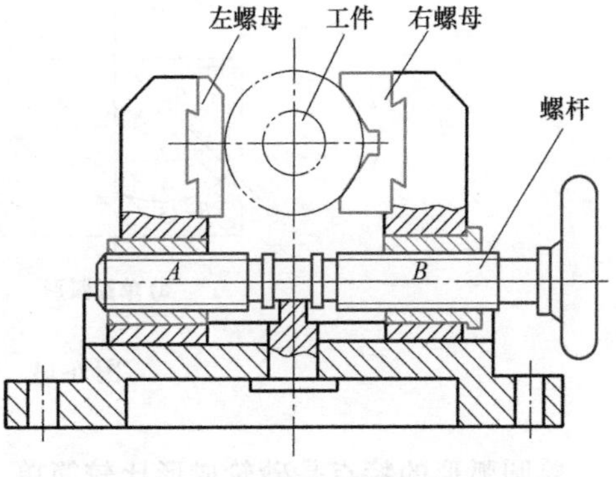

图 6-12　台钳定心夹紧机构

三、滚珠螺旋传动

普通螺旋传动是利用螺杆和螺母的螺纹间的相对滑动摩擦传动的，磨损大，传动阻力大，效率低。为了减小阻力、提高效率，常采用滚珠螺旋传动。滚珠螺旋传动是在螺杆和螺母的螺纹滚道内连续填装滚珠作为滚动体，使螺杆和螺母间的滑动摩擦变成滚动摩擦。螺母上有导管或反向器，使滚珠能循环滚动，如图 6-13 所示。

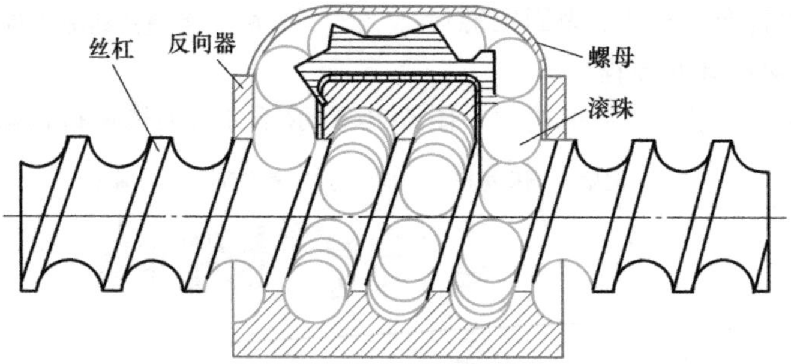

图 6-13　滚珠螺旋传动

1. 滚珠螺旋传动的特点

1）传动效率高，一般可达 90%以上，约为滑动螺旋传动效率的三倍。

2）传动精度高。

3）具有传动的可逆性，但不能自锁，当用于垂直升降传动时，需附加制动装置。

4）制造工艺复杂，成本高，但寿命长，维护简单。

2. 滚珠螺旋传动的类型

滚珠螺旋传动的类型有很多，通常按以下方式分类。

（1）按螺纹滚道法向截形分类　螺纹滚道法向截形是指通过滚珠中心且垂直于滚道螺旋面的平面和滚道表面交线的形状。常用的截形有单圆弧形和双圆弧形两种，如图 6-14 所示。

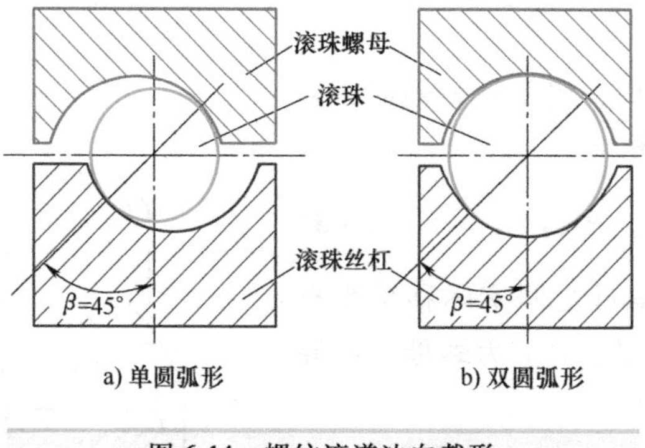

图 6-14　螺纹滚道法向截形

单圆弧形的特点是砂轮成形比较简单，易于得到较高的精度，但接触角 β 随着初始间隙和轴向力的大小而变化，因此效率、承载能力和轴向刚度均不够稳定。

双圆弧形的接触角β在工作过程中基本保持不变，效率、承载能力和轴向刚度稳定，并且滚道底部不与滚珠接触，可储存一定的润滑油，使磨损减小。但双圆弧形砂轮修整、加工、检验比较困难。

（2）按滚珠循环方式分类　按滚珠循环方式的不同，可将滚珠螺旋传动分为内循环和外循环两种。

滚珠在循环过程中始终与螺杆保持接触的循环称为内循环，如图 6-15 所示。在同一个螺母上，具有循环回路的数目称为列数，内循环的列数通常有 2~4 个（即一个螺母上有 2~4 个反向器）。滚珠在每个循环中绕经螺纹滚道的圈数称为工作圈数，内循环的工作圈数是一列，只有一圈，因而回路短，滚珠流畅性好，效率高。此外，内循环径向尺寸小，零件少，装配简单；缺点是反向器的回珠槽具有空间曲面，加工复杂。

滚珠在返回时与螺杆脱离的循环称为外循环。按照结构不同，可将外循环分为螺旋槽式、插管式、端盖式三种。

图 6-16 所示为螺旋槽式外循环，是在螺母外圆柱面上铣出螺旋形凹槽作为滚珠循环的通道，凹槽的两端钻有两个通孔分别与螺纹滚道相切，并用两个挡珠器引导滚珠通过凹槽，从而构成滚珠循环通道。螺旋槽式结构工艺简单，易于制造，螺母径向尺寸小；缺点是挡珠器易磨损。

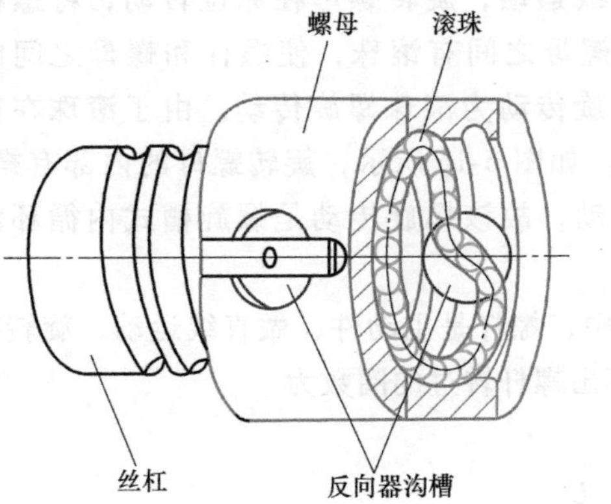

图 6-15　内循环

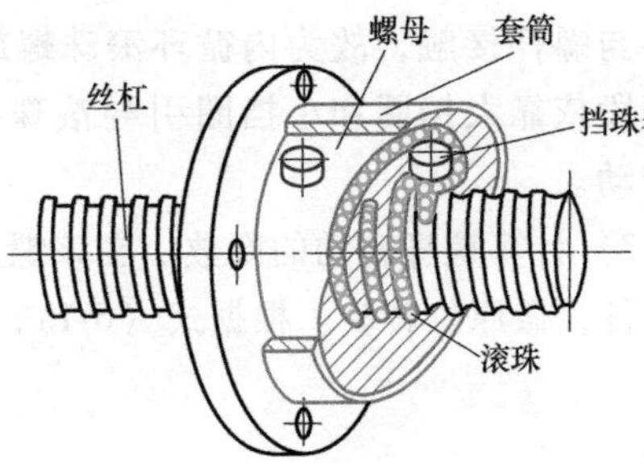

图 6-16　螺旋槽式外循式

图 6-17 所示为插管式外循环，是用弯管代替螺旋槽式外循环中的凹槽，把弯管的两端插入螺母上与螺纹滚道相切的两个通孔内，外加压板用螺钉固定，用弯管的端部或其他形式的挡珠器引导滚珠进出弯管，以构成循环通道。插管式结构简单，工艺性好，适于批量生产；缺点是弯管突出在螺母的外部，径向尺寸较大，用弯管端部做挡珠器，耐磨性较差。

图 6-18 所示为端盖式外循环，是在螺母上钻有一个纵向通孔作为滚珠返回通道，螺母两端装有铣出短槽的端盖，短槽端部与螺纹滚道相切，并引导滚珠返回通道，构成滚珠循环回路。端盖式结构紧凑，工艺性好；缺点是滚珠通过短槽时容易卡住。

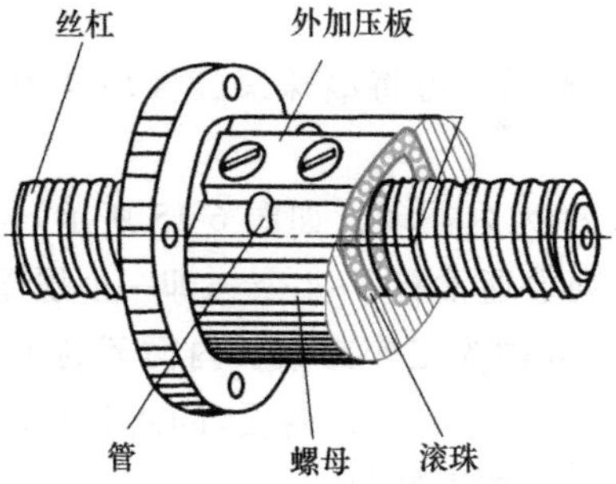

图 6-17 插管式外循环

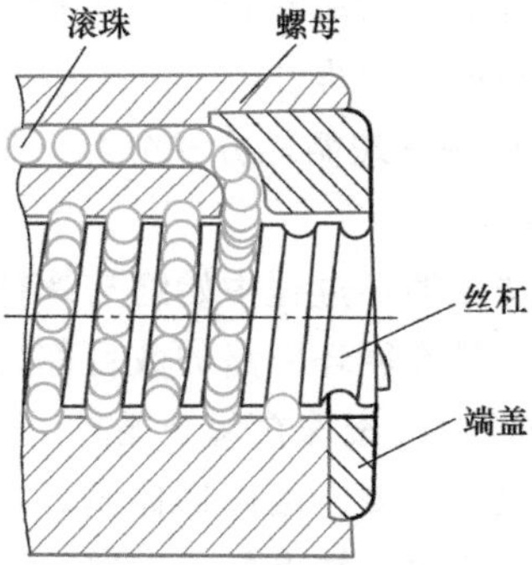

图 6-18 端盖式外循环

【任务实施】

对图 6-1 所示飞机人椅分离器中的螺旋传动做如下分析：

1）分析滚珠螺旋传动的运动情况和类型。在图 6-1 所示某型飞机人椅分离器螺旋机构中，螺杆和旋转螺母构成螺旋副，螺杆做直线运动，旋转螺母在原位转动，将螺杆的直线移动转化为旋转螺母的转动。螺杆和旋转螺母之间有滚珠，使螺杆和螺母之间的摩擦为滚动摩擦。因此，该螺旋变换机构中的螺旋传动为滚珠螺旋传动。由于滚珠在循环时始终与螺杆接触，故为内循环滚珠螺旋传动。如图 6-1c 所示，旋转螺母的内部有螺纹槽，其两段依靠大挡圈和小挡圈引导滚珠循环运动，故该螺旋传动是螺旋槽式内循环滚珠螺旋传动。

2）计算螺杆转动的圈数。在该螺旋机构中，螺杆是主动件，做直线运动，旋转螺母是从动件，做原位转动。根据式（6-1），可计算出螺杆转过的圈数为

$$z=\frac{L}{nP} \tag{6-4}$$

3）计算连接带的行程。连接带绷紧时，卷进的长度即为连接带的行程，与旋转螺母的直径以及转过的圈数有关。旋转螺母转过的圈数与螺杆转过的圈数相等。

若已知带活塞的螺杆的工作行程 L 为 50~56mm，螺杆上螺纹的线数 $n=4$，测得螺杆的螺距 $P=3$mm，测得旋转螺母的最大直径 $d=30$mm，则连接带的展开长度 L'为

$$L'=\frac{\pi dL}{nP} \tag{6-5}$$

将已知数据代入式（6-5），可得连接带的行程为 392. 5~439. 6mm。

【任务测评】

项目六 任务测评

【知识小结】

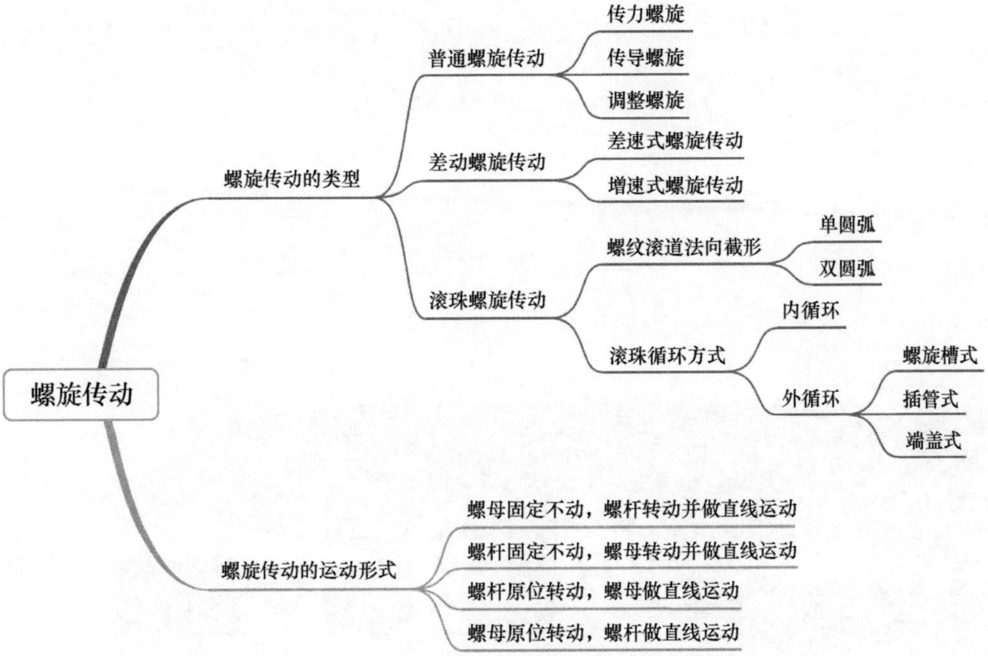

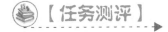

项目七
航空机械中的机械连接

本项目设置了以飞机发动机机匣和飞机襟翼操纵系统为载体的学习情境，通过分析其螺纹连接和键连接，达到准确分析航空机械中机械连接的目的。

通过本项目的实施，达成以下教学目标。

1）知识目标：了解机械连接的类型；了解螺纹的形成、类型和主要参数；掌握螺纹连接的类型及其应用；掌握螺栓连接预紧与防松方式；掌握键连接的类型及工程应用；掌握键连接的选择和强度校核。

2）能力目标：能够分析航空机械中各种螺栓连接结构特点；能够正确分析螺栓连接预紧原理；能够正确选择键连接并进行强度校核；具备利用二维码获取数字信息资源和进行自评的能力。

3）素质目标：养成理论联系实际，理论联系实装的学习习惯；培养一丝不苟、精益求精的工匠精神；树立标准意识和工程意识，形成严谨、细致、科学的用装养装的职业素养；培养具体问题具体分析的工作方法。

任务一　分析飞机发动机机匣中的螺纹连接

【任务描述】

为了便于机器的制造、安装、运输、维修及提高劳动生产率等，人类广泛地使用着各种连接。机械连接有两大类：一类是机械动连接，即被连接件间可以有相对运动的连接，例如机构中的各种运动副，如图 7-1 所示；另一类是机械静连接，即被连接件间不允许产生相对运动，如图 7-2 所示。机械制造中，“连接”这一术语实际上只指机械静连接。

图 7-1　机械动连接

图 7-2　机械静连接

连接又可分为可拆的和不可拆的两种。拆卸时至少毁坏连接中的某一部分才能拆开的连接称为不可拆连接，例如铆接、焊接、胶接等，如图 7-3 所示。拆卸时无须毁坏连接中的任一部分就能拆开的连接称为可拆连接，可多次拆装不影响其使用性能，例如螺纹连接、键连接等。

螺纹连接是航空机械中使用最为广泛的机械连接之一，图 7-4 所示为飞机发动机机匣，导流叶片用大量的螺纹连接件固定在机匣上。为了防止松动，这些螺纹连接件还采用了不同的防松方式。那么，这些螺纹连接件有哪些类型呢？它们是如何进行预紧与防松的呢？其防松原理如何呢？

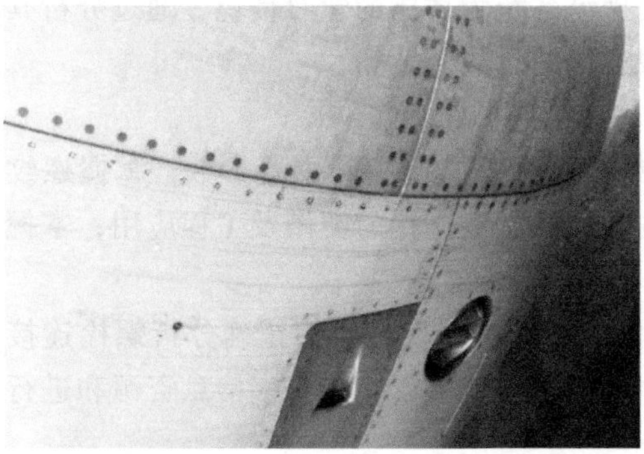

图 7-3 铆接

图 7-4 飞机发动机机匣

【任务分析】

螺纹连接是利用具有螺纹的零件构成的一种可拆连接。螺纹连接结构简单、装拆方便、工作可靠、互换性好、成本低廉、应用广泛。要分析发动机机匣上螺纹连接件的类型、螺纹连接的类型和预紧与防松的方式，必须了解与螺纹相关的知识。

【知识链接】

一、螺纹的形成和类型

螺纹是指在圆柱或圆锥表面上沿着螺旋线形成的，具有特定截面的连续凸起和沟槽结构，如图 7-5 所示。

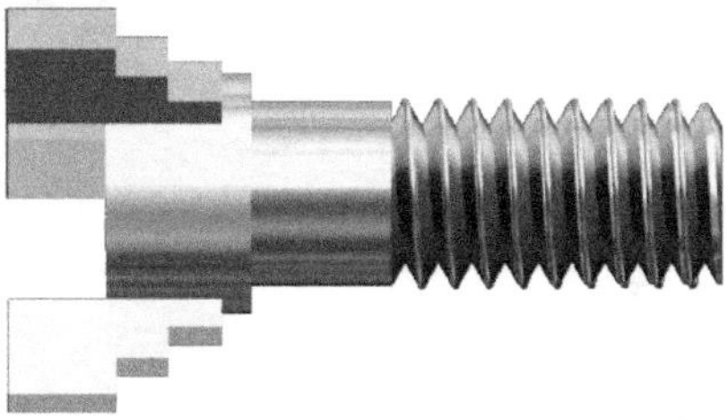

图 7-5 螺纹结构

螺纹

将一直角三角形绕到一圆柱体（母体）上，并使三角形的一直角边与圆柱体底面圆周边重合，其斜边就在圆柱体表面上形成一条螺旋线，如图 7-6a 所示。取一平面图形（图 7-6b），使它沿着螺旋线运动，运动时保持此图形所在平面通过圆柱体的轴线，其空间轨迹就形成了螺纹。

按照平面图形形状的不同，可将螺纹分为三角形、矩形、梯形和锯齿形等。按照螺旋线旋向的不同，可将螺纹分为左旋和右旋。机械制造中一般采用右旋螺纹，有特殊要求时采用左旋螺纹。按照螺旋线数目的不同，可将螺纹分为单线螺纹和多线螺纹，为便于制造，螺纹一般不超过四线。

螺纹有内螺纹（图 7-7）和外螺纹（图 7-8）之分，内、外螺纹共同组成螺纹副。

根据用途不同，可将螺纹分为连接螺纹、传动螺纹和专门用途螺纹。

连接螺纹，又分为普通螺纹和管螺纹。普通螺纹采用三角形牙型，牙根较厚，有较高的强度，例如螺栓和螺母上的螺纹。管螺纹用于管道的连接，例如油路管道和气路管道上的螺纹。

传动螺纹，用于传递运动和动力的螺纹，采用梯形、矩形或锯齿形牙型，例如台虎钳丝杠的螺纹。

专门用途螺纹，是指像瓶口螺纹一样的专用连接螺纹。

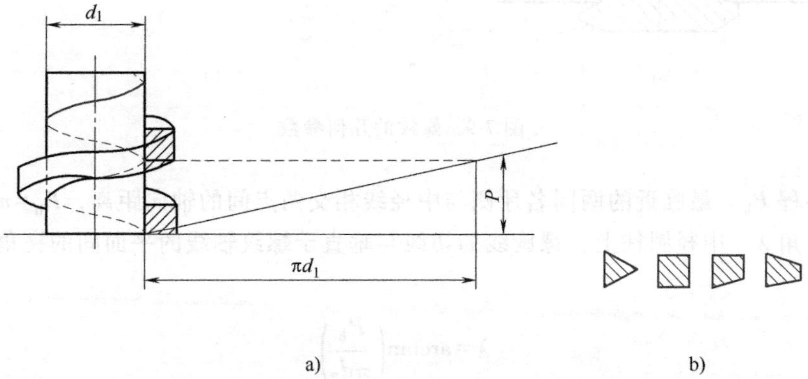

图 7-6　螺纹的形成

图 7-7　内螺纹

图 7-8　外螺纹

二、螺纹的主要参数

现以圆柱螺纹为例，说明螺纹的主要几何参数，如图 7-9 所示。

（1）大径 d　螺纹的最大直径，即与外螺纹牙顶或内螺纹牙底相切的假想圆柱面的直径，是公称直径。

（2）小径 d_1　螺纹的最小直径，即与外螺纹牙底或内螺纹牙顶相切的圆柱面的直径，在强度计算中常作为螺杆危险截面的计算直径。

（3）中径 d_2　通过螺纹轴向截面内牙型上牙厚与牙间宽度相等处的假想圆柱面的直径。中径是确定螺纹几何参数和配合性质的直径。

（4）线数 n　螺纹的螺旋线数目。

（5）螺距 P　相邻两牙型上的对应牙侧与中径线相交两点间的轴向距离。

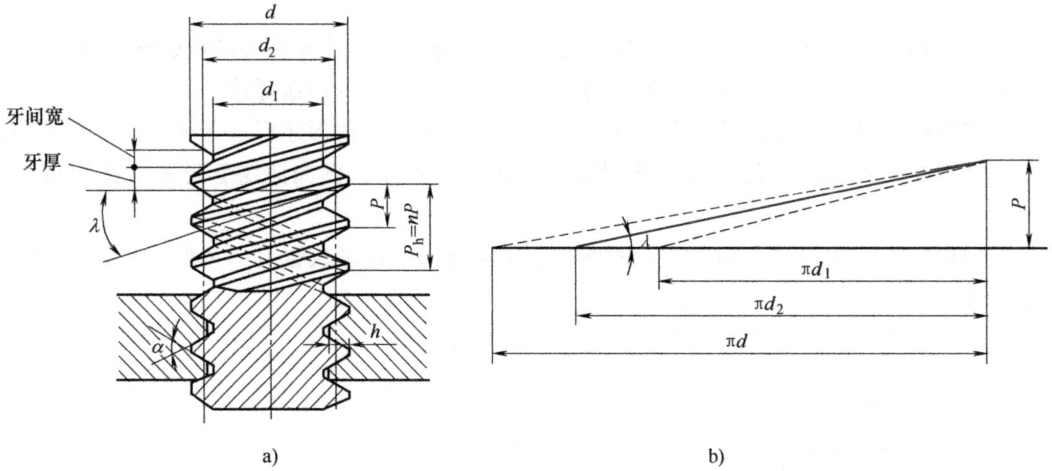

图 7-9 螺纹的几何参数

（6）导程 P_h　最临近的两同名牙侧与中径线相交两点间的轴向距离，$P_h=nP$。

（7）升角 λ　中径圆柱上，螺旋线的切线与垂直于螺纹轴线的平面间的夹角。其值可按下式计算：

$$\lambda=\arctan\left(\frac{P_h}{\pi d_2}\right)$$

（8）牙型角 α　轴向截面内螺纹牙型两侧边的夹角。

（9）牙侧角 β　牙型侧边与螺纹轴线的垂直平面的夹角。对称牙型时 $\alpha=2\beta$。

（10）工作高度 h　内外螺纹旋合后接触面的径向高度。

三、螺纹紧固件的类型

1. 螺栓

如图 7-10 所示，螺栓的头部形状很多，常用的是六角头（图 7-10a）和小六角头（图 7-10b）两种，冷镦工艺生产的小六角头螺栓具有材料利用率高、生产率高、力学性能好、成本低等优点，但由于头部尺寸小，故不宜用于经常拆卸、被连接件抗压强度低及易锈蚀的场合。

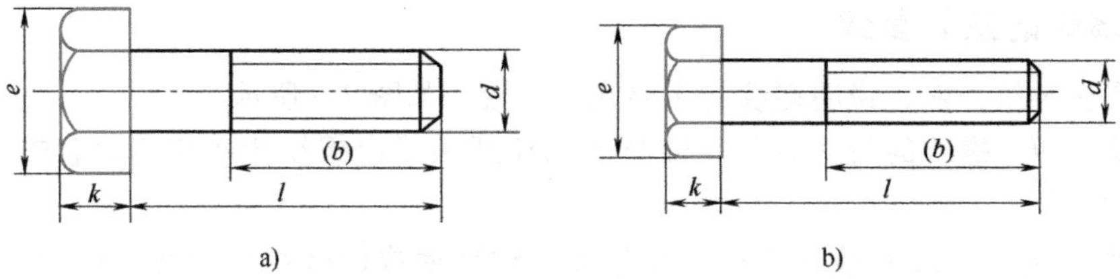

图 7-10 通用螺栓

图 7-11 所示为飞机发动机螺栓，其形状与机体螺栓一样，只是它的头部稍厚且有穿保险丝的通孔，其拉伸强度和剪切强度与机体螺栓相同。

图 7-12 所示为内六角螺栓。螺栓的头部是圆柱形或圆锥台形的，在螺栓头上制有内六

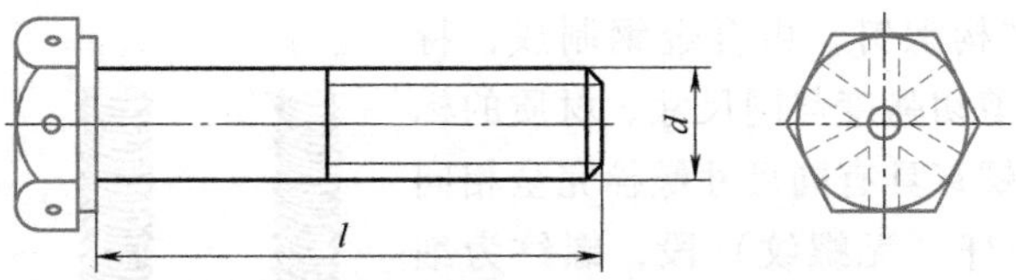

图 7-11　头部钻孔的飞机发动机螺栓

角方孔，它主要用于承受拉伸和剪切复合应力的部位。它的头部与螺杆连接处有圆角，避免尖角相连，可延长疲劳寿命。

2. 双头螺柱

图 7-13 所示为双头螺柱，两端制有相同或不同的螺纹，其旋入被连接件的一端称为座端，另一端称为螺母端。螺柱的一端常用于旋入铸铁或非铁金属的螺纹孔中，旋入后一般不拆卸，另一端用于旋入螺母以固定零件。

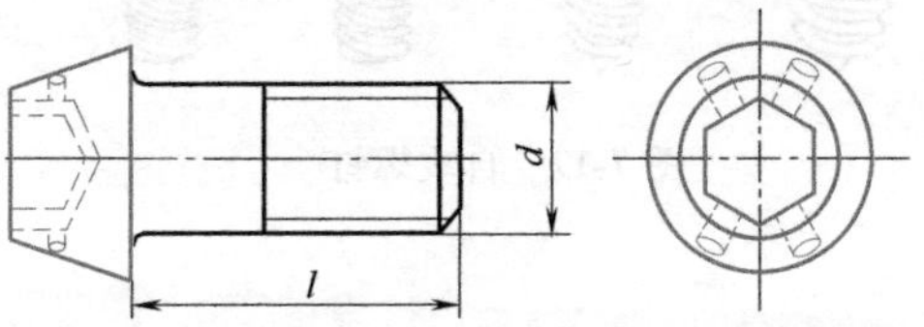

图 7-12　内六角螺栓

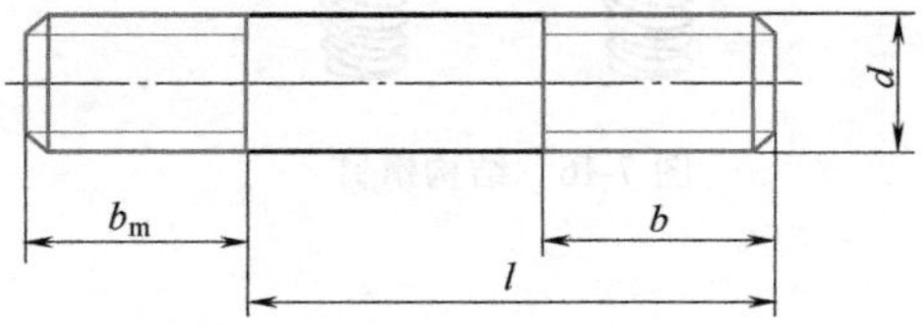

图 7-13　双头螺柱

3. 螺钉

如图 7-14 所示，螺钉结构和螺栓大体相同，但头部形状更加多样，以适应不同装配空间、拧紧程度、连接外观等方面的需要。制造螺钉的材料往往低于制造螺栓所用材料的强度，因为它较多应用在非结构性的连接上及整流罩、可拆卸面板等非主要受力结构上。

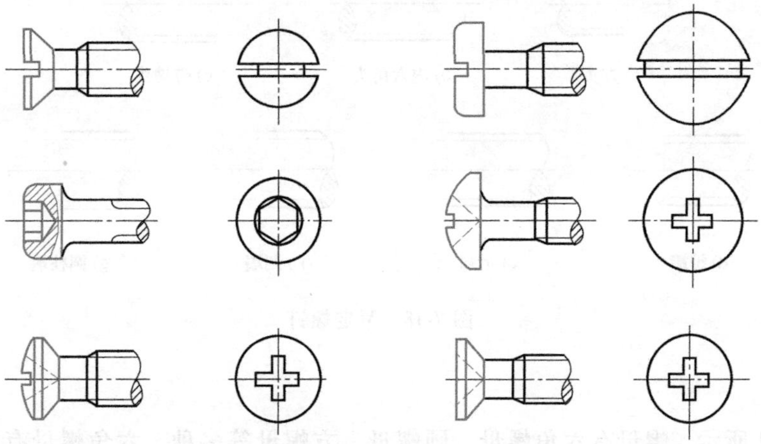
图 7-14　普通螺钉

航空螺钉按用途可分为机械螺钉、结构螺钉、自攻螺钉三种。图 7-15 所示为机械螺钉，常用在非结构件上，例如轻小型机件以及齿轮箱盖板等铸铝件的装配。其特点是：螺钉头端面的凹槽与结构螺钉的相同，螺钉杆身为全螺纹杆段，螺纹有粗牙和细牙两种。

图 7-16 所示为结构螺钉，由合金钢制成，特点是：其拉伸强度和剪切强度与同尺寸、材质的标准型螺栓相同，该型螺钉具有同尺寸螺栓完全相同的长度，钉杆身有光杆（无螺纹）段，螺纹为细牙，螺杆的配合精度也与标准型六角头螺栓同级，因此也可作为结构螺栓来使用。

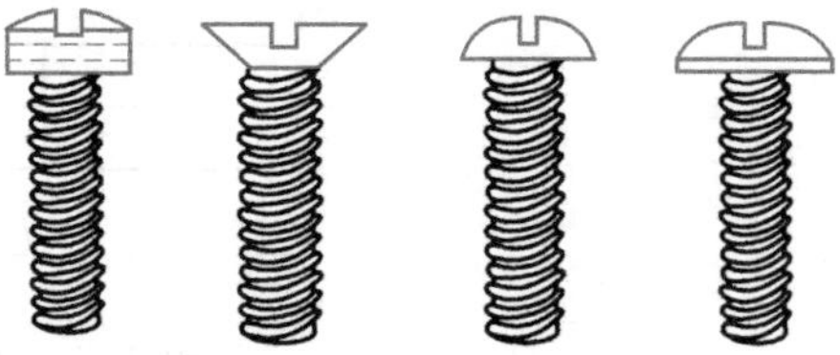

图 7-15　机械螺钉

图 7-17 所示为自攻螺钉，靠自身在装配孔里攻丝而紧固，常用于薄金属板，塑料板等的紧固。

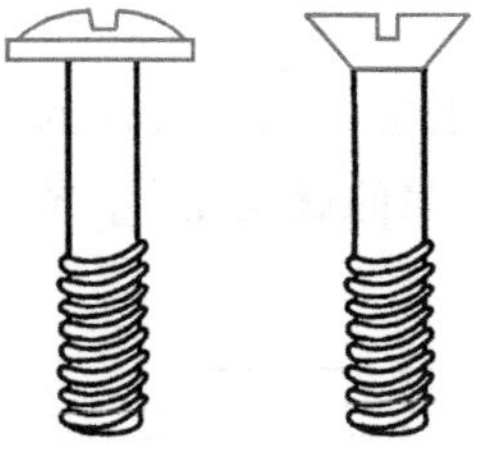

图 7-16　结构螺钉

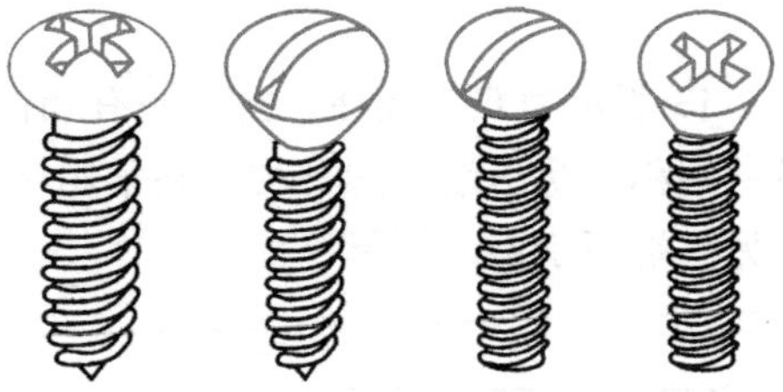

图 7-17　自攻螺钉

4. 紧定螺钉

图 7-18 所示为紧定螺钉，其头部有方头、内六角头、带槽头等不同形状，可适应不同拧紧程度的需要。紧定螺钉尾部，要顶住被连接件之一的表面或相应的凹坑，也有锥端、平端、凹端、圆柱端等不同的形状。其中锥端适用于被连接件表面硬度较低或不常拆卸的场合，平端接触面积大，不伤零件表面，常用于紧定硬度较大的平面或常拆卸的场合，圆柱端则压入轴上的凹坑中，适用于紧定空心轴上的零件位置。

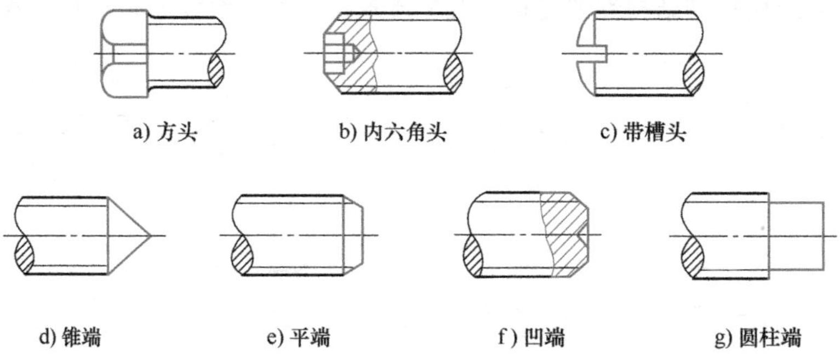

图 7-18　紧定螺钉

5. 螺母

如图 7-19 所示，螺母有六角螺母、圆螺母、方螺母等多种。六角螺母有标准、扁、厚等种类。扁螺母用于尺寸受到限制的场合或受剪力的螺栓上，厚螺母用于经常装拆、易于磨损的场合。圆螺母用于轴上零件的轴向固定。方螺母与方头螺栓配用，扳手不易打滑，多用于粗糙、简单的结构之中。

图 7-20 所示为自锁螺母，在操纵系统的滑轮、发动机摇臂箱口盖、排气管等处，经常会用到自锁螺母。

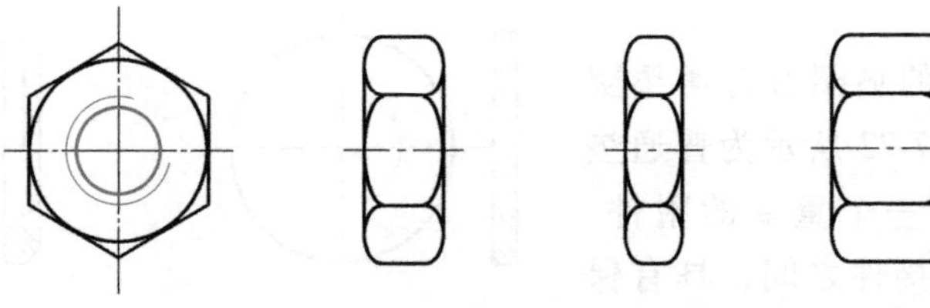

a) 六角螺母　b) 六角扁螺母　c) 六角厚螺母

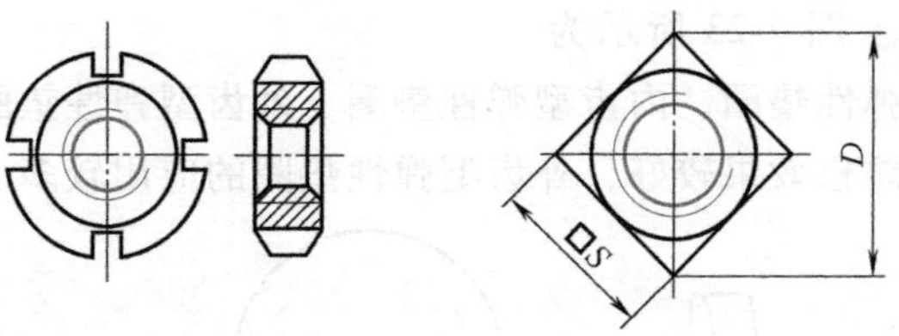

d) 圆螺母　e) 方螺母

图 7-19　普通螺母

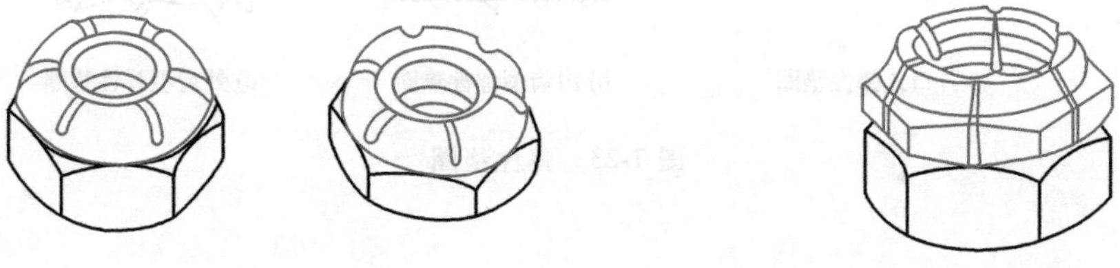

a) 低温自锁螺母　b) 高温自锁螺母

图 7-20　自锁螺母

图 7-20a 所示为低温自锁螺母。低温自锁螺母是在螺纹中插入一个弹性环，内径较与之配合的螺纹略小。当转动螺母使螺栓拧过底段螺纹后而欲进入顶段螺纹时，必须克服弹性环的阻力，才能使螺栓的螺纹与螺母顶段螺纹协调啮合。在螺栓全部拧紧后，弹性环段就迫使顶段螺纹紧紧咬住螺栓螺纹从而达到防松目的。图 7-20b 为高温自锁螺母。高温自锁螺母都是在拧紧后收口胀开，靠弹性锁紧。它们可以多次重复使用，由于其制造工艺较为简单，所以高温自锁螺母在飞机上的应用日益广泛。要注意的是，飞机使用自锁螺母有限制，应符合要求；低温自锁螺母的使用环境温度 $T \leqslant 250°F$（121. 11℃）；将自锁螺母拧进螺栓时，要有足够深度；承受转动力矩的螺栓不能用自锁螺母。其他常用航空螺母有单耳托板螺母、直角形托板螺母、双耳托板螺母、高温双耳托板螺母等，如图 7-21 所示。

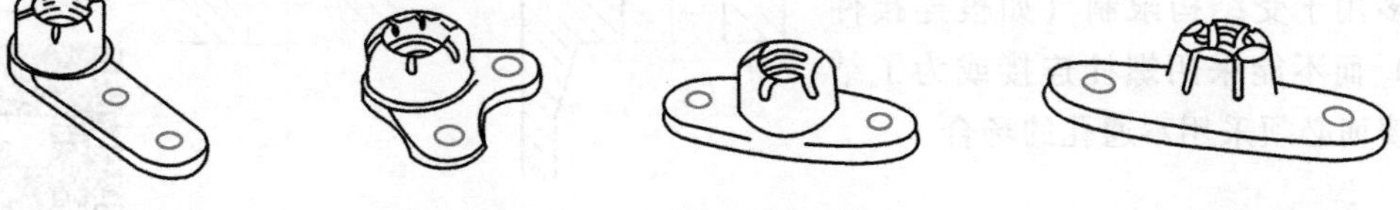

a) 单耳托板螺母　b) 直角形托板螺母　c) 双耳托板螺母　d) 高温双耳托板螺母

图 7-21　其他航空螺母

6. 垫圈

航空机械中常用的垫圈有普通垫圈和弹性垫圈两种。图 7-22 所示为普通垫圈，它是螺纹连接中一个重要的附件，它装配在螺母与被连接件之间，具有保护支承面以防其被擦伤，调整零件或螺母的轴向位置的作用，也有锁紧、防松、保护和预紧指示等作用。图 7-23 所示为弹性垫圈，包括开口式弹性垫圈、内齿型弹性垫圈、外齿型弹性垫圈三种，其中内、外齿型弹性垫圈的弹力均匀，防松效果较好，外齿型弹性垫圈的应用较多。

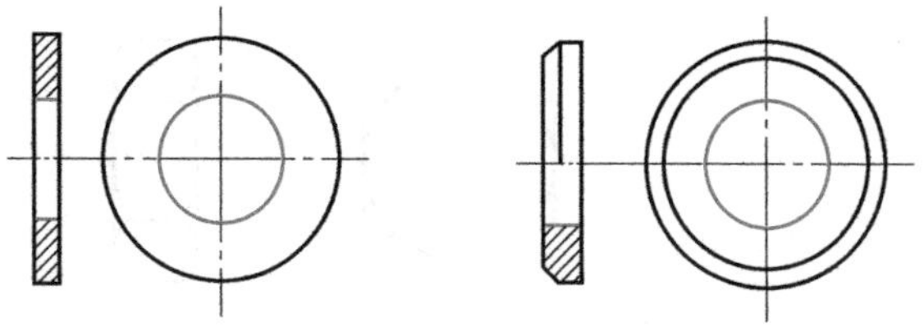

图 7-22　普通垫圈

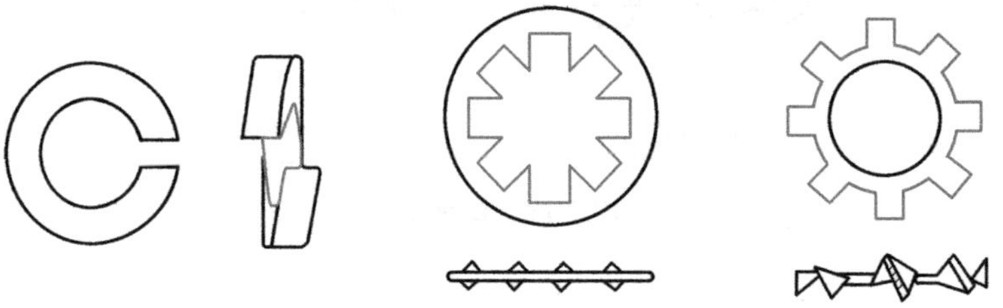

a) 开口式弹性垫圈　b) 内齿型弹性垫圈　c) 外齿型弹性垫圈

图 7-23　弹性垫圈

四、螺纹连接的类型

1. 螺栓连接

图 7-24 所示为螺栓连接。螺栓连接可分为普通螺栓连接（图 7-24a）和铰制孔用螺栓连接（图 7-24b）两种。前者的结构特点是被连接件的孔壁与螺栓杆壁之间留有间隙，故被连接件上的通孔加工精度要求低，以承受轴向载荷为主。铰制孔用螺栓连接中孔与螺栓杆间有一定的配合要求（H7/m6，H7/n6），螺栓有时兼起定位作用，能精确固定被连接件间的相对位置，并能承受较大的横向载荷，但对孔的加工精度要求高。

螺栓连接的特点是无须在被连接件上切制螺纹，构造简单，装拆方便，应用最广。

2. 双头螺柱连接

图 7-25 所示为双头螺柱连接。其结构特点是双头螺柱的座端旋入并紧定在被连接件之一的螺纹孔中。这种连接多用于受结构限制（如被连接件较厚）而不能采用螺栓连接或为了结构紧凑而必须采用不通孔的场合。

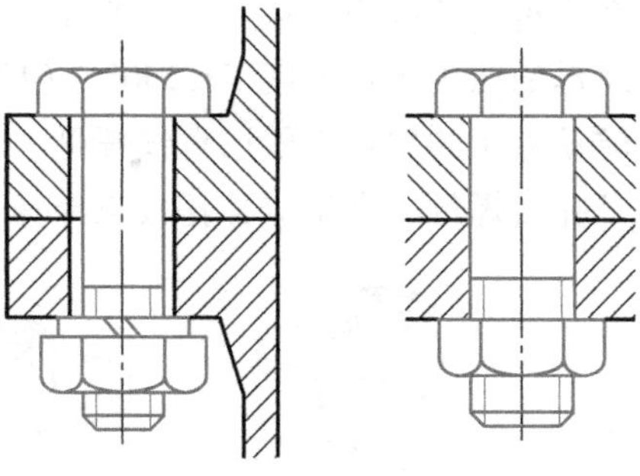

a)　b)

图 7-24　螺栓连接

螺栓连接

3. 螺钉连接

图 7-26 所示为螺钉连接。其特点是螺钉直接旋入被连接件的螺纹孔中，

不需要螺母，结构上比双头螺柱简单、紧凑。但这种连接不宜经常拆卸，否则会破坏被连接件的螺纹孔而导致滑扣，因此多用于受力不大或不需要经常拆卸的场合。

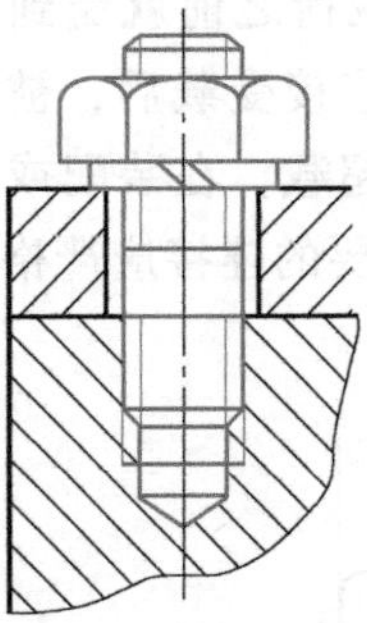

图 7-25　双头螺柱连接

双头螺柱连接

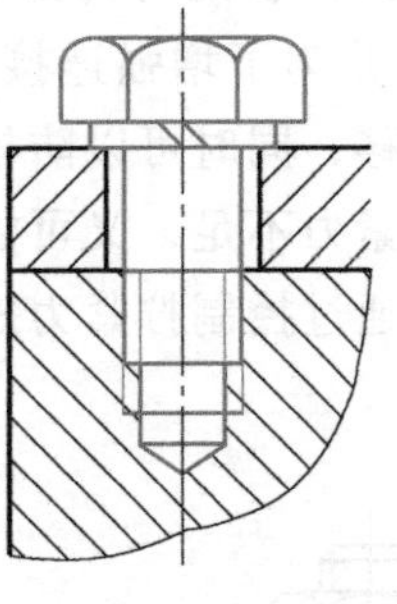

图 7-26　螺钉连接

螺钉连接

4. 紧定螺钉连接

图 7-27 所示为紧定螺钉连接。其特点是利用拧入螺纹孔中的螺钉末端顶住另一零件的表面（图 7-27a）或顶入相应的凹坑中（图 7-27b），以固定两零件的相对位置，并可传递不大的力或力矩。

除上述四种基本螺纹连接类型外，还有一些特殊结构的连接，例如地脚螺栓（图 7-28）、吊环螺钉（图 7-29）、T 形螺栓（图 7-30）等连接形式。

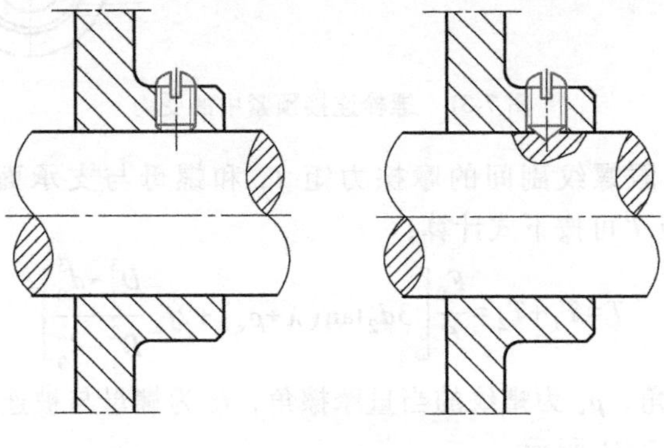

a)　　b)

图 7-27　紧定螺钉连接

紧定螺钉连接

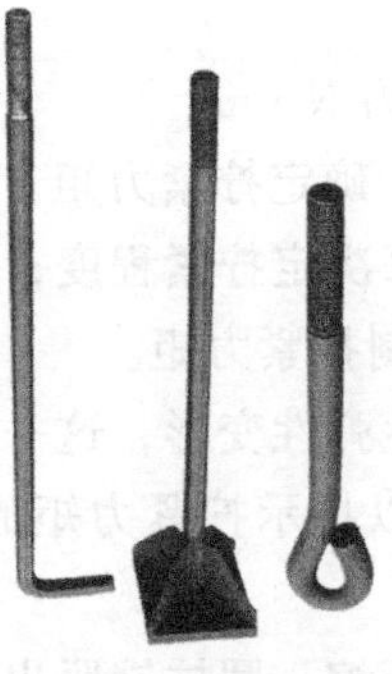

图 7-28　地脚螺栓

图 7-29　吊环螺钉

图 7-30　T 形螺栓

五、螺栓连接的预紧

绝大多数的螺栓连接在装配时都必须拧紧，使连接在承受工作载荷之前就受到预紧力 $\boldsymbol{F}_0$ 的作用。预紧的目的是为了增强连接的可靠性和紧密性，以防止连接受载后，被连接件之间出现间隙或横向滑移，同时可以防松。预紧力 $\boldsymbol{F}_0$ 过大，连接易超载，在装配或偶然过载时会将螺栓拉断。预紧力不足，又可能导致连接失效。因此，对重要的连接应严格控制预紧力。预紧力的控制可通过控制拧紧力矩 T 来实现。

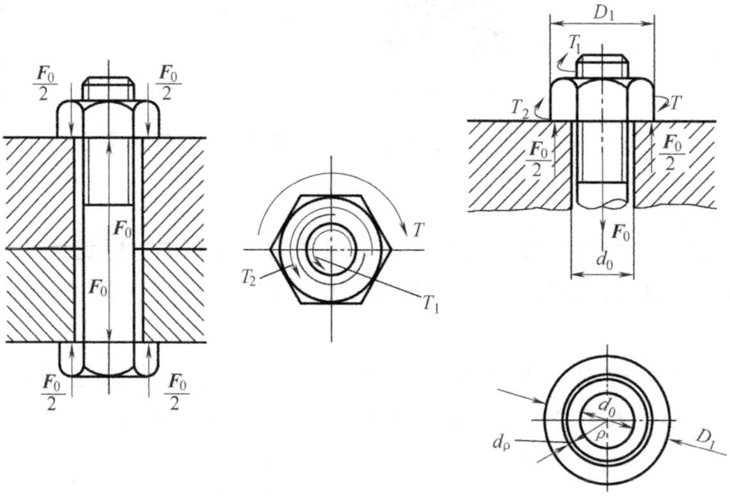

图 7-31　螺栓连接预紧中的受力

拧紧螺母时，要克服螺纹副间的摩擦力矩 T_1 和螺母与支承面间的摩擦力矩 T_2，如图 7-31 所示。拧紧力矩 T 可按下式计算：

$$T=T_1+T_2=\frac{F_0}{6}\left[3d_2\tan(\lambda+\rho_v)+2f_c\frac{D_1^3-d_0^3}{D_1^2-d_0^2}\right] \tag{7-1}$$

式中，λ 为螺纹升角，ρ_v 为螺纹的当量摩擦角，f_c 为螺母与被连接件支承面间的摩擦系数，其余符号含义如图 7-31 所示。

对于 M10～M68 粗牙普通螺纹的钢制螺栓，将其 d_2、d_0、D_1、λ 代入式（7-1）并取 $f_c=0.15$，$\rho_v=8.5°$，可得

$$T\approx 0.2F_0d\times 10^{-3} \tag{7-2}$$

式中，F_0 为预紧力（N）；d 为螺纹公称直径（mm）；T 的单位为 N·m。

对于一定公称直径的螺栓，当已知预紧力 F_0 时，可按式（7-2）确定拧紧力矩。

装配时控制预紧力的方法有多种：一般螺栓连接是靠工人经验来决定拧紧程度；对于较重要的螺栓连接，可采用测力矩扳手或定力矩扳手（图 7-32）来控制拧紧力矩。

测力矩扳手的工作原理是：在拧紧力矩作用下，弹性元件会发生弹性变形，这一变形通过与之相连的探针传导到仪表内，从而引起仪表指针偏转相应角度以指示拧紧力矩的大小，如图 7-33a 所示。

定力矩扳手的工作原理是：当拧紧力矩超过规定值时，弹簧被压缩，圆柱销脱出卡盘上的卡口，此时，若继续转动手柄，卡盘则不再转动。拧紧力矩的大小可通过调整螺钉对弹簧

的压紧力来控制，如图 7-33b 所示。对于大型的或重要的螺栓连接，可通过在装配时测量螺杆伸长量或规定拧紧开始到结束时扳手所转的角度或圈数等方法控制拧紧力矩，还可利用液力拉伸或加热使螺栓伸长到一定变形量，待拧上螺母后除去液力或进行冷却，使连接得到所需的预紧力。

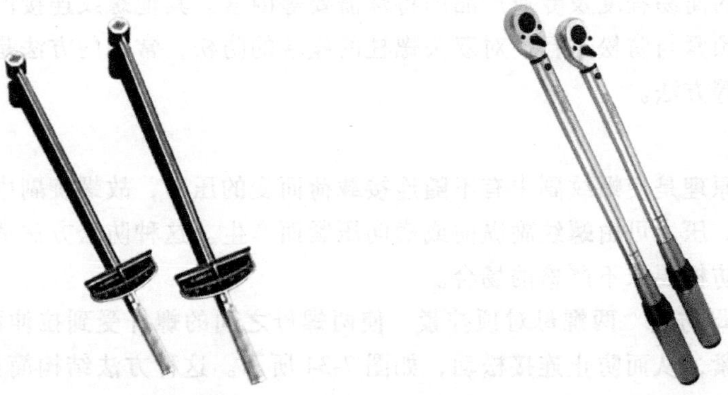

表盘式测力矩扳手

a) 测力矩扳手　　b) 定力矩扳手

图 7-32　测力矩扳手和定力矩扳手

预置式定力矩扳手

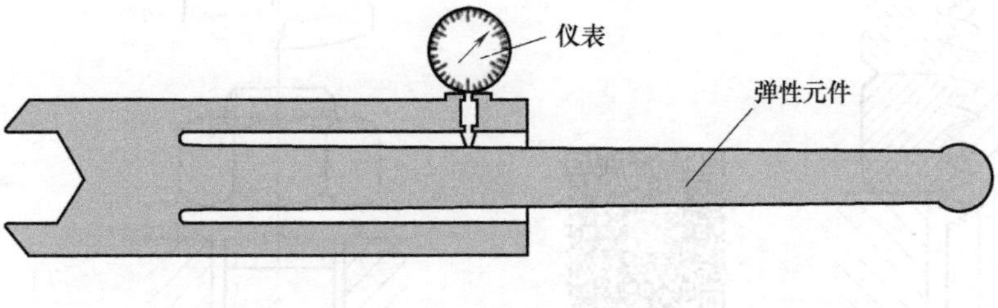

a) 测力矩扳手

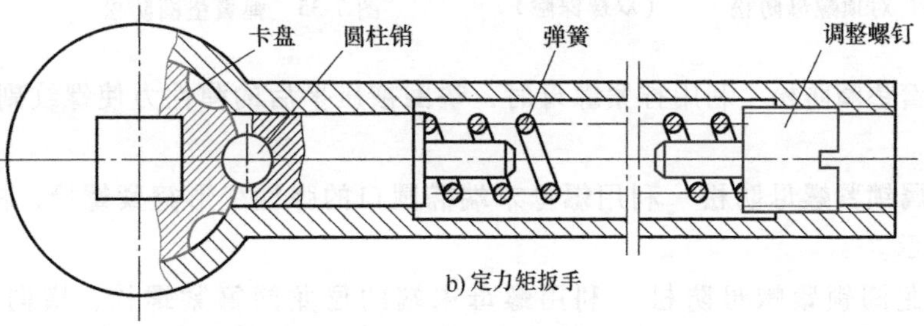

b) 定力矩扳手

图 7-33　测力矩扳手和定力矩扳手工作原理

六、螺栓连接的防松

在静载荷和工作温度变化不大、无振动的条件下，连接用螺纹都能满足自锁条件，且拧紧螺母和螺栓头部与被连接支承面间的摩擦力也有防松作用，故螺栓连接不会自动松脱。但在冲击、振动、变载荷作用下，或当温度变化较大时，预紧力可能会瞬时消失，这种现象的多次产生，会使连接松脱，甚至会导致事故发生。为了防止连接松脱，确保连接安全可靠，设计螺栓连接时，必须考虑防松问题。

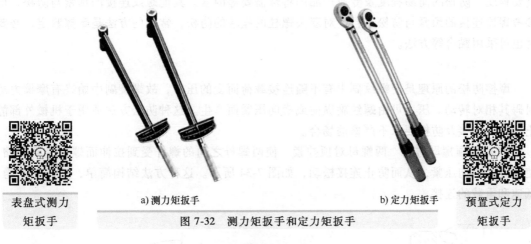

防松的根本目的在于防止螺纹副产生相对运动。

防松的装置和方法很多，按其工作原理可以分为摩擦防松、机械防松和破坏螺纹副关系防松等。摩擦防松方法简单、方便，但没有机械防松和破坏螺纹副关系防松可靠，而破坏螺纹副关系防松虽然可靠，但拆卸后连接件不能重复使用。防松方法的选用应综合考虑连接的重要程度、防松的简易程度及专业产品的特殊需要等因素。其他螺纹连接的预紧与防松，可参考螺栓连接的预紧与防松进行。对双头螺柱的座端的防松，常用的方法是摩擦紧定，必要时也可采用黏合等方法。

1. 摩擦防松

摩擦防松的原理是使螺纹副中有不随连接载荷而变的压力，故螺旋副中始终有摩擦力矩阻碍其相对转动。压力可由螺纹副纵向或横向压紧而产生。这种防松方法适用于机械外部静止构件的连接及防松要求不严格的场合。

（1）对顶螺母防松　两螺母对顶拧紧，使两螺母之间的螺杆受到拉伸而螺母受到压缩，使螺纹副轴向压紧，从而防止连接松动，如图 7-34 所示。这种方法结构简单，适用于平稳、低速和重载的连接。

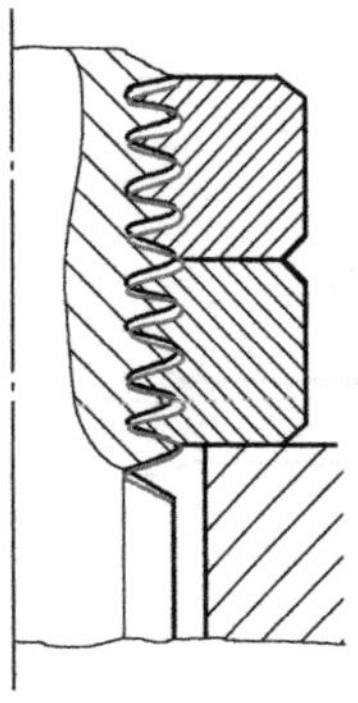

图 7-34　对顶螺母防松

对顶螺母防松（双螺保险）

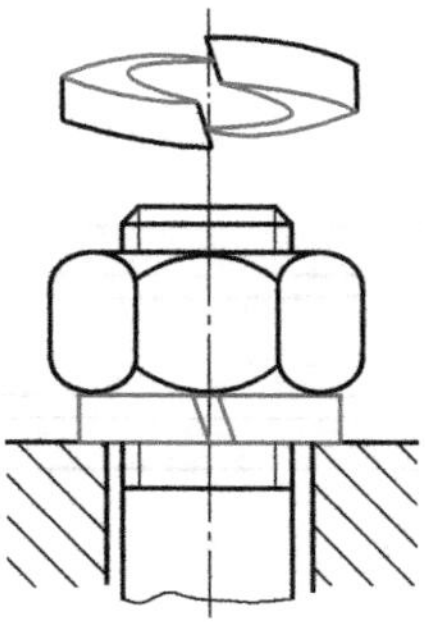

图 7-35　弹簧垫圈防松

弹簧垫圈防松

（2）弹簧垫圈防松　利用拧紧螺母时，垫圈被压平后的弹性力使螺纹副纵向压紧，如图 7-35 所示。

（3）金属锁紧螺母防松　利用螺母末端椭圆口的弹性变形箍紧螺栓，横向压紧螺纹，如图 7-36 所示。

（4）尼龙圈锁紧螺母防松　利用螺母末端的尼龙圈箍紧螺栓，横向压紧螺纹，如图 7-37 所示。

（5）楔紧螺纹锁紧螺母防松　利用楔紧螺纹，使螺纹副纵向压紧，如图 7-38 所示。

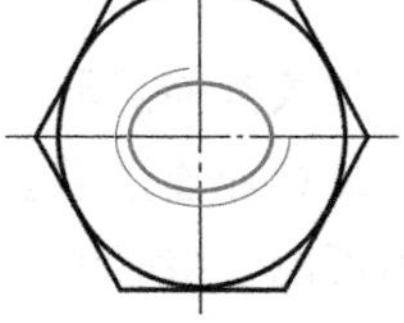

图 7-36　金属锁紧螺母防松

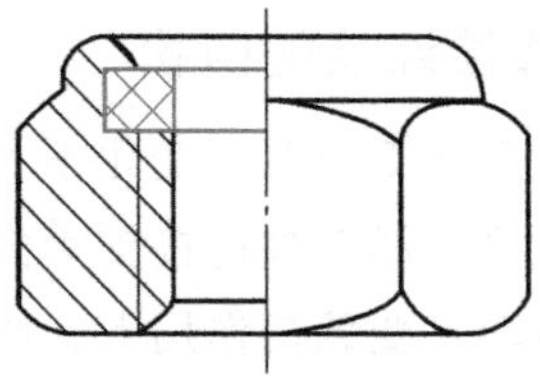

图 7-37　尼龙圈锁紧螺母防松

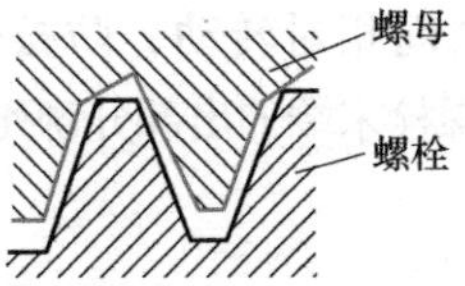

图 7-38　楔紧螺纹锁紧螺母防松

锁紧螺母防松

2. 机械防松

机械防松的原理是利用便于更换的金属元件约束螺纹副的相对运动。这种防松方法可靠，但拆卸麻烦，适用于防松要求较高的场合。常用的有开口销与槽形螺母防松、止动垫片防松、保险丝（串接金属丝）防松三种形式。

（1）开口销与槽形螺母防松　槽形螺母拧紧后，用开口销穿过螺栓尾部小孔和螺母的槽，使螺栓与螺母相互约束，防止其相对转动，如图 7-39 所示。

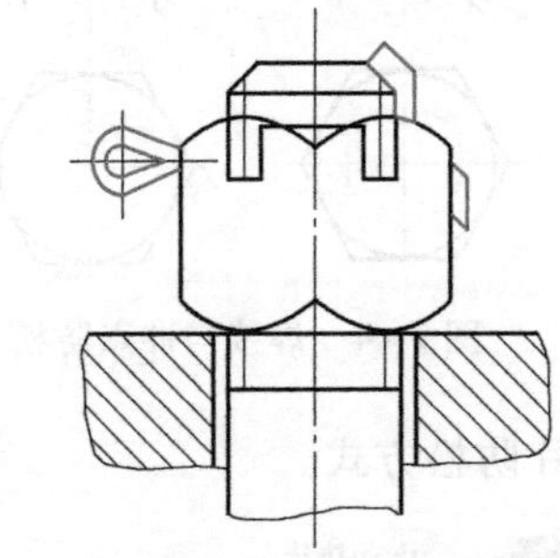

图 7-39　开口销与槽形螺母防松

开口销与槽形螺母防松

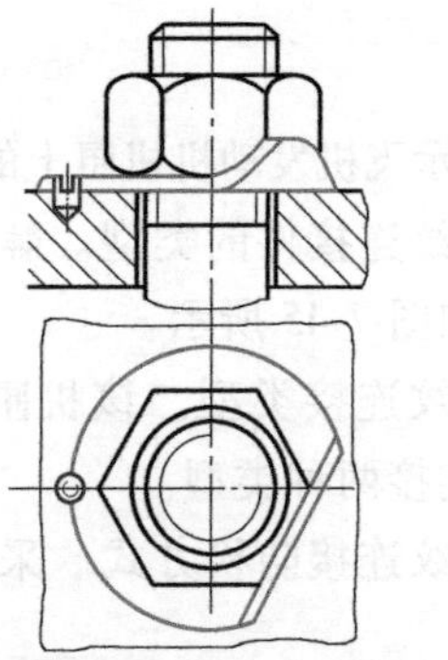

图 7-40　止动垫片防松

止动垫片防松

（2）止动垫片防松　将垫片折边以固定螺母和被连接件的相对位置，如图 7-40 所示。

（3）保险丝防松　利用金属丝将一组螺钉头部相互约束，当有松动趋势时，金属丝就会拉紧，如图 7-41 所示。保险丝防松是采用一根细金属丝将两个或两个以上的紧固件连接在一起。当某一元件有松动趋势时，它会受到保险丝的牵制而停止发展。制造保险丝的材料有低碳钢、不锈钢和黄铜等，一般常用的是低碳钢丝。用保险丝对螺纹紧固件打保险时，可选用单股或双股形式，一般以双股扭结成辫结形式应用最广泛。

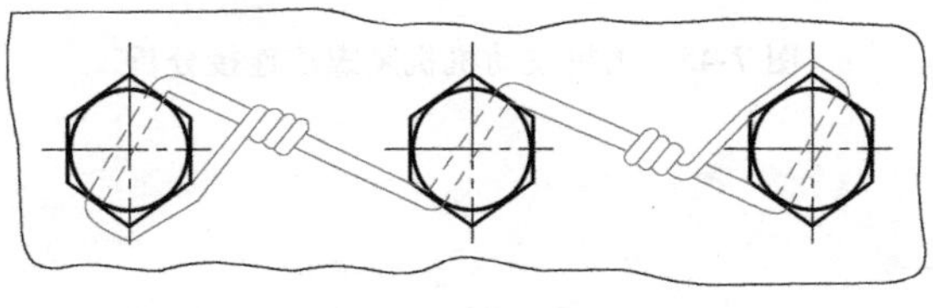

图 7-41　保险丝防松

保险丝防松

3. 破坏螺纹副关系防松

把螺纹副转变为非螺纹副，从而防止其相对转动，常用的有涂金属黏结剂防松、端铆防松、焊接与冲点防松三种形式。这种防松方法属于不可拆卸，在拆卸时大多要破坏螺纹紧固件，使其无法重复使用。

（1）涂金属黏结剂防松　通常采用厌氧胶黏结剂涂于螺纹旋合表面，拧紧螺母后黏结剂能够自行固化，防止螺母与螺杆之间相对转动，防松效果较好，如图 7-42 所示。

（2）端铆防松　螺母拧紧后，把螺栓末端伸出部分铆死，以达到防松的目的，如图 7-43 所示。

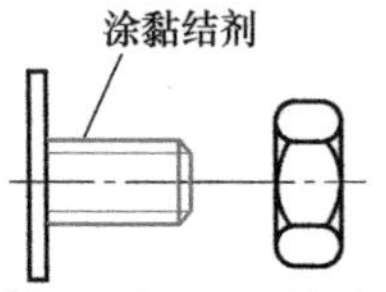

图 7-42　涂金属黏结剂防松

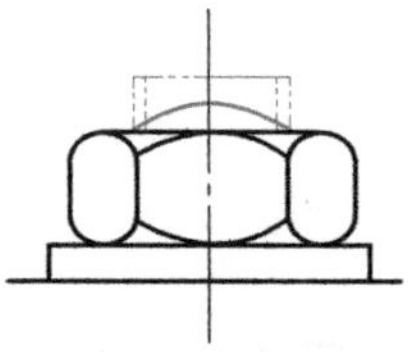

图 7-43　端铆防松

（3）焊接与冲点防松　螺母拧紧后在螺纹末端焊接或冲点破坏螺纹，防止螺母与螺杆之间相对转动，防松效果较好，如图 7-44 所示。

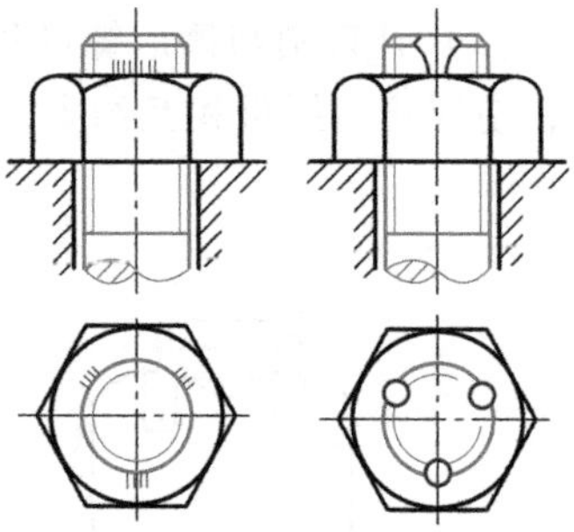

图 7-44　焊接与冲点防松

【任务实施】

对图 7-4 所示飞机发动机机匣上的螺纹连接做如下分析：

1）分析螺纹连接件的类型。螺纹连接件有螺栓、螺柱、螺母、垫片，如图 7-45 所示。

2）分析螺纹连接类型。该机匣上的螺纹连接类型有螺栓连接和螺柱连接两种类型。

3）分析螺纹连接防松方式。采用了保险丝防松和止动垫片防松方式。

图 7-45　飞机发动机机匣螺纹连接分析

【任务测评】

项目七　任务一任务测评

【知识小结】

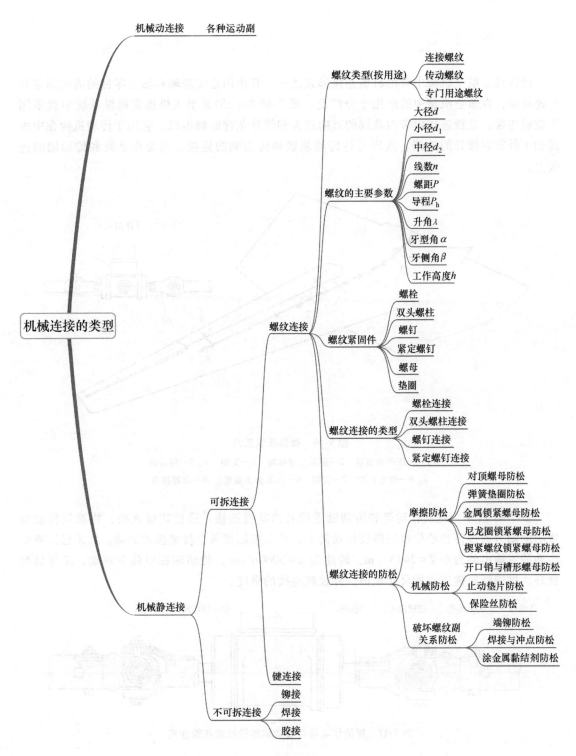

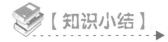

- 机械连接的类型
  - 机械动连接
    - 各种运动副
  - 机械静连接
    - 可拆连接
      - 螺纹连接
        - 螺纹类型(按用途)
          - 连接螺纹
          - 传动螺纹
          - 专门用途螺纹
        - 螺纹的主要参数
          - 大径d
          - 小径d_1
          - 中径d_2
          - 线数n
          - 螺距P
          - 导程P_h
          - 升角λ
          - 牙型角α
          - 牙侧角β
          - 工作高度h
        - 螺纹紧固件
          - 螺栓
          - 双头螺柱
          - 螺钉
          - 紧定螺钉
          - 螺母
          - 垫圈
        - 螺纹连接的类型
          - 螺栓连接
          - 双头螺柱连接
          - 螺钉连接
          - 紧定螺钉连接
        - 螺纹连接的防松
          - 摩擦防松
            - 对顶螺母防松
            - 弹簧垫圈防松
            - 金属锁紧螺母防松
            - 尼龙圈锁紧螺母防松
            - 楔紧螺纹锁紧螺母防松
          - 机械防松
            - 开口销与槽形螺母防松
            - 止动垫片防松
            - 保险丝防松
          - 破坏螺纹副关系防松
            - 端铆防松
            - 焊接与冲点防松
            - 涂金属黏结剂防松
      - 键连接
    - 不可拆连接
      - 铆接
      - 焊接
      - 胶接

任务二　分析飞机襟翼操纵系统中的键连接

【任务描述】

键连接是航空机械中常用机械连接形式之一，其作用是实现轴和轴上零件的周向固定并传递转矩，在航空机械中的应用十分广泛。图 7-46 所示的某型飞机襟翼操纵系统中就采用了花键连接。花键连接由带内花键的万向接头和带外花键的轴组成，它用于传动机构在中央翼和中外翼对接处的连接、液压马达传动装置和传动轴的连接、螺旋作动筒和传动轴的连接上。

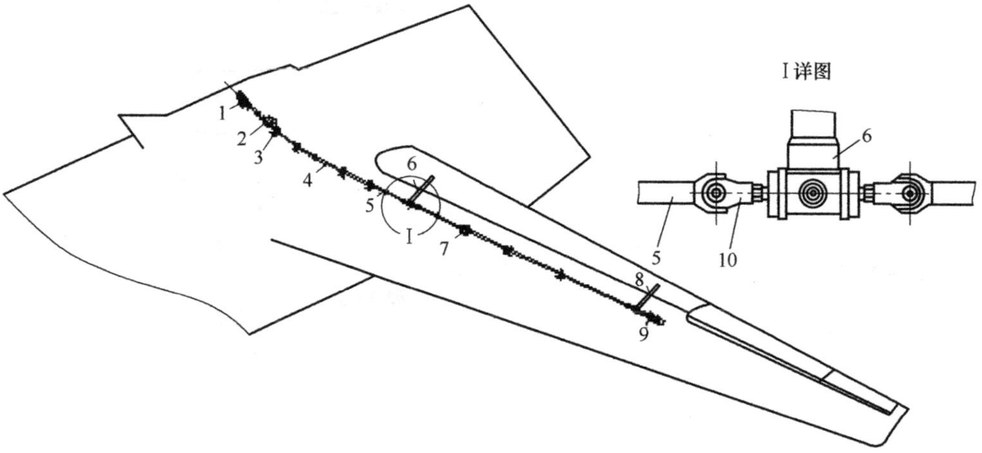

图 7-46　襟翼操纵系统

1—液压传动装置　2—襟翼位置机构　3—支架　4、5—传动轴
6、8—收放机构　7—支架　9—位置输出装置　10—花键接头

图 7-47 所示为螺旋作动筒和传动轴连接处的花键连接。通过花键连接，将液压传动装置中的动力通过传动轴传递到螺旋作动筒上，从而控制襟翼上扰流板的运动。如果已知液压传动装置输出的力矩 $T=240\text{N}\cdot\text{m}$，转速为 $n=3000\text{r/min}$，传动轴在空载下移动，工作情况良好。试选择花键连接的尺寸规格，并校核连接的强度。

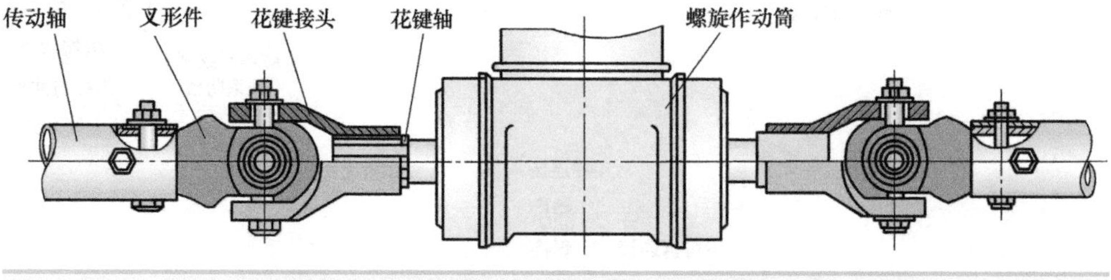

图 7-47　螺旋作动筒与传动轴连接处的花键连接

【任务分析】

航空机械中的花键连接有矩形花键和渐开线花键两种类型，其中矩形花键应用广泛，任务描述中的螺旋作动筒与传动轴的花键连接就是矩形花键连接。影响花键连接强度的因素比较多，其中花键的尺寸是最重要因素。花键的尺寸与花键连接所传递载荷大小、工作情况密切相关，也是保证花键连接具有足够强度的前提。要完成本任务，必须掌握与键连接有关的内容。

【知识链接】

键是一种标准件，主要用来实现轴和轴上零件间的周向固定并传递运动和转矩，有些类型的键还实现轴上零件的轴向固定或轴向移动的导向。键连接的主要类型有平键连接、半圆键连接、楔键连接和花键连接等，设计时应根据各类键的结构和应用特点进行选择。

一、键连接的类型

1. 平键连接

平键的两侧面是工作面，键与轴槽配合较紧，与键槽配合较松，上表面与轮毂上的键槽底部之间留有间隙，工作时靠键与键槽侧面的挤压来传递转矩。平键有普通平键、导向平键和滑键三种。平键连接结构简单、对中性好、装拆方便，但不能实现轴上零件的轴向固定。

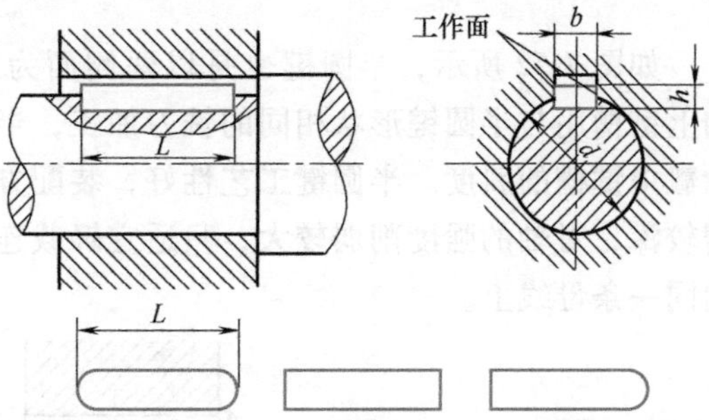

图 7-48 普通平键连接

如图 7-48 所示，普通平键有 A 型（圆头）、B 型（方头），C 型（半圆头）三种。普通平键用于静连接，即轴与轮毂间无相对轴向移动。A 型平键的轴槽用直柄键槽铣刀加工，键在槽中固定良好，但键的头部侧面与轮毂上的键槽并不接触，故键的圆头部分不能充分利用，而且轴上键槽端部的应力集中较大。B 型平键的轴槽用盘形铣刀加工，轴的应力集中较小。C 型平键常用于轴端。普通平键应用最广。

导向平键较长，需用螺钉固定在轴上的键槽中，为了便于装拆，在键上制有起键螺纹孔，如图 7-49 所示，用于轴上零件轴向移动量不大的场合，例如变速箱中的滑移齿轮，如图 7-50 所示。

当轴上零件需沿轴向移动较大距离时，所需导向平键过长，制造困难，故宜采用滑键连接，如图 7-51 所示。将滑键固定在轮毂上，轴上零件能带动滑键在轴上的键槽中做轴向滑移，因此轴上要铣出较长的键槽，而键可做的较短。滑键用于轴上零件轴向移动量较大的场合。

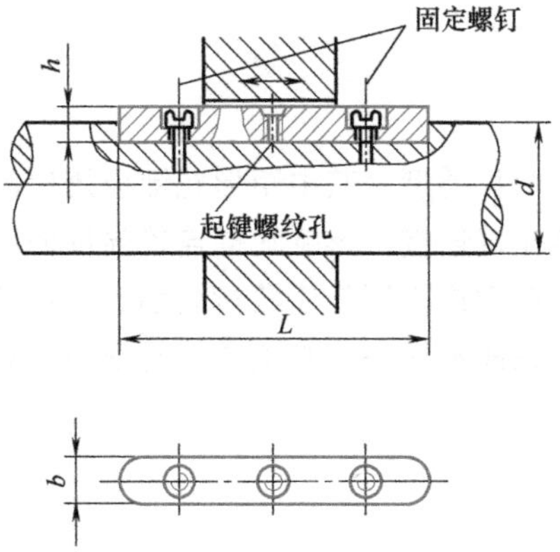

图 7-49　导向平键连接

导向平键
连接

图 7-50　导向平键的应用

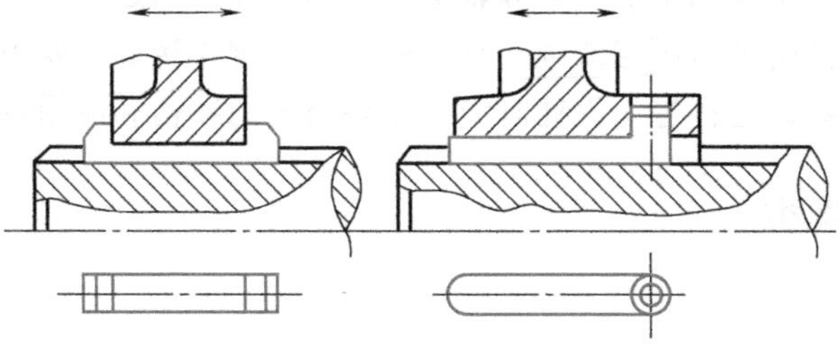

图 7-51　滑键连接

滑键连接

2. 半圆键连接

如图 7-52 所示，半圆键也是以两侧面为工作面，工作时靠其侧面的挤压来传递转矩。轴上键槽用与半圆键形状相同的铣刀加工，半圆键能在轴上键槽中绕其几何中心摆动以适应轮毂中键槽的斜度。半圆键工艺性好，装配方便，适用于轻载或锥形轴端。其缺点是轴上键槽较深，对轴的强度削弱较大，只适宜轻载连接，如果需要用两个半圆键时，一般安置在轴的同一条母线上。

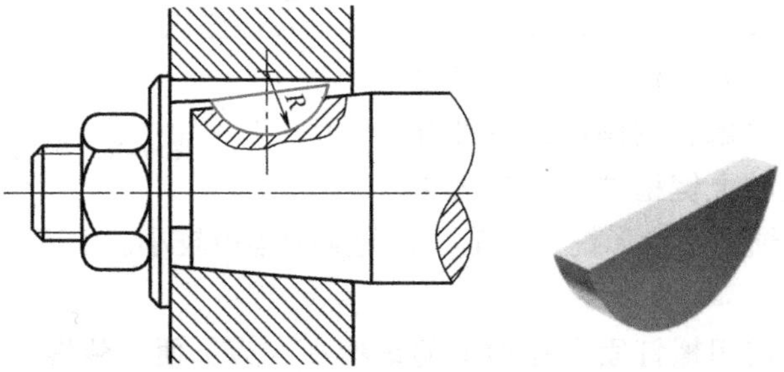

图 7-52　半圆键连接

半圆键连接

3. 楔键连接

如图 7-53 所示，楔键的上、下面是工作面。楔键的上表面和轮毂键槽的底面各有 1∶100 的斜度，装配时把楔键打入键槽内，使其工作面上产生很大的预紧力，工作时靠此预紧力产生的摩擦力传递转矩，并能承受单方向的轴向力。但由于楔紧时破坏了轴与轮毂的对中性，故楔键仅适用于定心精度要求不高、载荷平稳和低速的连接。

如图 7-54 所示，楔键有普通楔键、钩头楔键、切向键三种，钩头型楔键的钩头是为了拆键用的，钩头只用于轴端连接。

切向键由两个楔键组成，装配时将一对楔键分别从轮毂两端打入，拼合而成的切向键就沿轴的切线方向楔紧在轴与轮毂之间。其上、下两面（窄面）是工作面，工作面上的压力沿轴的切线方向作用，靠工作面上的挤压力和轴与轮毂之间的摩擦力传递转矩。用一个切向键时，只能传递单向转矩，如图 7-55a 所示。当要求双向传递转矩时，需用两个切向键并保证其夹角范围为 120°~135°分，如图 7-55b 所示。切向键用于载荷很大和对中性要求不严的场合。由于切向键的键槽对轴的削弱较大，所以常用于直径大于 100mm 的轴上。

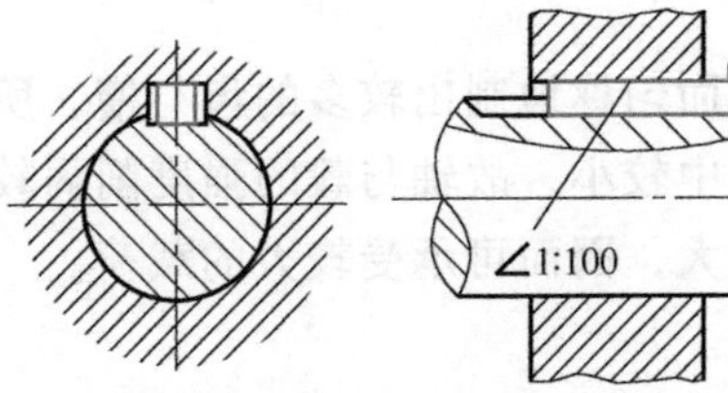

图 7-53 楔键连接

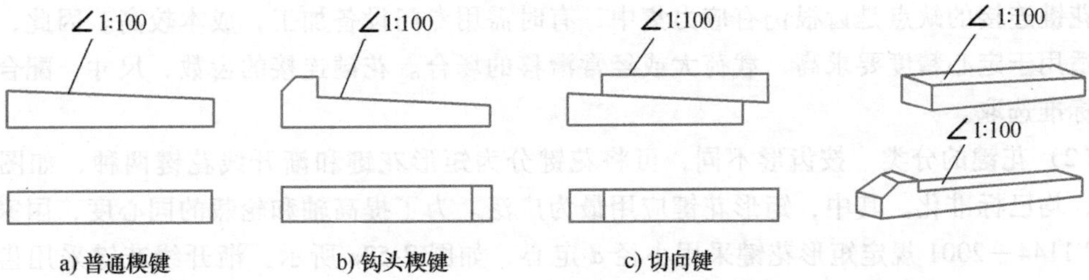

图 7-54 楔键类型

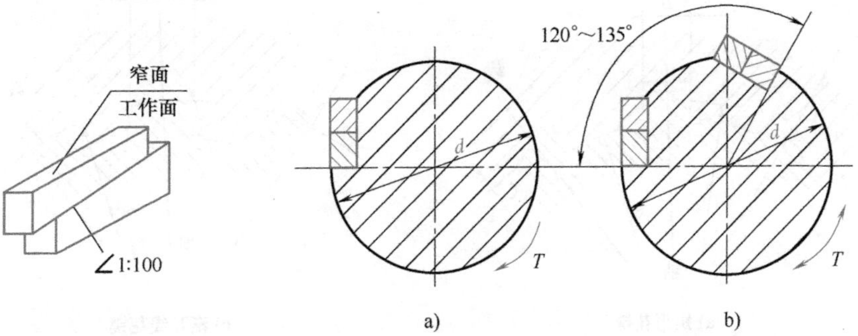

图 7-55 切向键连接

4. 花键连接

（1）花键的组成及特点 如图 7-56 所示，花键连接是由内花键和外花键组成的，主要用来连接轴与轮毂零件等，以实现周向固定，从而传递运动和转矩。花键连接可以看成是平键连接在数目上的发展，工作时靠齿的侧面受挤压来传递转矩。

a) 内花键　　b) 外花键　　c) 花键连接

图 7-56　花键

花键连接

由于是多齿传递载荷，且结构形式和制造工艺的不同，与平键连接比较，花键连接在强度、工艺和使用方面有如下优点：

1）因为在轴上与毂孔上直接而匀称地制出较多的齿与槽，所以连接受力较为均匀。

2）因槽较浅，齿根处应力集中较小，故轴与毂的强度削弱较少。

3）齿数较多，总接触面积较大，因而可承受较大的载荷。

4）轴上零件与轴的对中性好。

5）导向性较好。

6）可用磨削的方法提高加工精度及连接质量。

花键连接的缺点是齿根仍有应力集中，有时需用专门设备加工，成本较高。因此，花键连接适用于定心精度要求高、载荷大或经常滑移的场合。花键连接的齿数、尺寸、配合等均应按标准选取。

（2）花键的分类　按齿形不同，可将花键分为矩形花键和渐开线花键两种，如图 7-57 所示，均已标准化。其中，矩形花键应用最为广泛。为了提高轴和轮毂的同心度，国家标准 GB/T 1144—2001 规定矩形花键采用小径 d 定心，如图 7-57a 所示，渐开线花键采用齿形定心，如图 7-57b 所示，当齿受载时，齿上的径向力能起到自动定心作用，有利于各齿均匀承载。

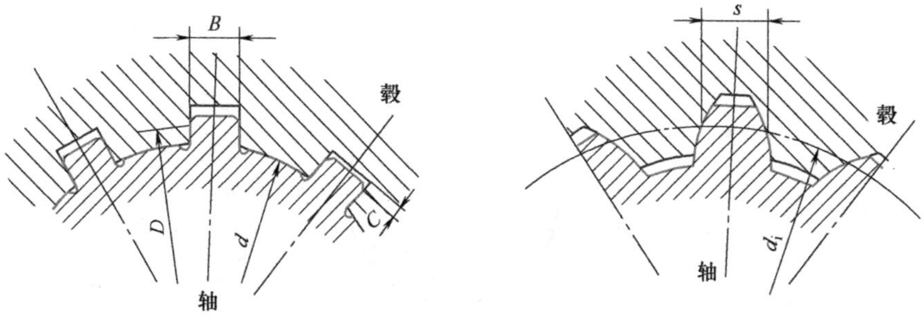

a) 矩形花键　　b) 渐开线花键

图 7-57　花键的类型

1）矩形花键。矩形花键的齿形是矩形，容易加工，应用广泛。按齿的尺寸及数目不同可分为轻、中两系列。轻系列的承载能力较差，多用于静连接或轻载连接，中系列用于中等载荷的连接。

2）渐开线花键。渐开线花键的齿形为渐开线，分度圆压力角有 30° 和 45° 两种，如图 7-58 所示，图中 d_i 为渐开线花键的分度圆直径。与渐开线齿轮相比，渐开线花键齿较短，齿根较宽，不发生根切的最少齿数较少。

渐开线花键可以用制造齿轮的方法来加工，工艺性较好，制造精度较高，花键齿的根部强度高，应力集中小，容易对中定心，且稳定，适用于载荷大、定心精度要求高以及尺寸较大的连接。压力角为45°的渐开线花键，由于齿形钝而短，与压力角为30°的渐开线花键相比，对连接件强度的削弱较少，但齿的工作面高度较小，故承载能力较差，多用于载荷较轻、直径较小的静连接，特别适用于薄壁零件的轴毂连接。

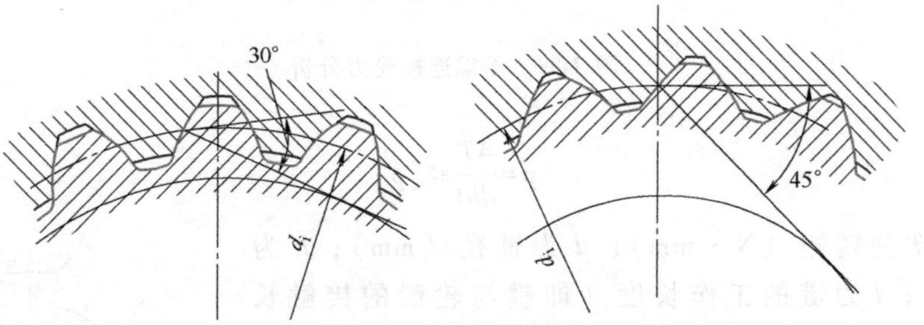

图 7-58 渐开线花键连接

二、键连接的选择

1. 键的选择

键的选择包括类型选择和尺寸选择两个方面。键的类型应根据键连接的结构特点、使用要求和工作条件来确定。选用时应考虑的因素主要包括：需要传递的转矩的大小；连接于轴上的零件是否需要沿轴滑动及滑动距离的长短；连接对中性的要求；键是否需要有轴向固定作用及键在轴上的位置（在轴的中部还是端部）等。

平键的主要尺寸为其截面尺寸与长度 L，平键的截面尺寸一般以键宽×键高（$b\times h$）表示。b、h、L 的取值按符合标准规格和强度要求来确定。具体而言，平键的截面尺寸 $b\times h$ 应根据轴径 d 从标准中选取；平键的长度 L 一般应按轴上零件轮毂的长度而定，即键长略短于轮毂的长度。导向平键则按轮毂的长度及其滑动距离而定。所选定的键长还应尽量符合标准长度系列。

2. 平键连接的强度校核

（1）失效形式　平键连接的主要失效形式是键、轴槽和毂槽三者中强度最弱的工作面的压溃和磨损（对于动连接），除非有严重过载，一般不会出现键的剪断。因此，通常只需要按照工作面上的挤压强度进行强度计算。

（2）平键连接的挤压强度校核　平键连接的受力分析如图 7-59 所示，设载荷在工作面上均匀分布，为了研究问题的方便用集中力 $\boldsymbol{F}$ 代替，若轴的直径为 d，轴传递的转矩用 T 表示，则产生挤压应力 $\sigma_p=\dfrac{4T}{dhl}$。

则平键连接的挤压强度条件为

$$\sigma_p=\frac{4T}{dhl}\leqslant[\sigma_p] \tag{7-3}$$

对于导向平键（动连接），要作耐磨性计算，应限制其压强 p，即

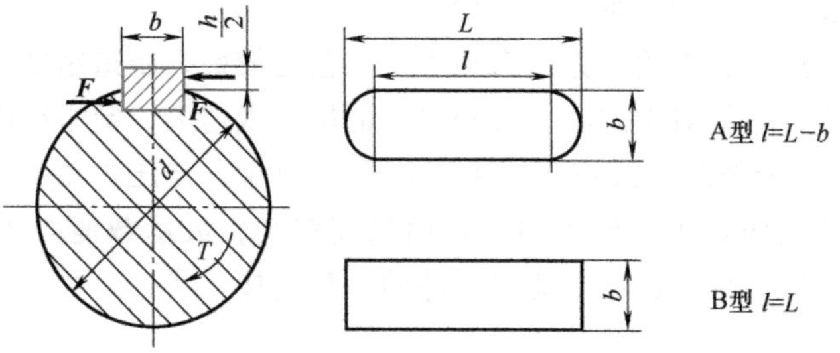

图 7-59　平键连接受力分析

$$p=\frac{4T}{dhl}\leqslant[p] \tag{7-4}$$

式中，T 为转矩（N·mm）；d 为轴径（mm）；h 为键高（mm）；l 为键的工作长度（即键与轮毂的接触长度：A 型平键，$l=L-b$；B 型平键，$l=L$；C 型平键，$l=L-b/2$）（mm）；$[\sigma_p]$ 为许用挤压应力（MPa）；$[p]$ 为许用压强（MPa），可查表 7-1 确定。普通平键和键槽的部分尺寸见表 7-2。

（3）判断平键连接是否满足强度条件　若键的强度不够，可采用双键，并使双键相隔 180°布置。考虑到双键受载不均匀，在强度计算时只能按 1.5 个键计算，如图 7-60 所示。

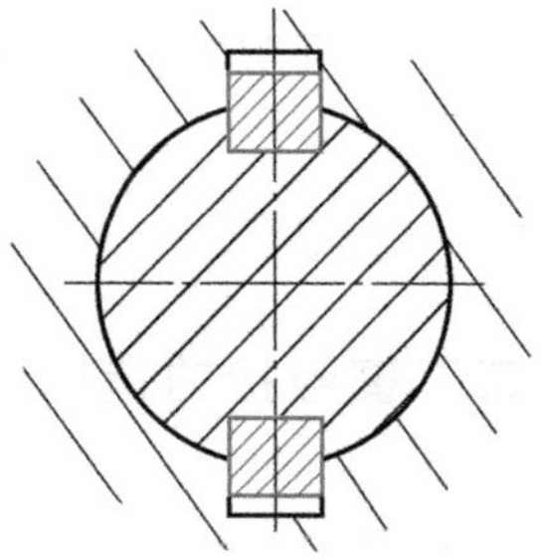

图 7-60　两个平键组成的连接

表 7-1　平键连接的许用挤压应力和许用压强　　　（单位：MPa）

许用值	连接方式	零件的材料	载荷性质		
			静载荷	轻微冲击	冲击
$[\sigma_p]$	静连接	钢	120～150	100～120	60～90
		铸铁	70～80	50～60	30～45
$[p]$	动连接	钢	50	40	30

注：如被连接件工作面经过淬火，则动连接的 $[\sigma_p]$ 值可提高 2～3 倍。

表 7-2　普通平键及键槽各部分尺寸（摘自 GB/T 1095、1096—2003）（单位：mm）

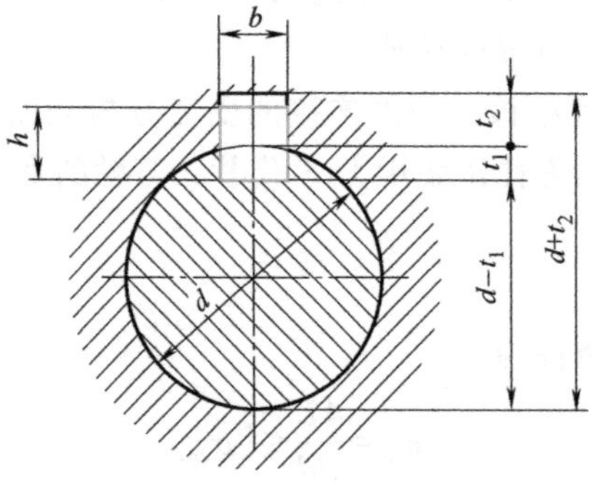

（续）

轴	键		键槽				
公称直径 d①	键尺寸 $b\times h$	标准 L	轴槽深 t_1		毂槽深 t_2		L 系列
			公称尺寸	极限偏差	公称尺寸	极限偏差	
6~8	2×2	6~20	1.2		1		
>8~10	3×3	6~36	1.8		1.4		
>10~12	4×4	8~45	2.5	+0.10 0	1.8	+0.10 0	
>12~17	5×5	10~56	3.0		2.3		
>17~22	6×6	14~70	3.5		2.8		
>22~30	8×7	18~90	4.0		3.3		6, 8, 10, 12, 14, 16, 18, 20, 22, 25, 28, 32, 36, 40, 45, 50, 56, 63, 70, 80, 90, 100, 110, 125, 140, 160, 180, 200, 220, 250
>30~38	10×8	22~110	5.0		3.3		
>38~44	12×8	28~140	5.0		3.3		
>44~50	14×9	36~160	5.5	+0.20 0	3.8	+0.20 0	
>50~58	16×10	45~180	6.0		4.3		
>58~65	18×11	50~200	7.0		4.4		
>65~75	20×12	56~220	7.5		4.9		
>75~85	22×14	63~250	9.0		5.4		

① 在 2003 年的标准中，轴的公称直径 d 已取消，此数据摘自 GB/T 1095—1979，供选键时参考。

3. 花键连接的强度校核

花键连接的强度校核与平键连接相似，首先根据连接的结构特点、使用要求和工作条件选定花键类型和尺寸，然后进行必要的强度校核计算。花键连接的受力情况如图 7-61 所示。

花键连接既可以用作静连接，也可以用作动连接，其主要失效形式是工作面被压溃（静连接）或工作面过度磨损（动连接）。因此，静连接通常按工作面上的挤压应力进行强度计算，动连接则按工作面上的压力进行条件性的强度计算。

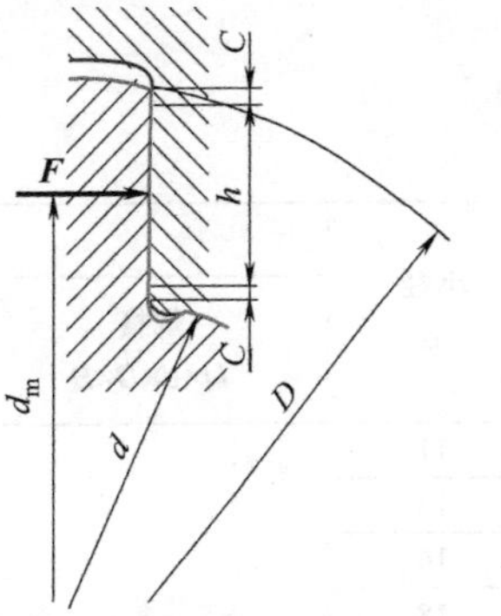

图 7-61　花键连接受力情况

计算时，假定载荷在键的工作面上均匀分布，每个齿工作面上压力的合力 $\boldsymbol{F}$ 作用在平均直径 d_m 处，如图 7-59 所示，即传递的转矩 $T=zF\dfrac{d_m}{2}$，并引入系数 ψ 来考虑实际载荷在各花键齿上分配不均的影响，则花键连接的强度条件为

$$\text{静连接}\qquad \sigma_p=\frac{2T\times10^3}{\psi zhld_m}\leqslant[\sigma_p] \tag{7-5}$$

$$\text{动连接}\qquad p=\frac{2T\times10^3}{\psi zhld_m}\leqslant[p] \tag{7-6}$$

式中，ψ 为载荷分配不均匀系数，与齿数多少有关，一般取 $\psi=0.7\sim0.8$，齿数较多时取较小值；z 为花键的齿数；h 为花键齿侧面的工作高度（mm），见表 7-3；l 为齿的工作长度（mm）；d_m 为平均直径（mm），见表 7-3；$[\sigma_p]$ 和 $[p]$ 分别为许用挤压应力和许用压强（MPa），见表 7-4；矩形花键和花键槽的截面尺寸分别见表 7-5 和表 7-6。

表 7-3 花键齿侧面的工作高度 h 和平均直径 d_m （单位：mm）

花键的类型	平均直径 d_m	工作高度 h
矩形花键	$d_m=\frac{D+d}{2}$	$h=\frac{D-d}{2}-2C$
渐开线花键	$d_m=d_i$	当 $\alpha=30°$时 $h=m$
		当 $\alpha=45°$时 $h=0.8m$

注：D 为外花键的大径；d 为内花键的小径；c 为倒角尺寸，d_i 为分度圆直径，m 为模数。

表 7-4 花键连接的许用挤压应力 $[\sigma_p]$ 和许用压强 $[p]$ （单位：MPa）

连接工作方式	使用和制造情况	$[\sigma_p]$或$[p]$	
		齿面未经热处理	齿面经过热处理
静连接$[\sigma_p]$	不良	35~50	40~70
	中等	60~100	100~140
	良好	80~120	120~200
动连接$[p]$（不在载荷下移动）	不良	15~20	20~35
	中等	20~30	30~60
	良好	25~40	40~70
动连接$[p]$（在载荷下移动）	不良	—	3~10
	中等	—	5~15
	良好	—	10~20

表 7-5 矩形花键基本尺寸系列（摘自 GB/T 1144—2001） （单位：mm）

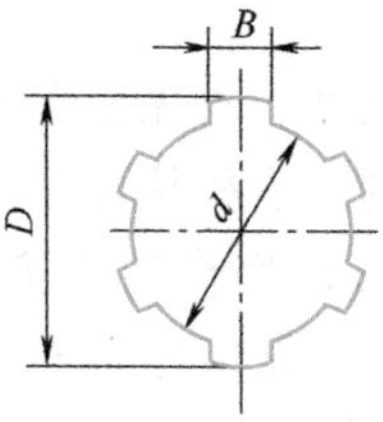

小径 d	轻系列				中系列			
	规格 $N×d×D×B$	键数 N	大径 D	键宽 B	规格 $N×d×D×B$	键数 N	大径 D	键宽 B
11					6×11×14×3	6	14	3
13					6×13×16×3.5		16	3.5
16					6×16×20×4		20	4
18					6×18×22×5		22	5
21					6×21×25×5		25	5
23	6×23×26×6	6	26	6	6×23×28×6		28	6
26	6×26×30×6		30	6	6×26×32×6		32	6
28	6×28×32×7		32	7	6×28×34×7		34	7
32	6×32×36×6		36	6	8×32×38×6	8	38	6
36	8×36×40×7	8	40	7	8×36×42×7		42	7
42	8×42×46×8		46	8	8×42×48×8		48	8
46	8×46×50×9		50	9	8×46×54×9		54	9
52	8×52×58×10		58	10	8×52×60×10		60	10
56	8×56×62×10		62	10	8×56×65×10		65	10
62	8×62×68×12		68	12	8×62×72×12		72	12

表 7-6 矩形花键键槽截面尺寸（摘自 GB/T 1144—2001） （单位：mm）

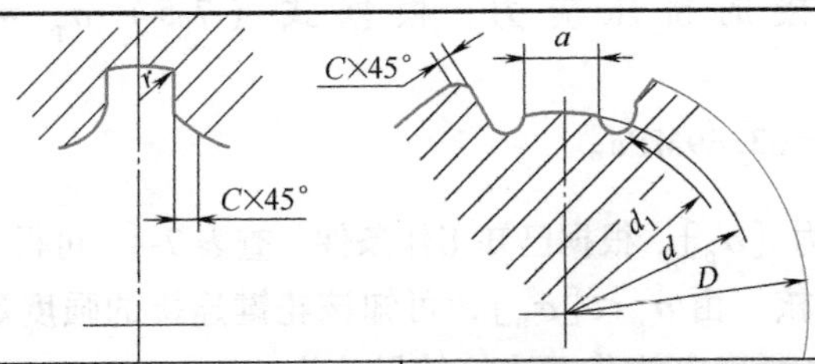

轻系列					中系列				
规格 $N×d×D×B$	C	r	d_{1min}	a_{min}	规格 $N×d×D×B$	C	r	d_{1min}	a_{min}
			参考					参考	
—	—	—	—	—	6×11×14×3	0.2	0.1	—	—
					6×13×16×3.5				
					6×16×20×4	0.3	0.2	14.4	1.0
					6×18×22×5			16.6	
					6×21×25×5			19.5	2.0
6×23×26×6	0.2	0.1	22	3.5	6×23×28×6			21.2	1.2
6×26×30×6	0.3	0.2	24.5	3.8	6×26×32×6	0.4	0.3	23.6	
6×28×32×7			26.6	4.0	6×28×34×7			25.8	1.4
8×32×36×6			30.3	2.7	8×32×38×6			29.4	1.0
8×36×40×7			34.4	3.5	8×36×42×7			33.4	
8×12×46×8			40.5	5.0	8×42×48×8			39.4	2.5
8×46×50×9			44.6	5.7	8×46×54×9	0.5	0.4	42.6	1.4
8×52×58×10	0.4	0.3	49.6	4.8	8×52×60×10			48.6	2.5
8×56×62×10			53.5	6.5	8×56×65×10			52.0	
8×62×68×12			59.7	7.3	8×62×72×12	0.6	0.5	57.7	2.4
10×72×78×12			69.6	5.4	10×72×82×12			67.7	1.0
10×82×88×12			79.3	8.5	10×82×92×12			77.0	2.9
10×92×98×14			89.5	9.9	10×92×102×14			87.3	4.5
10×102×108×6			99.6	11.3	10×102×118×16			97.7	6.2
10×112×120×8	0.5	0.4	108.8	10.5	10×112×125×18			106.2	4.1

注：d_1 和 a 值仅适用于展成法加工。

【任务实施】

对图 7-47 所示飞机襟翼操纵系统中螺旋作动筒与传动轴的花键连接做如下分析，主要是进行尺寸选择和强度校核。

对矩形花键的尺寸选择和强度校核按以下步骤进行：

1）确定矩形花键连接的参数。设该花键连接为静连接，因传递的转矩 $T=240\text{N}\cdot\text{m}$，属于中等载荷，故该矩形花键连接的尺寸参数按中系列来确定，取矩形花键的工作长度 $l=60\text{mm}$，齿数（键数）$z=6$，载荷分配不均系数 $\psi=0.75$。

2）确定矩形花键的规格。若取矩形花键的小径 $d=18\text{mm}$，则根据表 7-5，可确定矩形花键的规格为：$N×d×D×B=6×18×22×5$，故花键的大径 $D=22\text{mm}$。

3）确定倒角尺寸。根据第二步中花键的规格，查表 7-6，可得 $C=0.3\text{mm}$。

4）计算花键齿侧面工作高度。根据表 7-3 中的公式 $h=\frac{D-d}{2}-2C$，可得 $h=\frac{22-18}{2}-2×0.3\text{mm}=1.4\text{mm}$。

5）计算花键的平均直径。根据表 7-3 中的公式 $d_m=\frac{D+d}{2}$，可得 $d_m=\frac{22+18}{2}\text{mm}=20\text{mm}$。

6）计算花键连接的挤压应力。根据式（7-5）$\sigma_p=\dfrac{2T\times10^3}{\psi zhld_m}$，可得 $\sigma_p=\dfrac{2\times240\times10^3}{0.75\times6\times1.4\times60\times20}\text{MPa}=63.49\text{MPa}$。

7）确定许用挤压应力 $[\sigma_p]$。根据已知工作条件，查表 7-4，可得 $[\sigma_p]=100\sim140\text{MPa}$

8）进行挤压强度校核。由 $\sigma_p\leqslant[\sigma_p]$，可知该花键连接的强度足够。

经过以上分析可知，所确定的花键连接的尺寸为

$N\times d\times D\times B=6\times18\times22\times5$。

【任务测评】

项目七　任务二任务测评

【知识小结】

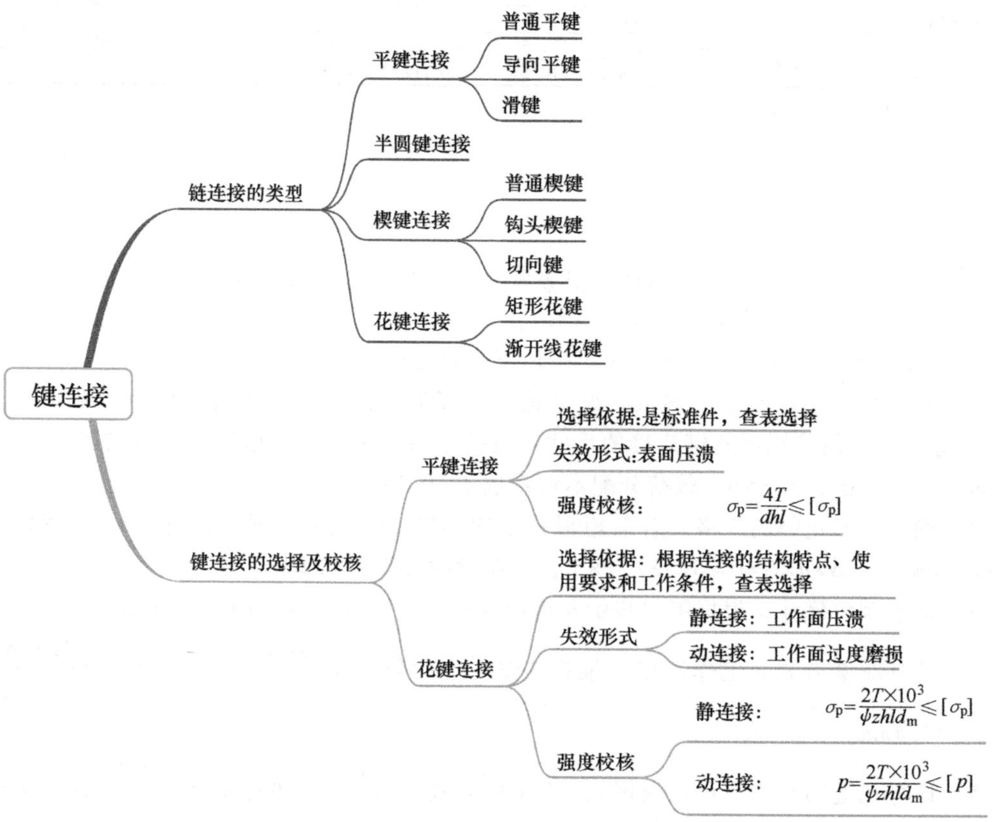

项目八 航空机械中的轴系零部件

本项目设置了以某型飞机中的轴、滚动轴承、联轴器、离合器为载体的学习情境，通过分析其轴的结构、滚动轴承的类型及代号、联轴器和离合器的类型及应用，达到正确分析航空机械中的轴系零部件的目的。

通过本项目的实施，达成以下教学目标。

1）知识目标：了解轴的类型及应用；理解轴的结构和轴上零件的定位方式；理解滚动轴承的类型；掌握滚动轴承的代号和选择原则；掌握滚动轴承的失效形式和滚动轴承组合调整方法；掌握联轴器和离合器的类型及应用。

2）能力目标：具备分析轴的结构和轴上零件定位的能力；具备分析滚动轴承代号含义的能力；具备对滚动轴承进行组合调整的能力；具备分析各种联轴器与离合器结构特点和补偿轴误差的能力；能够正确选择联轴器与离合器。

3）素质目标：具备科学用装养装的职业素养；树立标准意识和工程意识。

任务一　分析飞机襟翼传动螺旋作动筒头部的花键轴

【任务描述】

图 8-1 所示为某型飞机襟翼传动螺旋作动筒的头部，其功能是将传动机构传递的转矩，通过锥齿轮传动传递给螺旋机构，从而实现对机翼扰流面的操纵。花键轴是螺旋作动筒头部的重要零件，其上安装有主动锥齿轮、滚动轴承、壳体、封严套等零件，轴的两端制有花键，如图 8-2 所示，通过花键连接实现转矩的传递。那么，该花键轴是哪种类型的轴呢？轴上零件是如何定位的呢？试对该花键轴的结构进行分析。

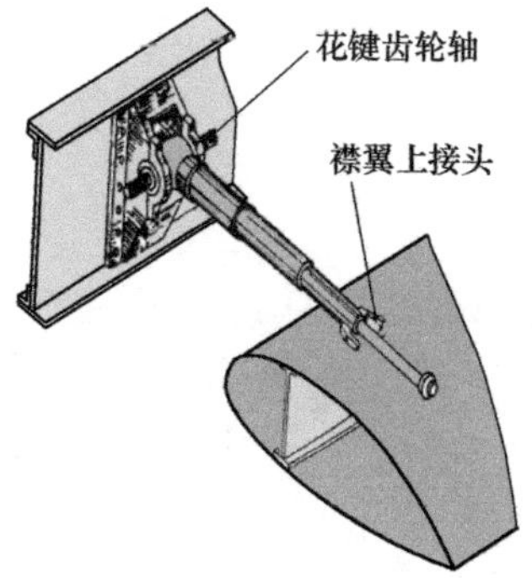

图 8-1　飞机襟翼传动螺旋作动筒的头部

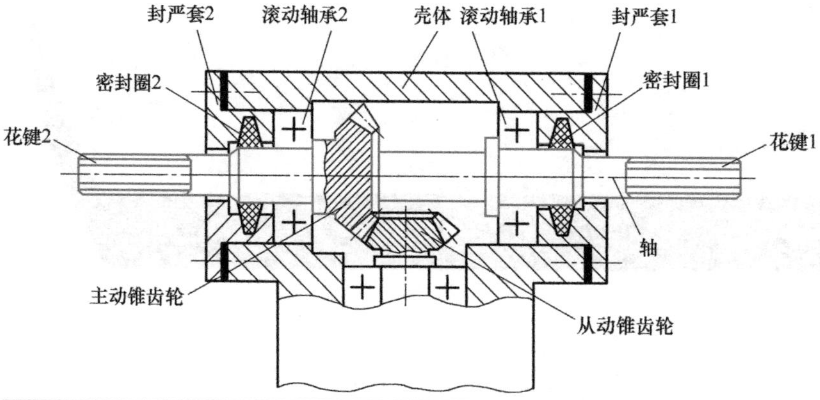

图 8-2　飞机襟翼传动螺旋作动筒中的花键轴

【任务分析】

轴是组成机器的重要零件之一，其主要功用是支承传动零件以传递运动和动力。飞机襟翼传动螺旋作动筒头部的花键轴上制有花键、锥齿轮，安装有滚动轴承、壳体、封严套等零件，轴与轴上零件之间需要周向定位，轴上零件与零件之间需要轴向定位，这就对轴的结构提出要求。本任务是识别飞机襟翼传动螺旋作动筒头部花键轴的类型和结构，轴的结构及其作用。

【知识链接】

一、轴的类型

轴是机器中支承旋转零件传递转矩、力和运动的零件。根据承受载荷的不同，可将轴分为心轴、转轴和传动轴三种。心轴只承受弯矩而不传递转矩，例如自行车前轮轴（图 8-3）和火车轮轴（图 8-4）；转轴既传递转矩又承受弯矩，例如齿轮减速器中的轴（图 8-5）；传动轴只传递转矩而不承受弯矩或弯矩很小，例如汽车的传动轴（图 8-6）。

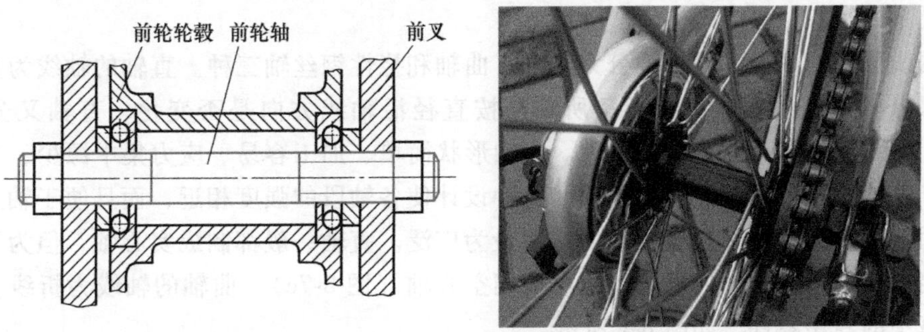

图 8-3 固定心轴

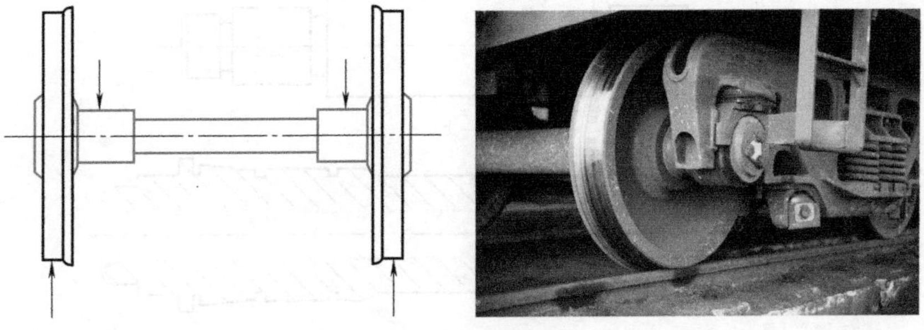

图 8-4 转动心轴

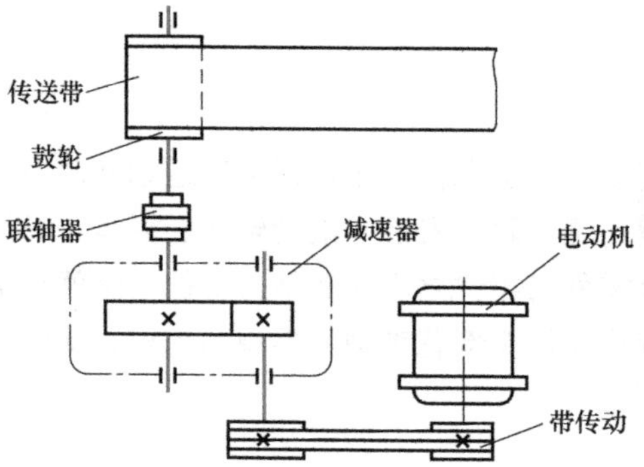

图 8-5　转轴

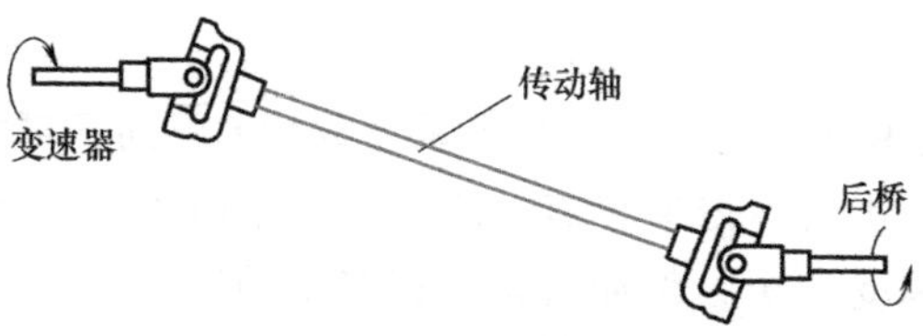

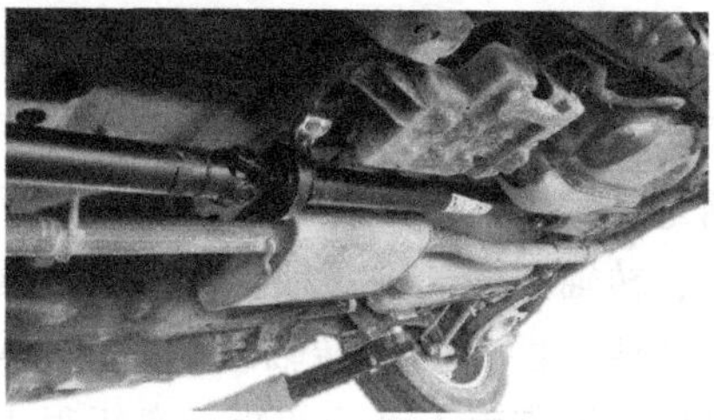

图 8-6　传动轴

按轴线形状的不同，可将轴分为直轴、曲轴和挠性钢丝轴三种。直轴的轴线为直线，机器中大部分轴都是直轴，如图 8-7 所示。按直径沿轴线方向是否变化，直轴又分为光轴（图 8-7a）和阶梯轴（图 8-7b）两种。光轴形状简单、加工容易、应力集中源少，主要用作传动轴。阶梯轴各轴段截面直径不同，这种设计使各轴段的强度相近，而且便于轴上零件的装拆和固定，因此阶梯轴在机器中的应用最为广泛。直轴一般都制成实心轴，但为了减轻重量或满足有些机器结构上的需要，也可采用空心轴（图 8-7c）。曲轴的轴线为折线，常为往复式机械中的专用零件，如图 8-8 所示。

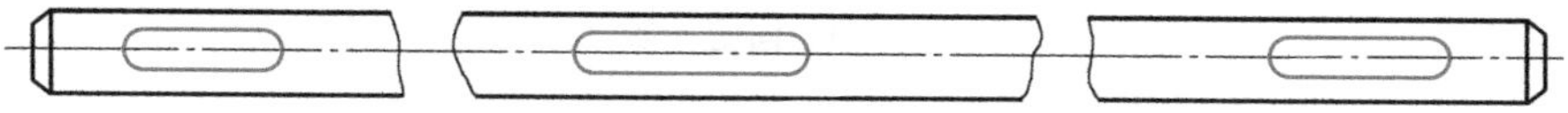

a)

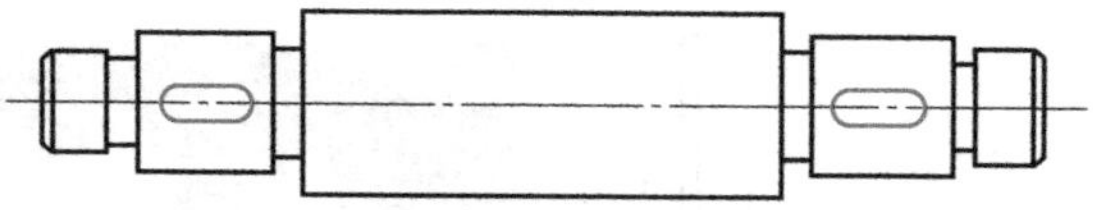

b)

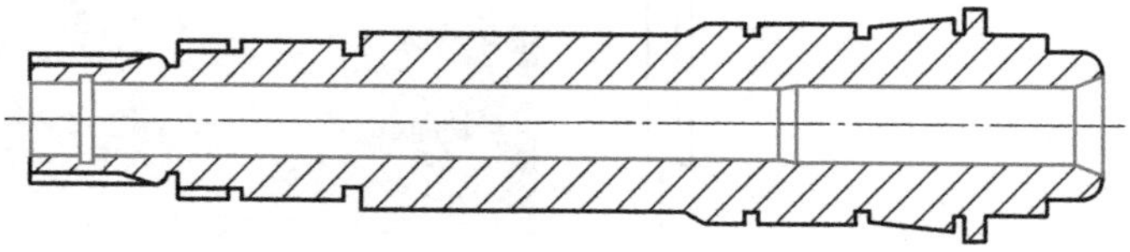

c)

图 8-7　直轴

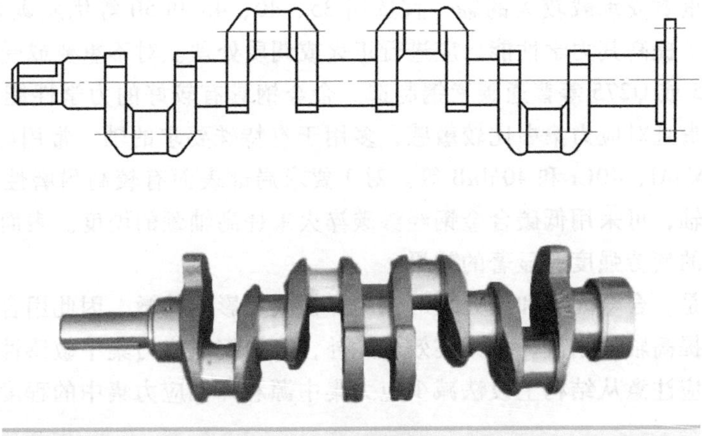

图 8-8 曲轴

挠性钢丝轴的轴线可弯曲成复杂形状的曲线，它由几层正反向缠绕在芯丝上的钢丝层并加装护套而构成，如图 8-9a 所示，它能够把转矩和旋转运动灵活地传到附近的任何位置，如图 8-9b 所示。图 8-9c 所示红色轴为某型飞机前缘襟翼控制子系统中的挠性钢丝轴。

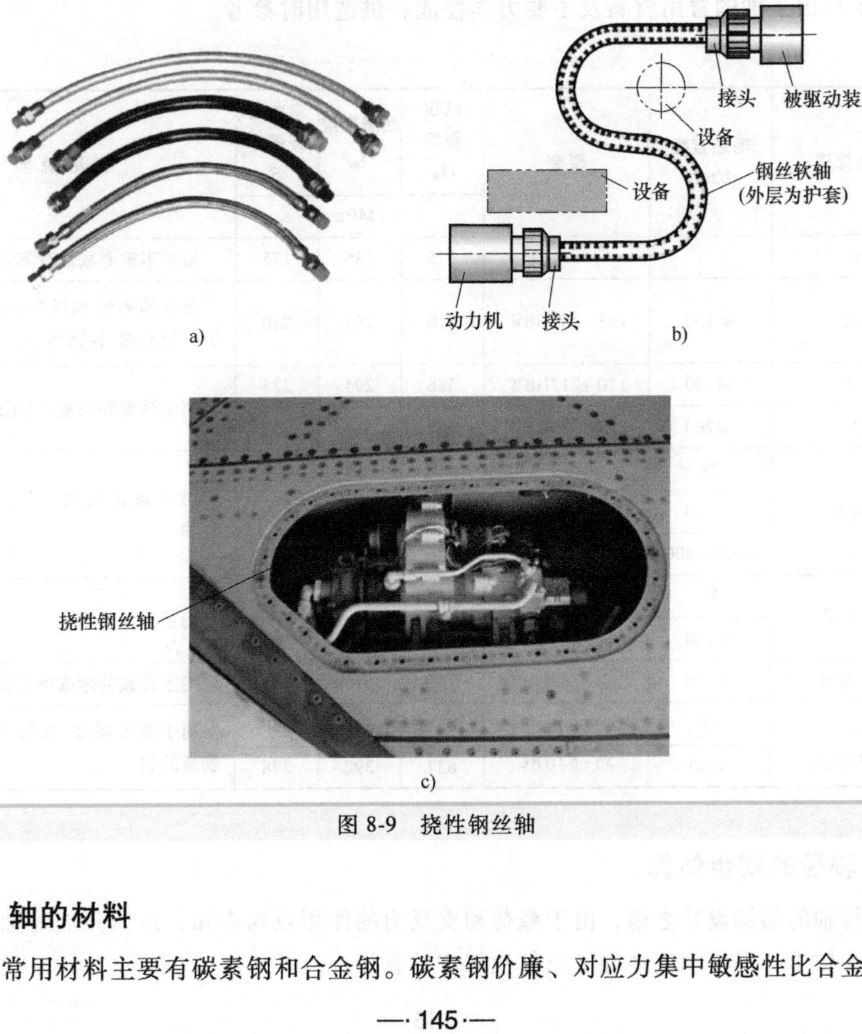

a) b) c)

图 8-9 挠性钢丝轴

二、轴的材料

轴的常用材料主要有碳素钢和合金钢。碳素钢价廉、对应力集中敏感性比合金钢低，应用较为广泛。对重要或承载较大的轴，宜选用 35、40、45 和 50 等优质碳素钢，其中以 45 钢最为常用，为了提高其力学性能，应进行正火或调质处理。对不重要或受力较小的轴，可采用 Q235、Q255 或 Q275 等普通碳素钢制造。合金钢具有较好的力学性能和良好的热处理性能，但价格较贵且对应力集中比较敏感，多用于有特殊要求的轴。常用的合金钢有 20Cr、20CrMnTi、38CrMoAl、40Cr 和 40MnB 等。对于要求局部表面有较高耐磨性的轴，如与滑动轴承配合的高速轴，可采用低碳合金钢经渗碳淬火来提高轴颈的硬度。表面热处理和表面强化处理对提高轴的疲劳强度有显著的效果。

必须指出的是，合金元素和热处理对钢的弹性模量影响甚微，因此用合金钢代替碳素钢或通过热处理来提高轴的刚度，并无实效。此外，合金钢对应力集中敏感性较高，因此设计合金钢轴时，更应注意从结构上设法减少应力集中源和降低应力集中的程度，并合理地提高其表面质量。

轴的毛坯一般采用圆钢或锻件。直径相差不大的阶梯轴或光轴，可选用热轧圆钢车削而成。对尺寸较大或直径相差较大的阶梯轴，为节省材料和改善力学性能，以采用锻件毛坯为宜。对形状复杂的轴，如曲轴、凸轮轴等可采用球墨铸铁。球墨铸铁具有价廉、吸振性好、耐磨性高、应力集中敏感性低等优点，但强度低，铸件质量不易控制。

表 8-1 列出了轴的常用材料及主要力学性能，供选用时参考。

表 8-1 轴的常用材料及主要力学性能

材料及热处理	毛坯直径 d/mm	硬度	抗拉强度 R_m	屈服强度 R_{eL}	弯曲疲劳强度 S	应用说明
			/MPa			
Q235			375	235	175	用于不重要或载荷不大的轴
35 正火	≤100	143~187HBW	510	265	210	有好的塑性和适当的强度，可用于一般曲轴、转轴等
45 正火	≤100	170~217HBW	588	294	233	用于较重要的轴，应用最广
45 调质	≤200	217~255HBW	637	353	268	
40Cr 调质	25	241~286HBW	980	785	477	用于载荷较大、尺寸较大的重要轴
	≤100		736	539	344	
	>100~300		686	490	317	
40MnB 调质	25	207HBW	785	540	365	用于重要的轴
	≤200	241~286HBW	736	490	331	
35CrMo 调质	≤100	207~269HBW	735	540	343	用于重载的轴或齿轮轴
20Cr 渗碳淬火回火	15	表面 56~62HRC	835	540	370	用于要求强度、韧性及耐磨性均较高的轴
	≤60		637	392	278	

三、轴径的初步估算

在进行轴的结构设计之前，由于载荷和支反力的作用点均未知，所以只能对轴的最小直径进行初步估算，以便相应地确定出其他部位的直径。

1. 按转矩估算轴径

对于只传递转矩的圆截面实心轴，其强度条件为

$$\tau_T = \frac{T}{W_T} = \frac{9.55\times10^6 P}{0.2d^3 n} \leqslant [\tau_T] \tag{8-1}$$

式中，τ_T 为轴的最大扭转切应力（MPa）；T 为转矩（N · mm）；P 为传递的功率（kW）；n 为轴的转速（r/min）；W_T 为轴的抗扭截面系数（mm^3），对圆截面实心轴 $W_T = \pi d^3/16 \approx 0.2d^3$；$d$ 为轴的直径（mm）；[τ_T] 为材料的许用扭转切应力（MPa）。

用式（8-1）计算既传递转矩又承受弯矩的转轴的直径时，必须把许用扭转切应力 [τ_T] 适当降低，以补偿弯矩对轴的影响。将降低后的许用应力代入式（8-1）并整理，即得轴的直径的设计公式：

$$d \geqslant \sqrt[3]{\frac{9.55\times10^6}{0.2[\tau_T]}}\sqrt[3]{\frac{P}{n}} = A\sqrt[3]{\frac{P}{n}} \tag{8-2}$$

式中，A 为决定于材料和承载情况的常数，见表 8-2。

上式求出的 d 值一般作为轴的最小直径。为补偿键槽对轴强度的削弱，单键时 d 增大 4%~5%，双键时 d 增大 7%~10%，最后进行圆整。

表 8-2　几种常用材料的许用扭剪应力 [τ_T] 和系数 A

轴的材料	Q235	Q275,35	45	40Cr,20CrMnTi,35SiMn,35CrMo
[τ_T]/MPa	15~25	20~35	25~45	35~55
A	150~125	135~112	125~103	112~97

注：当弯矩相对转矩较小或只受转矩时，[τ_T] 取较大值，A 取较小值；反之 [τ_T] 取较小值，A 取较大值。

2. 类比法确定轴径

类比法是根据实际经验，参照同类机械或部件，以轴所传递的功率、转速和轴的材料等因素进行对比来确定轴径。

设已知参照轴的直径 d_1、传递功率 P_1 和转速 n_1 及待设计轴的传递功率 P_2 和转速 n_2，若材料相同，载荷情况相似，由式（8-2）可得待设计轴的直径 d_2 为

$$d_2 = d_1\sqrt[3]{\frac{P_2 n_1}{P_1 n_2}} \tag{8-3}$$

此外，轴的直径也可按经验公式近似估算。例如在一般减速器中，高速输入轴的直径 d 和与其相连的电动机轴的直径 D 的关系为 $d=(0.8\sim1.2)D$；各级低速轴的直径 d 与同级齿轮中心距 a 的关系为 $d=(0.3\sim0.4)a$。

四、轴的结构

轴的结构设计的目的是使轴的各部分具有合理的形状和尺寸。其主要要求是：轴上零件要易于装拆，轴应便于加工；轴和轴上零件要有准确的工作位置；各零件要牢固而可靠地相对固定；应尽量减少应力集中源。

1. 轴的各部分名称

为便于轴上零件的装拆定位，常将轴做成中间大、两头小的阶梯轴，且轴端和各轴段的端部应有倒角，如图 8-10 所示。

轴的结构包括轴头、轴颈、轴身、轴肩、轴环等。

1）轴头。轴与轴上零件配合的部分称为轴头，如图 8-10 所示①、④。

2）轴颈。轴与轴承配合的部分称为轴颈，如图 8-10 所示③、⑦。轴头和轴颈处轴的直径应为标准值，轴颈处的直径应与相配轴承孔径一致。

3）轴身。连接轴颈和轴头的部分称为轴身，如图 8-10 所示②、⑥。

4）轴肩。轴径变化处称为轴肩，两轴肩间轴向距离很小且呈环状的轴段称为轴环，如图 8-10 所示⑤。

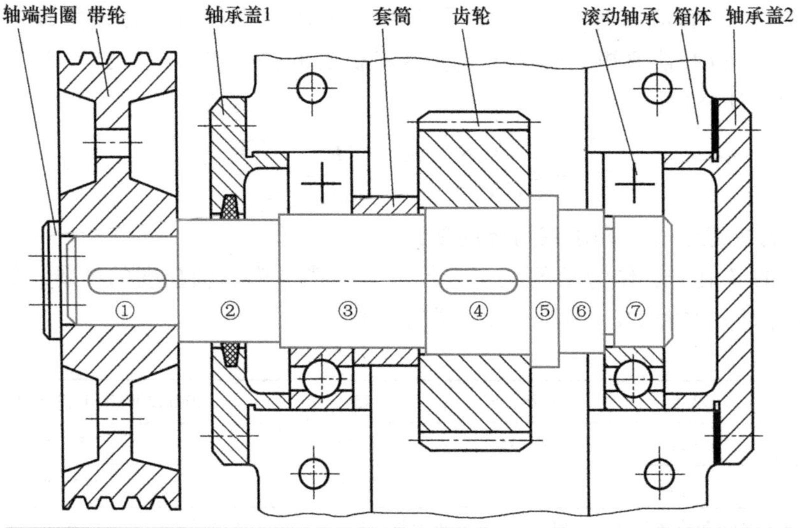

图 8-10　轴的结构

2. 轴的加工和轴上零件的装拆

轴肩和轴环均可起轴向定位作用。轴上各段长度取决于轴上零件的轴向尺寸或装拆要求，为防止零件的窜动，轴头应比零件轮毂短 2~3mm。

轴上需要磨削的轴段，应有砂轮越程槽，如图 8-10 所示⑥、⑦的交界处；需要车制螺纹的轴段，应有螺纹退刀槽，如图 8-11 所示；轴加工时一般有顶尖孔，会涉及保留与否的问题；槽应布置于轴的同一母线上，并尽可能采用同一规格的键槽截面尺寸，如图 8-10 所示①、④，以便于加工。

3. 轴上零件的定位和固定

零件在轴上的轴向定位和固定，常采用轴肩、轴环、套筒、轴端挡圈、圆螺母、弹性挡圈和紧定螺钉等形式。

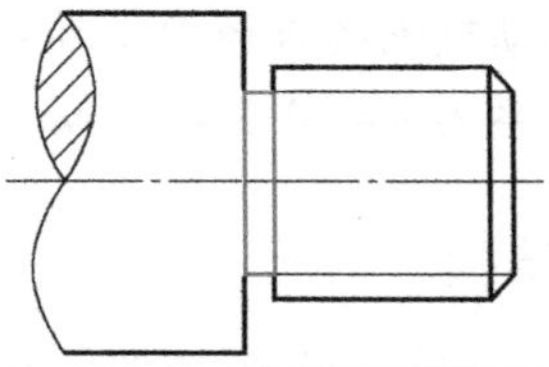

图 8-11　螺纹退刀槽

螺纹退刀槽

轴肩和轴环固定简单可靠，可承受较大的轴向力，是最常用的轴向定位方法（图 8-10 所示带轮、齿轮及轴承的轴向定位）。为保证零件紧靠定位面，轴肩或轴环的圆角半径 r 必须小于相配零件的倒角 C_1 或圆角半径 R，轴肩高度 h 必须大于 C_1 或 R（图 8-12）。

套筒常用于两零件间距离较小时的定位和固定，例如图 8-10 所示左侧轴承与齿轮的定位和固定，其特点是结构简单、定位可靠，并且使轴结构简化，减少了应力集中源，提高了轴的强度，但增加了重量，并且因其与轴间为松配合，故不宜用于高速轴。

当无法采用套筒或套筒太长时，可采用圆螺母加以固定，如图 8-13 所示。圆螺母可承受较大轴向力，且固定可靠。圆螺母也常用于轴端零件的固定。

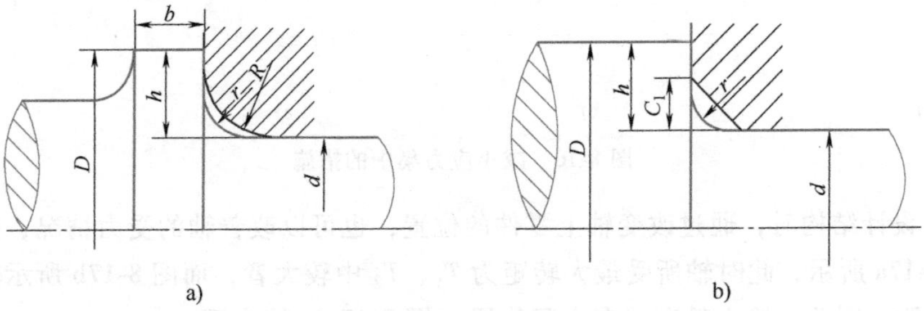

图 8-12　轴肩及其圆角

轴端挡圈主要用于轴端零件的固定（图 8-14），且拆装方便，能承受较大的轴向力。弹性挡圈（图 8-15）和紧定螺钉仅用于轴向力较小或仅为防止零件移动的场合。轴和轴上零件的周向固定，大多采用平键、花键或过盈配合等连接形式。

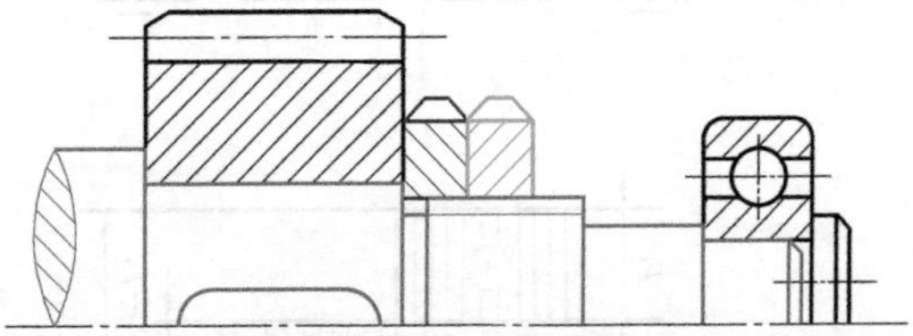

图 8-13　圆螺母固定

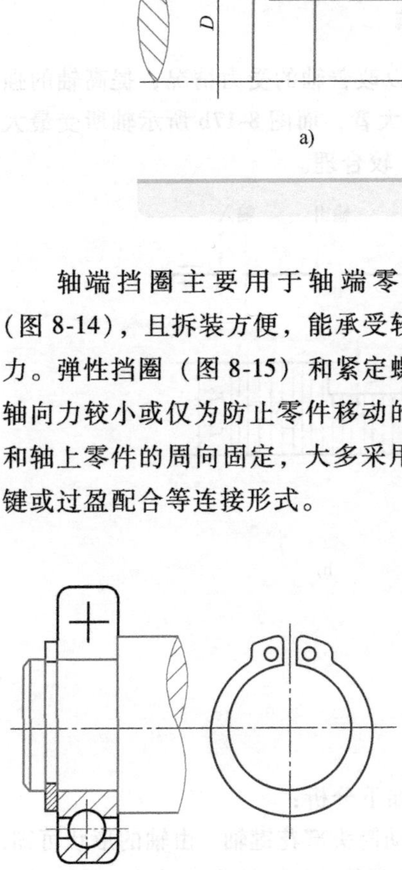

图 8-14　轴端挡圈

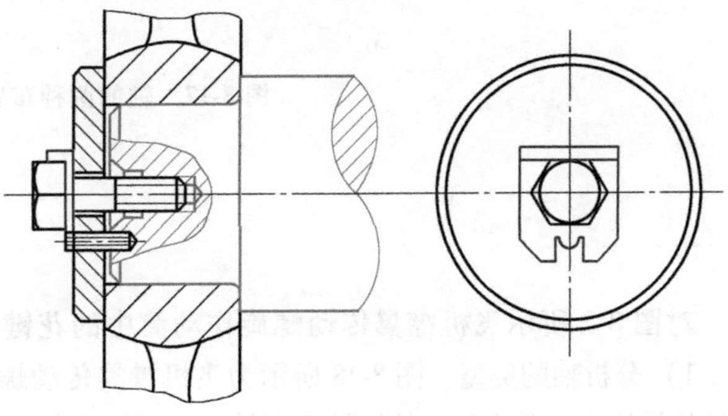

图 8-15　轴用弹性挡圈

4. 减小应力集中、改善受力情况

在进行结构设计时，应尽量减小应力集中，特别是设计合金钢轴时尤应注意。

在轴的截面尺寸突然变化的部位，会产生应力集中现象。因此，要求阶梯轴相邻轴段的直径不宜相差太大；轴径变化处的圆角半径不宜过小；应尽量避免在轴上（特别是应力大的部位）开设横孔、切口或凹槽。必须开横孔时，孔边要倒圆。在重要的结构中，应开设卸载槽 B（图 8-16a）、采用过渡肩环（图 8-16b）或凹切圆角（图 8-16c）来增大轴肩圆角半径，以减小局部应力。另外，也可在轮毂上开设卸载槽 B（图 8-16d）来减小过盈配合处的应力集中。

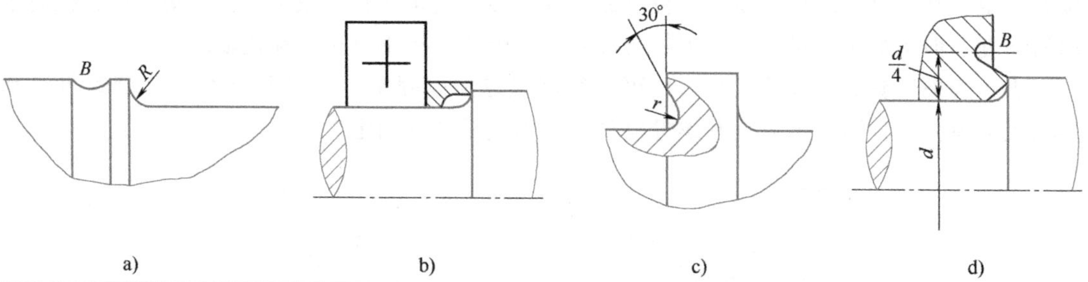

图 8-16　减小应力集中的措施

此外，设计结构时，通过改变轴上零件的位置，也可以改善轴的受力情况，提高轴的强度。如图 8-17a 所示，此时轴所受最大转矩为 T_1、T_2 中较大者，而图 8-17b 所示轴所受最大转矩为 T_1+T_2。因此，输入轮布置在中间位置（图 8-17a）较合理。

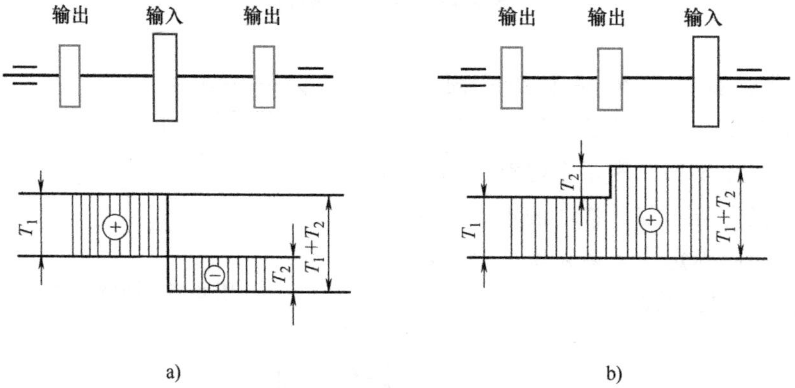

图 8-17　轴的两种布置方案

【任务实施】

对图 8-2 所示飞机襟翼传动螺旋作动筒中的花键轴做如下分析：

1）分析轴的类型。图 8-18 所示为飞机襟翼传动螺旋作动筒头部花键轴，由轴的形状可知，该轴的轴线为一条直线，故该轴为直轴。由于轴上各段直径不相等，故该轴为阶梯轴。由该轴的受载情况可知，它既要传递转矩又要承受轴上齿轮对其产生的弯矩作用，故该轴是转轴。

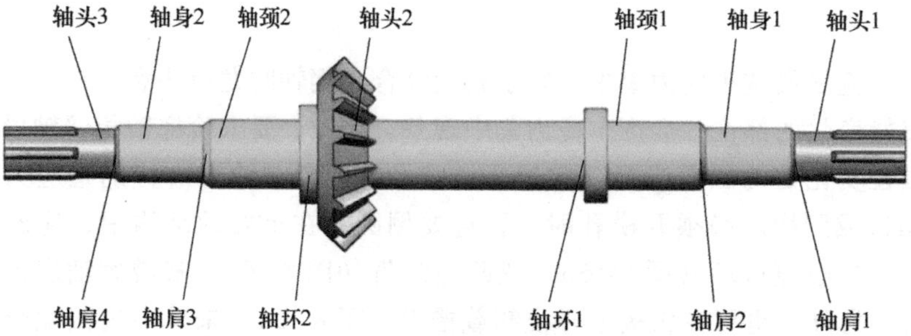

图 8-18　飞机襟翼传动螺旋作动筒头部花键轴

螺旋作动筒头部花键轴

2）分析轴的结构。该轴上制有花键和锥齿轮的部分是轴头，轴头 1、轴头 3 上制有外花键，用于与传动系统中的内花键配合，轴头 2 上制有锥齿轮，用于与从动锥齿轮配合；该轴上安装滚动轴承的部分是轴颈 1、轴颈 2；轴上连接轴头和轴颈的部分是轴身 1、轴身 2；各轴段轴径变化处是轴肩，两轴肩间轴向距离很小且呈环状的轴段是轴环 1、轴环 2；该轴上各结构和名称如图 8-18 所示。

该轴各轴上零件之间需要轴向定位，起到轴向定位作用的结构就是轴上的各轴肩以及轴环 1、轴环 2。该轴上的周向定位结构主要是制在轴头 1、轴头 2 上的花键。

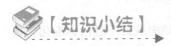

【任务测评】

项目八　任务一任务测评

【知识小结】

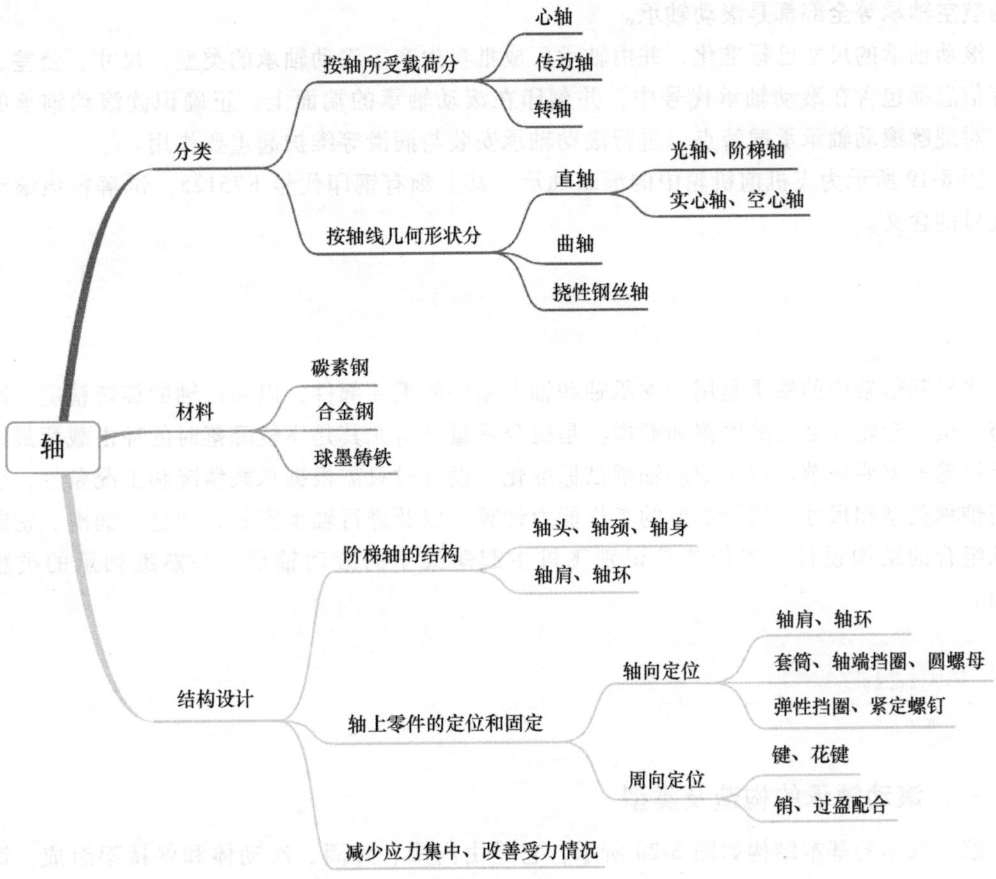

任务二　分析飞机前机轮中的滚动轴承

【任务描述】

轴承是重要的机械部件，其作用是支承轴及轴上零件，保证轴的旋转精度，减少轴与支承之间的摩擦和磨损。按摩擦性质不同，可将轴承分为滑动轴承和滚动轴承两大类。在滑动摩擦下运转的轴承称为滑动轴承。依靠滚动体与轴承圈之间的滚动摩擦工作的轴承称为滚动轴承。滑动轴承极限工作转速高、工作平稳、抗振性好、承载能力大、旋转精度高、噪声小、寿命长，但起动摩擦阻力较大，维护保养较复杂。滚动轴承的摩擦系数低，起动力矩小、轴向尺寸小、径向间隙小，部分滚动轴承还能同时承受径向载荷和轴向载荷，且已标准化，设计、使用、润滑和维护方便。滚动轴承已广泛于各种机械设备中，例如飞机前机轮、后机轮中的航空轴承等全部都是滚动轴承。

图 8-19　飞机中的滚动轴承

飞机中的滚动轴承

滚动轴承的尺寸已标准化，并由轴承厂成批量生产。滚动轴承的类型、尺寸、公差、安装等信息都包含在滚动轴承代号中，并刻印在滚动轴承的端面上。正确识读滚动轴承的代号，对理解滚动轴承承载特点，进行滚动轴承安装与润滑等维护起重要作用。

图 8-19 所示为飞机前机轮中的滚动轴承，其上刻有钢印代号 E75125，试解释该滚动轴承代号的含义。

【任务分析】

飞机起落架中的轴承是用于支承轴和轴上零件的重要部件，以保证轴的旋转精度，减少轴与飞机前轮轮孔之间的摩擦和磨损，是机身重量载荷尤其是飞机降落时的冲击载荷最终作用于机轮的重要环节。由于滚动轴承已标准化，设计时只需根据承载情况和工况条件，合理选用轴承类型和尺寸、进行必要的工作能力计算，以及进行轴承安装、调整、润滑、密封等轴承组合的结构设计。本任务是识别飞机主起落架中的滚动轴承，并熟悉轴承的类型及应用。

【知识链接】

一、滚动轴承的构造及类型

滚动轴承的基本结构如图 8-20 所示，它是由内圈、外圈、滚动体和保持架组成。滚动轴承内圈装配在轴颈上，外圈装配在轴承座孔内。通常外圈固定，内圈随轴颈回转；或内圈固定，外圈回转；或内外圈同时按不同转速回转。内、外圈上有滚道，当内圈与外圈相对回转时，滚动体将在滚道间滚动。保持架的作用是将滚动体均匀地隔开，以减少滚动体间的摩擦和磨损。

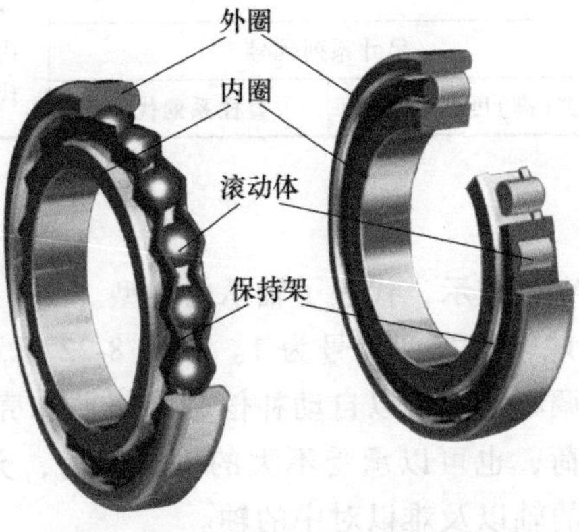

图 8-20 滚动轴承的基本结构

滚动轴承
（双列球轴承）

滚动轴承的核心元件是滚动体，常用滚动体的形状有：球形、圆柱形、圆锥形、鼓形及滚针形等几种，如图 8-21 所示。轴承内、外圈与滚动体的材料应具有高的硬度、高的接触疲劳强度、良好的耐磨性和冲击韧度，常用材料有 GCr15、GCr15SiMn 等轴承钢，热处理后硬度一般不低于 60~65HRC，工作表面要求磨削抛光。保持架多用软钢冲压形成，而高速轴承则多用铜合金或塑料保持架。

图 8-21 常见的滚动体的形状

滚动轴承的类型很多，按承受外载荷不同可将其分为向心轴承、推力轴承和向心推力轴承。主要承受径向载荷的轴承称为向心轴承，有些向心轴承也可以承受不大的轴向载荷；只能承受轴向载荷的轴承称为推力轴承，推力轴承中与轴颈紧套在一起的部分称为轴圈，与基座相连的部分称为座圈，能同时承受径向载荷和轴向载荷的轴承称为向心推力轴承。

按滚动体种类的不同，可将滚动轴承分为球轴承和滚子轴承。按滚动体的列数不同，可将滚动轴承分为单列轴承和双列轴承等。

按轴承所能承受的载荷方向或接触角及滚动体种类综合分类，滚动轴承又可分为深沟球轴承、角接触球轴承、圆柱滚子轴承、圆锥滚子轴承和推力球轴承等多种类型。

二、滚动轴承的代号

滚动轴承代号是用字母加数字来表示滚动轴承的结构、尺寸、公差等级、技术性能等特征的产品符号，由基本代号、前置代号和后置代号三部分构成。基本代号表示轴承的基本类型、结构和尺寸，是轴承代号的基础；前置代号和后置代号是轴承结构形式、尺寸、公差、技术要求有改变时，在其基本代号左右添加的补充代号。轴承代号的排列顺序见表 8-3。

表 8-3 滚动轴承代号的排列顺序

<table>
<tr><th>前置代号</th><th colspan="4">基 本 代 号</th><th>后置代号(组)</th></tr>
<tr><td rowspan="3">□成套轴承
分部件代号</td><td rowspan="3">×(□)
类型
代号</td><td>×</td><td>×</td><td rowspan="3">× ×
内 径
代 号</td><td rowspan="3">□或加×
内部结构改变、
公差等级及其他</td></tr>
<tr><td colspan="2">尺寸系列代号</td></tr>
<tr><td>宽(高)度系列代号</td><td>直径系列代号</td></tr>
</table>

注：□表示字母；×表示数字。

1. 类型代号

轴承类型代号用数字或字母表示，代表了轴承的类型。

（1）调心球轴承　调心球轴承类型代号为 1。如图 8-22 所示，它是一种带球面外滚道的双列球轴承，它具有自动调心性，可以自动补偿轴的挠曲和壳体变形引起的同轴度误差。调心球轴承主要承受径向载荷，也可以承受不大的轴向载荷，允许的角偏差小于 3°，适用于多支点传动轴、刚性较小的轴以及难以对中的轴。

a)　　　　b)

图 8-22　调心球轴承

（2）调心滚子轴承　调心滚子轴承类型代号为 2。如图 8-23 所示，它有两列对称布置的球面滚子，滚子在外圈内球面滚道里可以自由调位，以补偿轴变形和轴承座的同轴度误差。允许的角偏差小于 2. 5°，承载能力比调心球轴承大，常用于其他类型轴承不能胜任的重载场合，例如轧钢机、大功率减速器、起重机车轮等。

a)　　　　b)

图 8-23　调心滚子轴承

（3）推力调心滚子轴承　调心滚子轴承类型代号为 2。如图 8-24 所示，它由下支承滚道、上支承滚道与保持架和滚动体为一体的几部分组成。推力调心滚子轴承主要承受轴向载荷；承载能力比推力球轴承大得多，并能承受一定的径向载荷。下支承滚道为球形滚道，能自动调心，允许的角偏差小于 3°，极限转速较推力球轴承高；适用于重型机床、大型立式电动机轴的支承等。

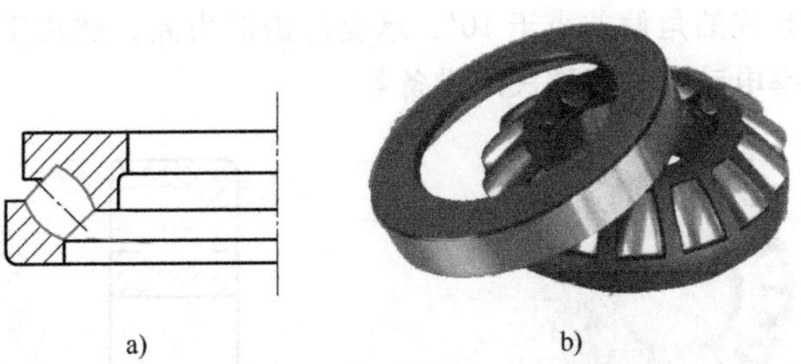

图 8-24　推力调心滚子轴承

（4）圆锥滚子轴承　圆锥滚子轴承类型代号为 3。如图 8-25 所示，它的外圈是倾斜的，内圈与保持架、滚动体为一个整体，内、外圈可以分离，轴向和径向间隙容易调整。圆锥滚子轴承可同时承受径向载荷和较大的单向轴向载荷，承载能力强，常用于斜齿轮轴、锥齿轮轴和蜗杆减速器轴、汽车的前后轴以及机床主轴的支承等。允许的角偏差为 2′，一般成对使用。

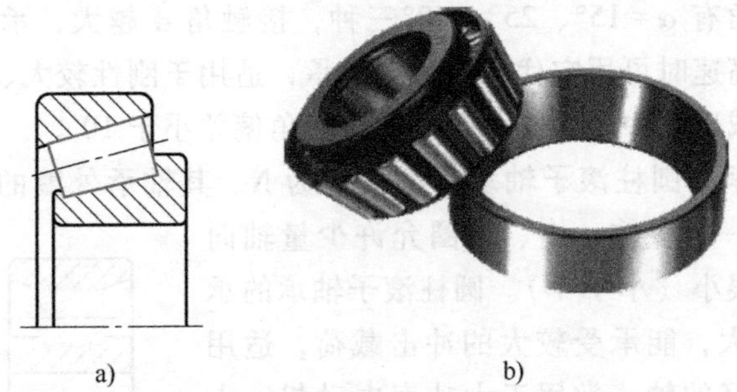

图 8-25　圆锥滚子轴承

（5）推力球轴承　推力球轴承类型代号为 5。如图 8-26 所示，它包含 51000 型和 52000 型两种，其中 51000 型用于承受单向轴向载荷，52000 型用于承受双向轴向载荷。51000 型推力球轴承由上、下两个支承滚道和中间带保持架的滚动体三部分组成。52000 型推力球轴承由上、中、下三个支承滚道和两个带保持架的滚动体五部分组成。推力球轴承只能承受轴向载荷，不能承受径向载荷，而且载荷作用线必须与轴线重合，不允许有角偏差。速度过高时，滚动体离心力大，钢球与保持架摩擦发热严重，会缩短寿命，故其极限转速低，常用于起重机吊钩、蜗杆轴和立式车床主轴的支承等。

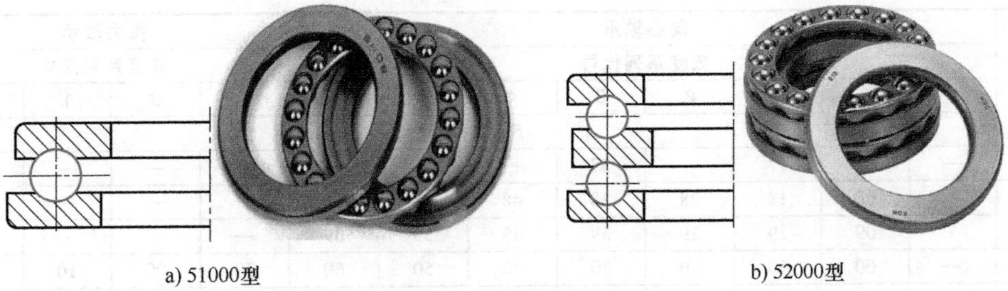

图 8-26　推力球轴承

（6）深沟球轴承　深沟球轴承类型代号为 6。如图 8-27 所示，它主要承受径向载荷，也能承受一定的轴向载荷。深沟球轴承极限转速较高，当量摩擦系数最小，高转速时可承受不大的纯轴向载荷，允许的角偏差小于 10′，承受冲击能力差，适用于刚性较大的轴，常用于机床主轴箱、小功率电动机与普通民用设备等。

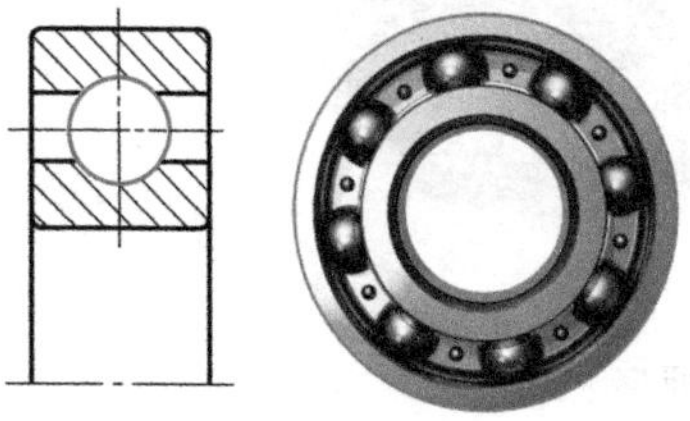

a)　　b)

图 8-27　深沟球轴承

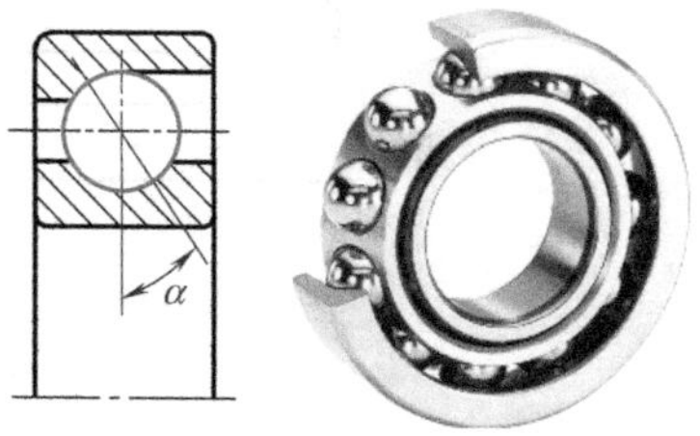

a)　　b)

图 8-28　角接触球轴承

（7）角接触球轴承　角接触球轴承类型代号为 7。如图 8-28 所示，它的基本结构和深沟球轴承几乎一样，只是轴承外圈的一侧是倾斜的，有一个接触角，可承受单向轴向载荷和径向载荷，公称接触角有 $\alpha=15°$、25°、40°三种，接触角 α 越大，承受轴向载荷的能力越大，通常成对使用。高速时可用它代替推力球轴承，适用于刚性较大、跨距较小的轴，例如斜齿轮减速器和蜗杆减速器中轴的支承等。允许的角偏差小于 10′。

（8）圆柱滚子轴承　圆柱滚子轴承类型代号为 N。其轴承外圈的内滚道是平的，内圈与保持架、滚动体为一个整体，内、外圈允许少量轴向移动，允许的角偏差很小（小于 4′）。圆柱滚子轴承的承载能力比深沟球轴承大，能承受较大的冲击载荷，适用于刚性较大、对中良好的轴，常用于大功率电动机、人字齿轮减速器等。圆柱滚子轴承滚子有单列和双列之分，图 8-29 所示为单列圆柱滚子轴承。

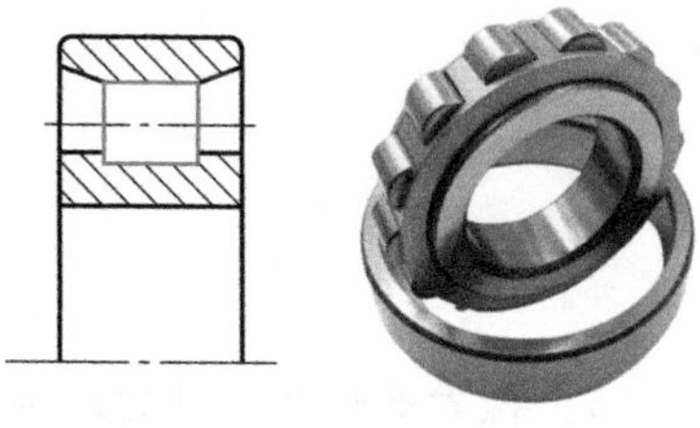

a)　　b)

图 8-29　单列圆柱滚子轴承

2. 尺寸系列代号

尺寸系列代号由轴承的宽（高）度系列代号和直径系列代号组成，由两位数字表示。直径系列指对应同一轴承内径的外径尺寸系列，宽度系列指对应同一轴承直径系列的宽度尺寸系列；推力轴承以高度系列对应于向心轴承的宽度系列。向心轴承、推力轴承尺寸系列代号见表 8-4。

表 8-4　向心轴承、推力轴承尺寸系列代号

直径系列代号	向心轴承								推力轴承			
	宽度系列代号								高度系列代号			
	8	0	1	2	3	4	5	6	7	9	1	2
	尺寸系列代号											
7	—	—	17	—	37	—	—	—	—	—	—	—
8	—	08	18	28	38	48	58	68	—	—	—	—
9	—	09	19	29	39	49	59	69	—	—	—	—
0	—	00	10	20	30	40	50	60	70	90	10	—
1	—	01	11	21	31	41	51	61	71	91	11	—
2	82	02	12	22	32	42	52	62	72	92	12	22
3	83	03	13	23	33	—	—	—	73	93	13	23
4	—	04	—	24	—	—	—	—	74	94	14	24
5	—	—	—	—	—	—	—	—	—	95	—	—

3. 轴承系列代号

滚动轴承的类型代号和尺寸系列代号形成滚动轴承的轴承系列代号，国家标准中用轴承系列代号来表达滚动轴承的类型、尺寸系列。滚动轴承的类型代号、尺寸系列代号及其形成的部分轴承系列代号见表 8-5。

表 8-5　滚动轴承类型代号、尺寸系列代号及轴承系列代号

类型代号	尺寸系列代号	轴承系列代号
0	32	32
	33	33
1	02	12
(1)	22	22
1	(0)3	13
(1)	23	23
2	03③	213
	22	222
	23	223
	30	230
	31	231
	32	232
	40	240
	41	241
2①	92	292
	93	293
	94	294
3	02	302
	03	303
	13	313
	20	320
	22	322
	23	323
	29	329
	30	330
	31	331
	32	332
4	(2)2	42
	(2)3	43
5	11	511
	12	512
	13	513
	14	514
5②	22	522
	23	523
	24	524
6	17	617
	37	637
	18	618
	19	619
	(1)0	60
	(0)2	62
	(0)3	63
	(0)4	64
7	19	719
	(1)0	70
	(0)2	72
	(0)3	73
	(0)4	74
8	11	811
	12	812
N	10	N10
	(0)2	N2
	22	N22
	(0)3	N3
	23	N23
	(0)4	N4
QJ	(0)2	QJ2
	(0)3	QJ3

① 为推力调心滚子轴承。
② 为双向推力球轴承。
③ 尺寸系列实为 03，用 13 表示。

由表 8-5 可知，在轴承系列代号中，有的省略了类型代号，有的省略了宽度系列代号，还有部分轴承系列代号无省略。

4. 内径代号

内径代号表示轴承的公称内径尺寸，一般用两位数字表示。其表示方法见表 8-6 和表 8-7。

滚动轴承的基本代号由组合代号加内径代号构成。例如，调心滚子轴承 23224，其中 2—类型代号；32—尺寸系列代号；24—内径代号，$d=120$mm。深沟球轴承 6203，6—类型代号；2 即 02—尺寸系列代号；03—内径代号，$d=17$mm。

表 8-6 轴承公称内径代号

内径代号	00	01	02	03	04~96
轴承公称内径/mm	10	12	15	17	代号数×5(22、28、32 除外)

表 8-7 轴承内径尺寸代号

轴承公称内径/mm	内径代号	示例
0.6~10(非整数)	用公称内径毫米数直接表示,在其与尺寸系列代号之间用“/”分开	深沟球轴承 618/2.5 d=2.5mm
1~9(整数)	用公称内径毫米数直接表示,对深沟球轴承及角接触球轴承直径系列 7、8、9,内径与尺寸系列代号之间用“/”分开	深沟球轴承 625、618/5 均为 d=5mm
≥500 以及 22、28、32	用公称内径毫米数直接表示,但在与尺寸系列代号之间用“/”分开	调心滚子轴承 230/500 d=500mm 深沟球轴承 62/22d=22mm

注：滚针轴承的基本代号另有规定表示方法，可参见有关标准。

5. 前置代号

用字母表示，经常用于表示轴承分部件（轴承组件），其常用代号及相应的含义如下：

L——可分离轴承的可分离内圈或外圈；R——不带可分离内圈或外圈的轴承；WS——推力圆柱滚子轴承轴圈；GS——推力圆柱滚子轴承座圈；LR——带可分离的内圈或外圈与滚动体组件轴承；K——滚子和保持架组件。

6. 后置代号

用字母（或加数字）表示，置于基本代号右边，与基本代号空半个汉字的距离或用符号“/”“-”分隔。后置代号的排列顺序见表 8-8。

表 8-8 后置代号内容排列顺序

后置代号(组)	1	2	3	4	5	6	7	8	9
含义	内部结构	密封与防尘与外部形状	保持架及其材料	轴承零件材料	公差等级	游隙	配置	振动及噪声	其他

常用轴承，对于密封与防尘与外部形状、保持架及材料、轴承零件材料及其他等无特殊要求，故代号中通常没有这些项目的标注，当有上述要求时，其代号和含义可查有关标准。这里只介绍常用内部结构代号、公差等级代号、游隙代号、配置代号等，见表 8-9~表 8-12。

当公差等级代号与游隙代号需同时表示时，可进行简化，用公差等级代号加上游隙组号（0 组不表示）组合表示。例如，/P63 表示轴承公差等级为 P6 级，径向游隙为 3 组；/P52 表示轴承公差等级为 P5 级，径向游隙为 2 组。

表 8-9 常用内部结构代号及含义

代号	含义	示例
A	①无装球缺口的双列角接触或深沟球轴承	3205 A
	②滚针轴承外圈戴双锁圈(d>9mm,F_w>12mm)	
	③套圈直滚道的深沟球轴承	

（续）

代号	含　义	示　例
B	①角接触球轴承　公称接触角 $\alpha=40°$	7210 B
	②圆锥滚子轴承　接触角加大	32310 B
C	①角接触球轴承　公称接触角 $\alpha=15°$	7005 C
	②调心滚子轴承　C 型	23122 C
E	加强型	NU 207 E
AC	角接触球轴承　公称接触角 $\alpha=25°$	7210 AC
D	部分式轴承	K 50×55×20 D
ZW	滚针保持架组件　双列	K 20×25×40 ZW

注：内部结构代号用于表示类型和外形尺寸相同但内部结构不同的轴承。

表 8-10　常用公差等级代号及含义

代号	含　义	示　例
/PN	公差等级符合标准规定的普通级，代号中省略不表示	6203
/P6	公差等级符合标准规定的　6 级	6203/P6
/P6X	公差等级符合标准规定的　6X 级	30210/P6X
/P5	公差等级符合标准规定的　5 级	6203/P5
/P4	公差等级符合标准规定的　4 级	6203/P4
/P2	公差等级符合标准规定的　2 级	6203/P2

表 8-11　常用游隙代号及含义

代号	含　义	示　例
/C2	游隙符合标准规定的　2 组	6210/C2
CN	游隙符合标准规定的　N 组，代号中省略不表示	6210
/C3	游隙符合标准规定的　3 组	6210/C3
/C4	游隙符合标准规定的　4 组	NN 3006 K/C4
/C5	游隙符合标准规定的　5 组	NNU 4920 K/C5

表 8-12　部分常用配置代号及含义

代号	含　义	示　例
/DB	成对背对背安装	7210 C/DB
/DF	成对面对面安装	32208/DF
/DT	成对串联安装	7210 C/DT

【例 8-1】　试说明滚动轴承代号 7207 AC/DB 的含义。

【解】　7——类型代号，表示角接触球轴承；2——尺寸系列（02）代号；07——内径代号，内径 $d=35$mm；AC——后置代号，表示公称接触角 $\alpha=25°$；DB——后置代号，表示这对轴承的配置方式为背对背配置。

三、滚动轴承的选择

选用轴承时，首先是选择轴承类型，即明确轴承的工作载荷（包括大小、方向、性质)、转速高低、调心性能及其他特殊要求。具体选择时可参考以下几点：

1. 轴承的载荷

轴承所受载荷的大小、方向和性质是选择滚动轴承的重要依据。

同样外形尺寸下，由于滚子轴承的承载能力约为球轴承的 1.5~3 倍，故当载荷较大时，应优先选用滚子轴承。

承受纯径向载荷时，应选用向心轴承。承受纯轴向载荷时，应选用推力轴承。同时承受径向与轴向载荷时，应根据具体情况选择轴承类型：若轴向载荷不大时，可选用深沟球轴承；轴向与径向载荷都较大时，可选用角接触球轴承或圆锥滚子轴承；轴向与径向载荷都很大时，可采用推力轴承与向心轴承的组合结构，以便分别承受径向和轴向载荷。

受冲击载荷或要求轴支承刚度大时，应选用滚子轴承、双列深沟或角接触球轴承。

2. 轴承的转速

转速较高，载荷较小或要求旋转精度高时，应优先选用球轴承；反之应选用滚子轴承。

推力轴承的极限转速均很低。当工作转速较高时，如果轴向载荷不十分大，则可以采用角接触球轴承承受纯轴向载荷；纯轴向载荷较小时也可采用深沟球轴承。

3. 轴承的调心性能

由于安装误差或轴的变形都将引起轴承内外圈轴线发生相对倾斜，其倾斜角 θ 称为角偏差，如图 8-30 所示。当角偏差 θ 超过轴承的许用值时，将会缩短轴承的寿命。因此，当轴承内外圈可能产生较大角偏差时，应选用可调心的轴承。

4. 轴承的安装和拆卸

当轴承座没有剖分而必须沿轴向安装和拆卸轴承时，应优先选用内外圈可分离的轴承。

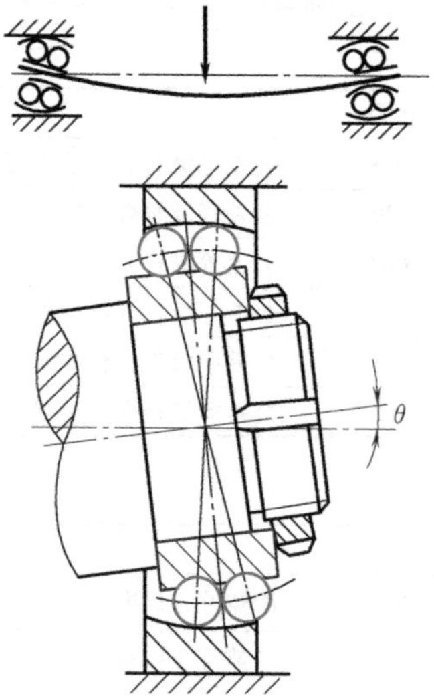

图 8-30　调心球轴承

四、滚动轴承的载荷分布与失效形式分析

1. 载荷分布

以深沟球轴承为例，当其受到通过轴线的轴向载荷 $\boldsymbol{F}_a$ 的作用时，如果轴承具有理想的精度，载荷无偏心，各滚动体所受的轴向载荷 $\boldsymbol{F}'_a$是相等的，即

$$F'_a = A/z \qquad (8\text{-}4)$$

式中，z 为轴承滚动体总数。从而在每个滚动体上产生的径向载荷 $\boldsymbol{F}'_r$也是相等的，如图 8-31 所示。

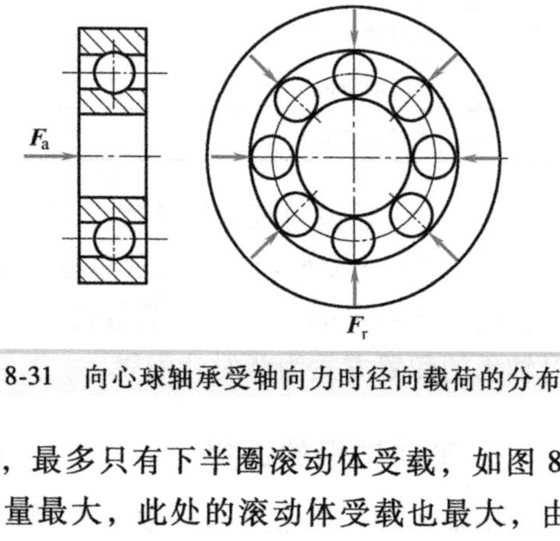

图 8-31　向心球轴承受轴向力时径向载荷的分布

当深沟球轴承只承受径向力 $\boldsymbol{F}_r$ 时，情况就不一样了。内圈将沿 $\boldsymbol{F}_r$ 方向下移一段距离 δ，最多只有下半圈滚动体受载，如图 8-32 所示。这时，处于 $\boldsymbol{F}_r$ 作用线方向上的接触点变形量最大，此处的滚动体受载也最大，由力

的平衡条件，可以求出承载最大的滚动体的载荷为

$$F_{\max}=5F_r/z \tag{8-5}$$

式中，z 为轴承滚动体的总数。

2. 失效形式

滚动轴承的失效形式主要有以下几种：

（1）疲劳点蚀　如图 8-33 所示，滚动轴承工作过程中，内、外圈和滚动体上任意点承受接触变应力，并可近似看作是脉动循环变应力，工作一定时间后，其接触表面就可能发生疲劳点蚀，致使轴承不能正常工作。通常，疲劳点蚀是滚动轴承的主要失效形式。

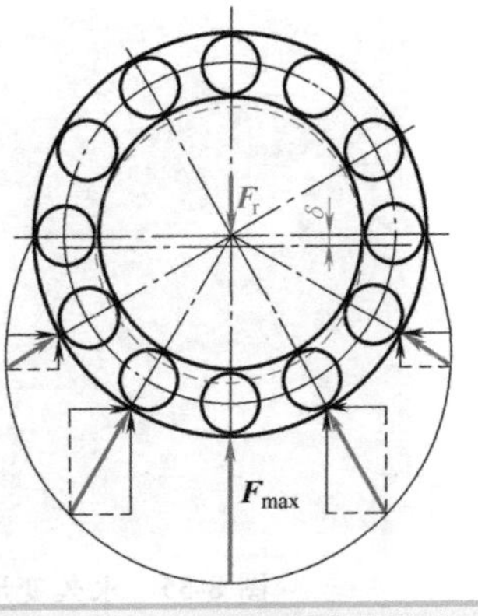

图 8-32　滚动轴承的载荷分布

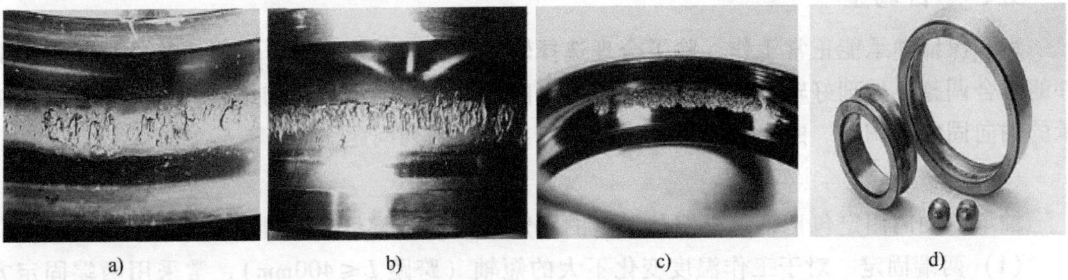

图 8-33　疲劳点蚀

（2）磨料磨损　如图 8-34 所示，由于轴承内部有研磨物、润滑不良等原因产生的滚道表面、滚动体与保持架接触部位发生磨损，引起内部松动。

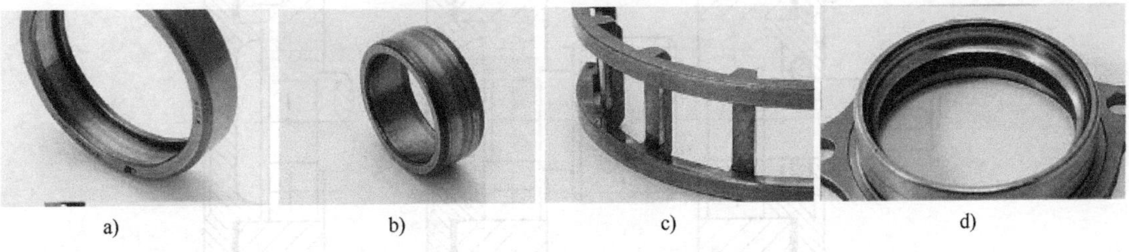

图 8-34　磨料磨损

（3）永久变形　如图 8-35 所示，转速很低或间歇往复摆动的轴承，一般不会发生疲劳点蚀，但在很大静载荷或冲击载荷作用下，会使轴承内外圈滚道和滚动体接触表面产生局部永久变形（如形成凹坑），从而使轴承在工作中产生振动和噪声增大的现象，导致轴承不能正常工作。

（4）断裂　如图 8-36 所示，由于配合太紧、装配面不均匀、轴承座畸变、旋转爬行或微动磨损等原因引起的内外圈发生轴向、轴向裂纹、保持架开裂等现象。

（5）其他　由于轴承内有潮湿或有酸液或有电流连续或简短通过、润滑剂太多、内部游隙不当等情况，使轴承易发生锈蚀、电腐蚀、不正常升温等不正常失效现象。

图 8-35　永久变形

图 8-36　断裂

五、组合调整

为了保证轴承能正常工作，除了合理选择轴承的类型、尺寸外，还应正确地进行轴承部件的组合调整，处理好轴承与轴及轴上零件之间的关系。轴承部件的组合调整就是要解决轴承的轴向固定、调整、配合、装拆、润滑和密封等一系列问题。

1. 轴承的轴向固定

轴承的轴向固定包括轴承外圈与机座的固定和轴承内圈与轴的固定，固定方式有两种。

（1）两端固定　对于工作温度变化不大的短轴（跨距 $L \leqslant 400$mm），常采用两端固定方式。如图 8-37a 所示，由两个支承各限制轴的一个方向的轴向移动，合起来就限制了轴的双向移动。为了避免轴受热伸长而在轴系中产生温度应力，轴承外圈端面与轴承盖之间应留有热补偿间隙 $c=0.2 \sim 0.4$mm，如图 8-37b 所示。

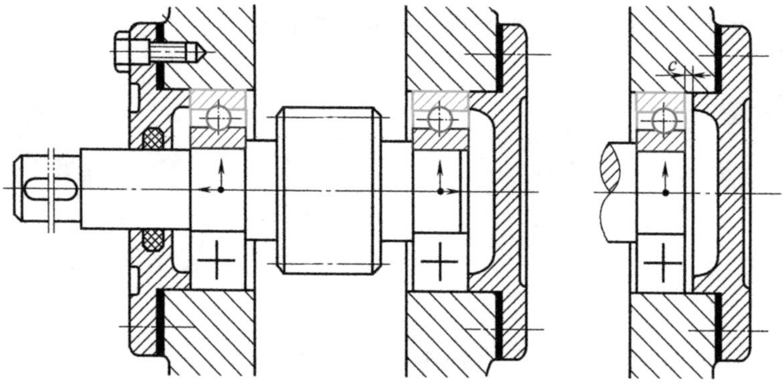

图 8-37　两端固定支承

（2）一端双向固定、一端游动　如图 8-38 所示，当轴较长或温度变化较大时，应采用一端双向固定、一端游动的形式。这种固定方式是将两个支承中的一个支承进行双向固定，另一个支承可做轴向移动。可做轴向移动的支承称为游动支承，它不能承受轴向载荷。

选用深沟球轴承作为游动支承时，应在轴承外圈与端盖之间留有适当的间隙，如图 8-38a 所示；选用圆柱滚子轴承作为游动支承时，轴承内、外圈均应进行双向固定，如图 8-38b 所示，以免外圈偶尔轴向移动造成过大错位。

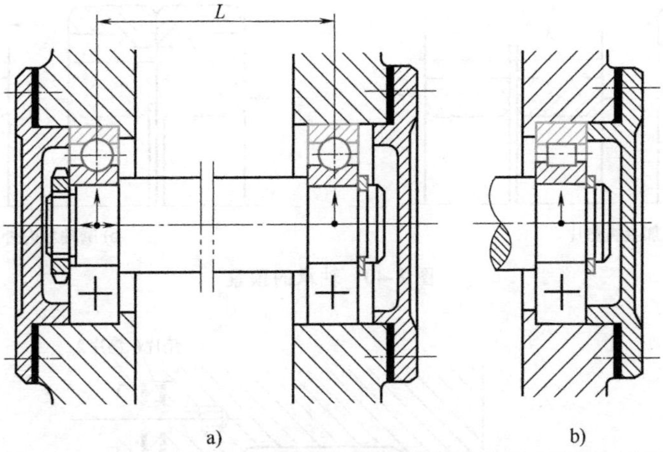

图 8-38　一端双向固定、一端游动

2. 滚动轴承的组合调整

（1）轴承间隙的调整　轴承间隙有以下调整方法：

1）用增加或减少轴承盖与轴承座之间的垫片数量进行调整，如图 8-39a 所示。

2）利用螺钉和碟形零件推动轴承外圈进行调整，如图 8-39b 所示，调整好后，拧紧螺母锁紧防松。

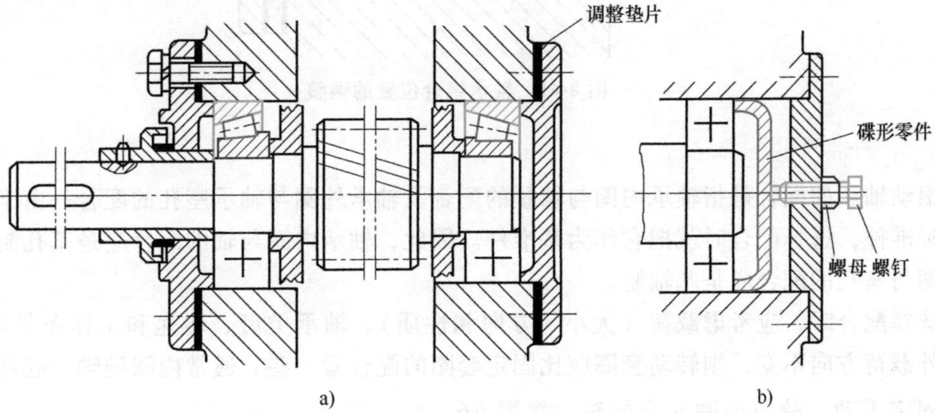

图 8-39　轴承间隙的调整

（2）轴承的预紧　轴承的预紧指的是轴向预紧，即在安装轴承部件时，采取一定的措施给轴承施加一定的轴向力（预紧力），使内、外圈产生相对位移，以消除轴承的游隙，并在滚动体与滚道接触处产生弹性预变形，从而提高支承的旋转精度和刚度。预紧力可以通过加金属垫片的方法获得，如图 8-40a 所示，也可以通过磨轴承内（或外）圈端面等方法获得，如图 8-40b 所示。

（3）轴承组合位置的调整　轴承组合位置的调整是为了确保轴上零件（如齿轮、带轮等）具有准确的工作位置。例如锥齿轮传动，为了保证正确的啮合，必须调整两个节圆锥顶点交于一点；又如蜗杆传动，要保证蜗轮主平面通过蜗杆轴线等。图 8-41 所示为锥齿轮轴承组合位置的调整，垫片 1 用于调整圆锥齿轮的轴向位置，垫片 2 用于调整轴承间隙。

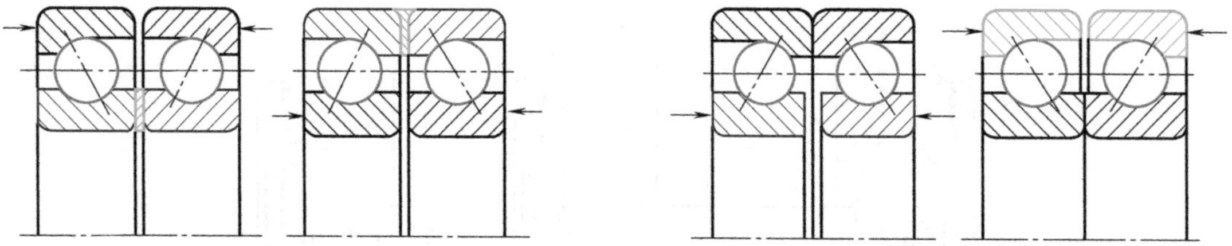

图 8-40 轴承的预紧

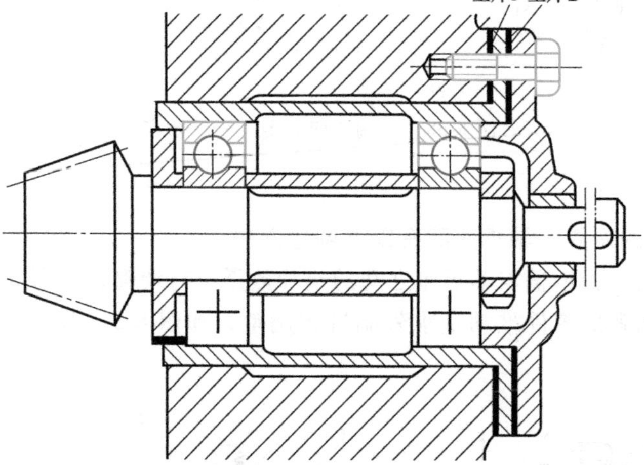

图 8-41 轴承组合位置的调整

3. 滚动轴承的配合

滚动轴承的配合是指轴承内圈与轴颈的配合及轴承外圈与轴承座孔的配合。由于滚动轴承是标准件，选择配合时就把它作为基准件。因此，轴承内圈与轴的配合应是基孔制，而轴承外圈与座孔的配合应是基轴制。

选择配合时，应考虑载荷（大小、方向和性质）、轴承类型、转速和工作条件等因素。如果外载荷方向不变，则转动套圈应比固定套圈的配合紧一些。通常内圈随轴一起转动，而外圈固定不动，故与内圈配合的轴，常用 js6、j5、k5、k6、m6、n6；而与外圈配合的座孔，常用 H7、J6、J7、G7 等。应注意游动支承的外圈与轴承座孔间应采用间隙配合。配合选择时还可参考设计手册等。

4. 滚动轴承的装拆

轴承组合设计时应考虑如何有利于轴承的装拆，保证装拆时不致损坏轴承和其他零件。

装拆轴承时，应注意装拆力不得通过滚动体。如图 8-42 所示，当轴肩高度大于轴承内圈外径时，拆卸工具将无法钩住轴承内圈。因此，

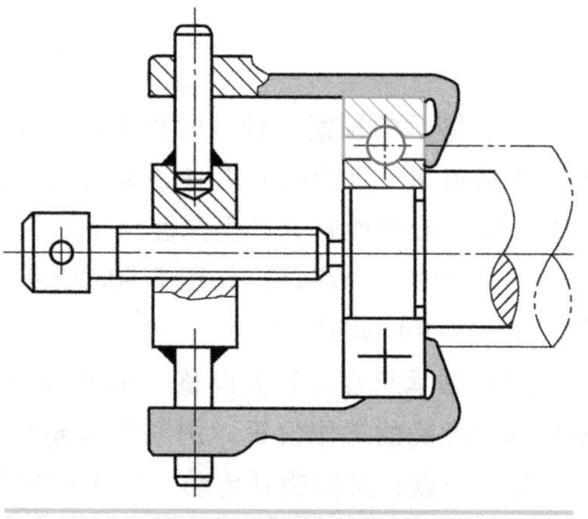

图 8-42 轴承的拆卸图

给轴承定位的轴肩尺寸应满足轴承的安装尺寸要求（见设计手册或轴承样本）。同理，从轴承座孔中拆卸外圈也应留出拆卸高度 h_1，如图 8-43a 和图 8-43b 所示，或在壳体上制出供拆卸用的螺纹孔，如图 8-43c 所示。

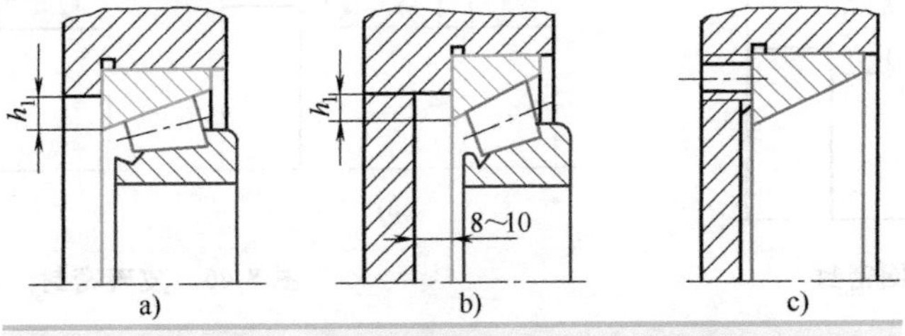

图 8-43 便于轴承拆卸的轴承座孔结构

5. 滚动轴承的润滑和密封

润滑和密封对滚动轴承的寿命有直接的影响。润滑的主要目的是减小摩擦阻力和减轻磨损，同时也有吸振、冷却、防锈等作用。

密封的主要目的是防止灰尘、水分及其他杂物进入轴承，并防止润滑剂的流失。

（1）滚动轴承的润滑　轴承常用润滑方式为油润滑及脂润滑，有时也使用固体润滑剂润滑。选用哪一种润滑方式，与轴承的速度有很大的关系，一般用轴承的 dn 值间接表示轴承速度的大小，其中 d 为轴承内径（mm）；n 为轴承转速（r/min）。当 $dn<(1.5\sim2)\times 10^5$mm · r/min 时，通常采用润滑脂润滑，超过这一范围时，宜采用润滑油润滑。

脂润滑能承受较大载荷，不易流失，便于密封与维护，一次充填润滑脂可运转较长时间。油润滑主要是润滑与冷却效果好，摩擦阻力小，并能散热，主要用于速度较高或工作温度较高的轴承。

润滑油的主要特性是黏度，润滑油的黏度可根据工作温度及 dn 值，参考图 8-44 所示关系来确定，并根据黏度从润滑油产品目录中选出相应的润滑油牌号。滚动轴承采用浸油润滑时，油面高度不应高于最低滚动体的中心，否则会产生过大的搅油损失和热量。高速轴承常采用滴油润滑、喷油润滑或油雾润滑。

（2）滚动轴承的密封　滚动轴承的密封按其原理不同有接触式密封、非接触式密封和组合密封三大类。具体密封方式的选择与润滑的方式、工作环境、温度高低、密封轴颈的圆周速度等因素有关。

1）接触式密封。常见的接触式密封有毛毡圈密封和皮碗密封两种。图 8-45 所示为毛毡圈密封，矩形断面的毛毡圈被安装在梯形槽内，它对轴产生一定的压力而起到密封作用。毛毡圈密封适用于脂润滑，要求环境清洁，轴颈圆周速度 v 不大于 4~5m/s，工作温度不超过 90℃ 的场合。图 8-46 所示为皮碗密封，皮碗用皮革、塑料或耐油橡胶制成，有的具有金属骨架，有的没有骨架，皮碗是标准件。图 8-46a 所示为密封唇朝里，目的是防漏油；图 8-46b 所示为密封唇朝外，主要目的防止灰尘和杂质进入。皮碗密封适用于脂润滑或油润滑，圆周速度 v<7m/s，工作温度范围（-40~100℃）的场合。

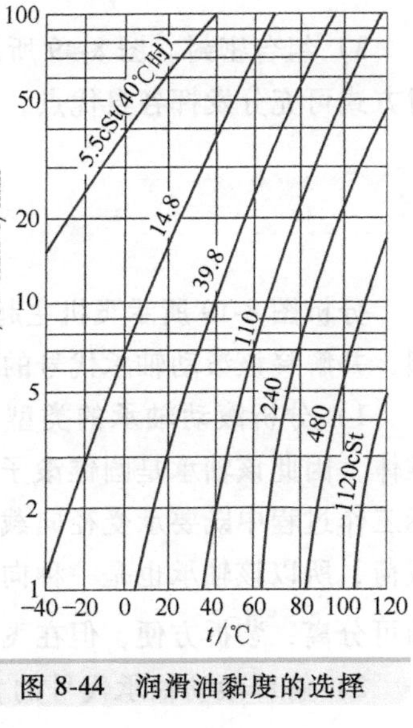

图 8-44 润滑油黏度的选择

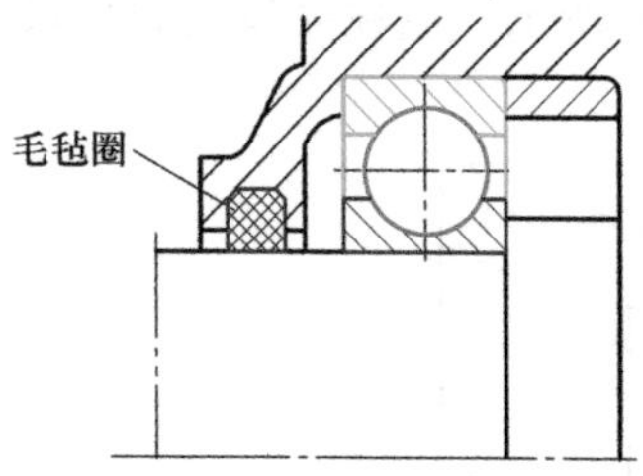

图 8-45　毛毡圈密封

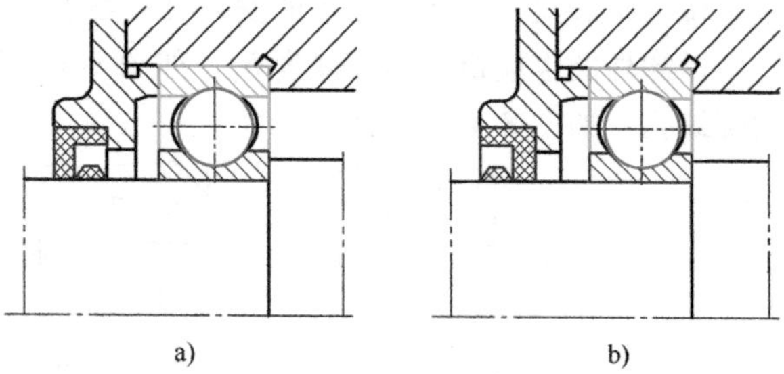

图 8-46　皮碗密封

2）非接触式密封。常见的非接触式密封有间隙密封和迷宫式密封两种。图 8-47 所示为间隙密封，靠轴与盖间的细小环形间隙密封，间隙越小越长（间隙 $\delta=0.1\sim0.3\mathrm{mm}$），密封效果越好。间隙密封适用于脂润滑且干燥清洁的环境。图 8-48 所示为迷宫式密封，将旋转件与静止件之间的间隙做成迷宫（曲路）形式，在间隙中填充润滑油或润滑脂以加强密封效果。迷宫式密封分径向曲路、轴向曲路两种：图 8-48a 为径向曲路，径向间隙 $\delta\leqslant0.1\sim0.2\mathrm{mm}$；图 8-48b 为轴向曲路，因考虑到轴要伸长，间隙取大些，$\delta=1.5\sim2\mathrm{mm}$。迷宫式密封适用于脂润滑或油润滑，工作温度不高于密封用脂的滴点。

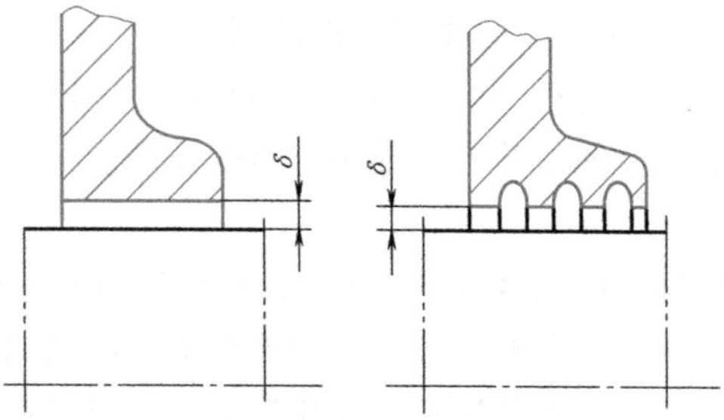

图 8-47　间隙密封

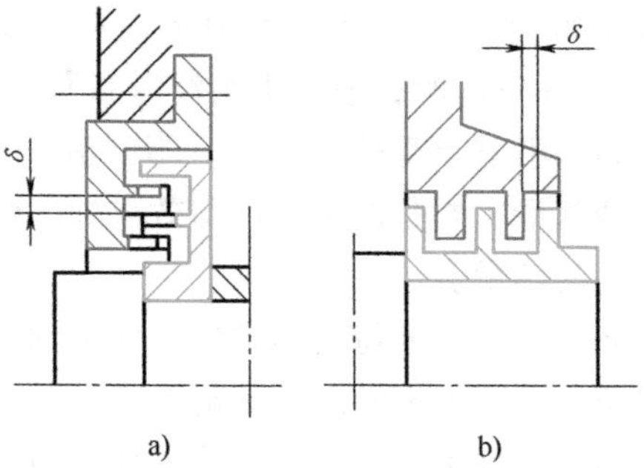

图 8-48　迷宫式密封

3）组合密封。图 8-49 所示为毛毡圈加迷宫式密封，这是组合密封的一种形式，两种密封方式可充分发挥各自优点，提高密封效果，适用于脂润滑或油润滑。

【任务实施】

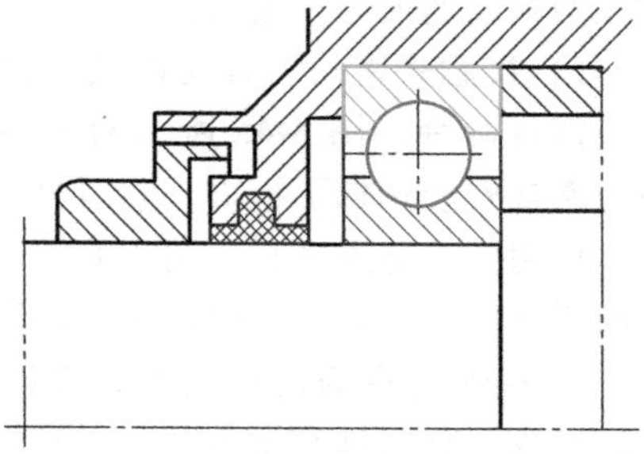

图 8-49　毛毡圈加迷宫式密封

分析图 8-19 所示飞机主起落架中的滚动轴承的类型，并解释该滚动轴承代号的含义。

1）分析滚动轴承的类型。该轴承的滚动体为圆锥体，因此该轴承是圆锥滚子轴承。由于该轴承在实际工作过程中既要承受径向载荷还要承受一定的轴向载荷，所以该轴承也是一种向心推力轴承，其内、外圈可分离，装拆方便，但在飞机主起落架中需成对使用。

2）解释滚动轴承代号的含义。该轴承上刻有代号为 E75125，其中 E 表示内部结构代号，表示加强型；7 表示轴承类型为角接触球轴承，可承受单向轴向载荷和径向载荷，通常成对使用；51 为尺寸序列代号；25×5 为内径代号，表示该轴承内径为 125mm。

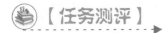

【任务测评】

项目八　任务二任务测评

【知识小结】

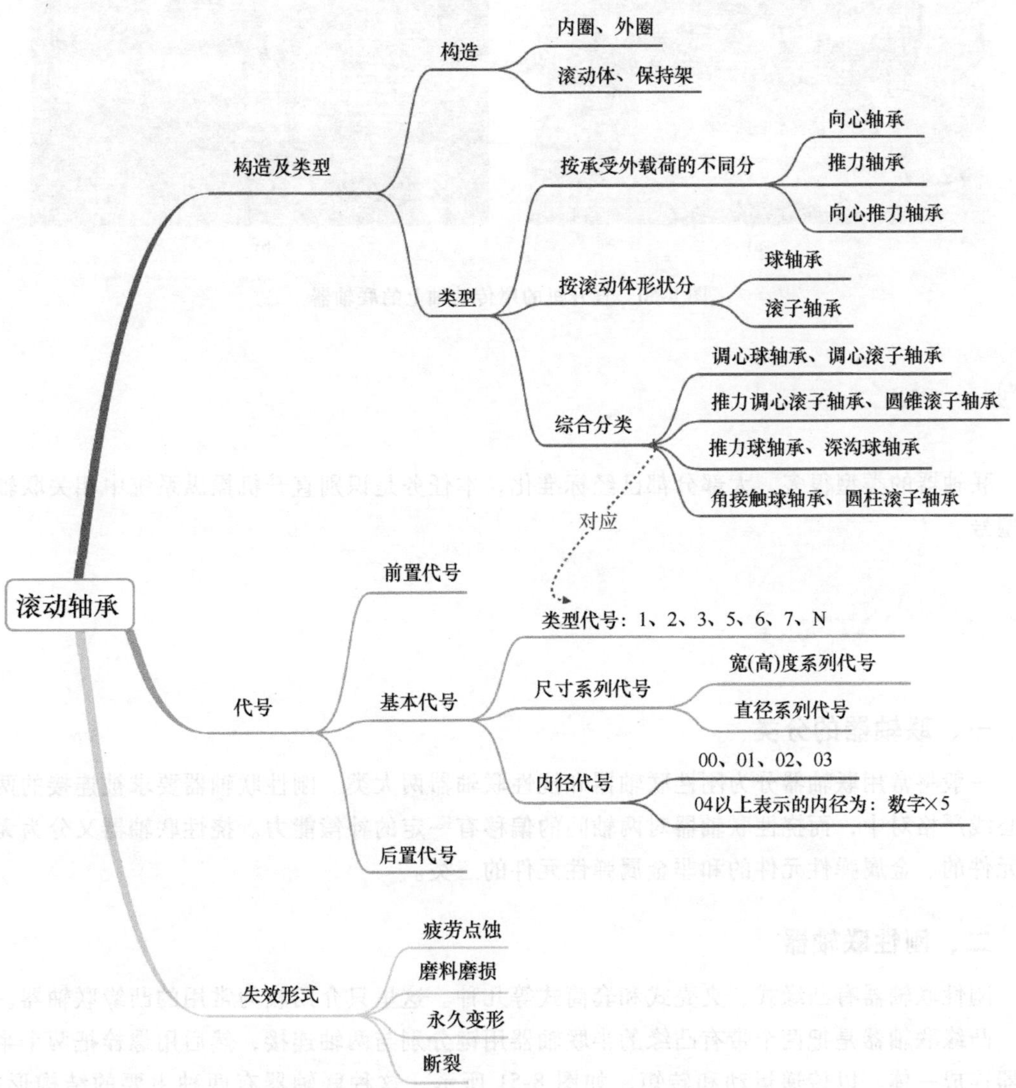

任务三　分析飞机中的联轴器

【任务描述】

联轴器是重要的机械部件，其功能是用来连接两轴，使之一起旋转以传递转矩。用联轴器连接的两轴，只有在机器停止运转，经过拆卸后才能将其分离。联轴器在航空装备中的应用十分广泛，图 8-50a 为某型直升机的尾传动轴上的联轴器，图 8-50b 为另一种型号直升机的尾传动轴上的联轴器，试对这两处联轴器的类型和特性加以分析。

a)

b)

图 8-50　直升机的尾传动轴上的联轴器

【任务分析】

联轴器的类型很多，大部分都已经标准化，本任务是识别直升机操纵系统中相关联轴器的型号。

【知识链接】

一、联轴器的分类

一般将常用联轴器分为刚性联轴器和挠性联轴器两大类。刚性联轴器要求被连接的两轴中心线严格对中，而挠性联轴器对两轴间的偏移有一定的补偿能力。挠性联轴器又分为无弹性元件的、金属弹性元件的和非金属弹性元件的三类。

二、刚性联轴器

刚性联轴器有凸缘式、夹壳式和套筒式等几种。这里只介绍较为常用的凸缘联轴器。

凸缘联轴器是把两个带有凸缘的半联轴器用键分别与两轴连接，然后用螺栓把两个半联轴器连成一体，以传递运动和转矩，如图 8-51 所示。这种联轴器有两种主要的结构形式，一种是利用凸肩和凹槽对中的联轴器，它通常是采用普通螺栓把两个半联轴器连成一体，如图 8-51a 所示；另一种是没有对中结构的联轴器，采用铰制孔用螺栓进行连接，如图 8-51b 所示，后者可传递较大的转矩。

凸缘联轴器的材料常用铸铁，重载时或圆周速度大于 30m/s 时采用铸钢或锻钢。这种联轴器构造简单，成本低，能传递较大的转矩，常用于对中精度较高，载荷平稳的两轴的连接。

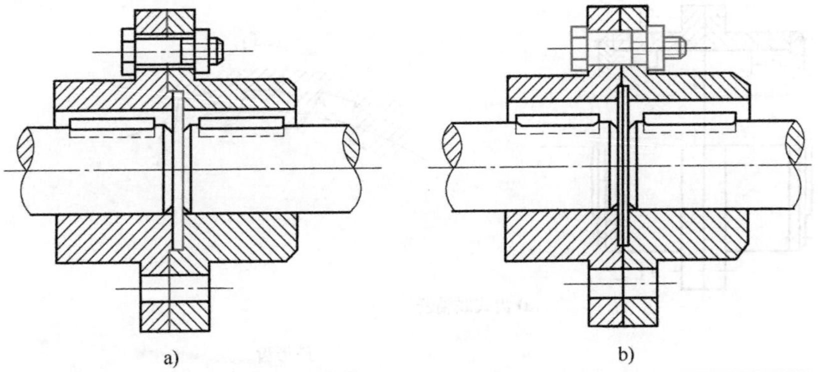

图 8-51　凸缘联轴器

凸缘联轴器

三、挠性联轴器

用联轴器连接的两轴，由于制造安装误差、工作过程中的温度变化和外力产生的变形等诸多因素的影响，使两轴轴线常有对中误差。被连接两轴轴线对中误差（或称为可能位移）的情况如图 8-52 所示。为了补偿两轴间的误差，可采用无弹性元件的挠性联轴器；除了可能的位移还有冲击或振动时，应选用具有金属或非金属弹性元件的挠性联轴器。

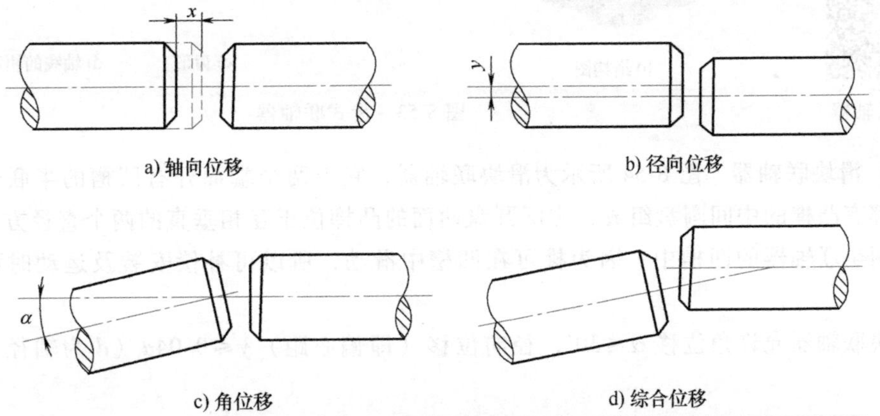

图 8-52　两轴轴线的相对位移

1. 无弹性元件挠性联轴器

这类联轴器有很多种，现只介绍主要的几种。

(1) 齿式联轴器　图 8-53 所示为齿式联轴器。它由带有外齿的两个内套筒和带有内齿的两个外套筒组成，其中两个内套筒通过键分别同两轴连接，两个外套筒用螺栓连接，如

图 8-53a 所示。内、外套筒齿环上的轮齿齿数相等，轮齿齿廓为渐开线，压力角通常为 20°。由于外齿轮的齿顶制成球形，齿侧留有较大的侧隙或做成鼓形齿，所以能补偿两轴的不同心和偏斜。

齿式联轴器允许角位移 $\alpha \leqslant 3°$，其径向位移 $y \leqslant 0.4 \sim 6.3\text{mm}$，材料一般用 45 钢或 ZG45。这种联轴器能传递很大的转矩，并能补偿两轴间较大的偏移量，安装精度要求不高，但质量较大，成本较高，多用于重型机械。

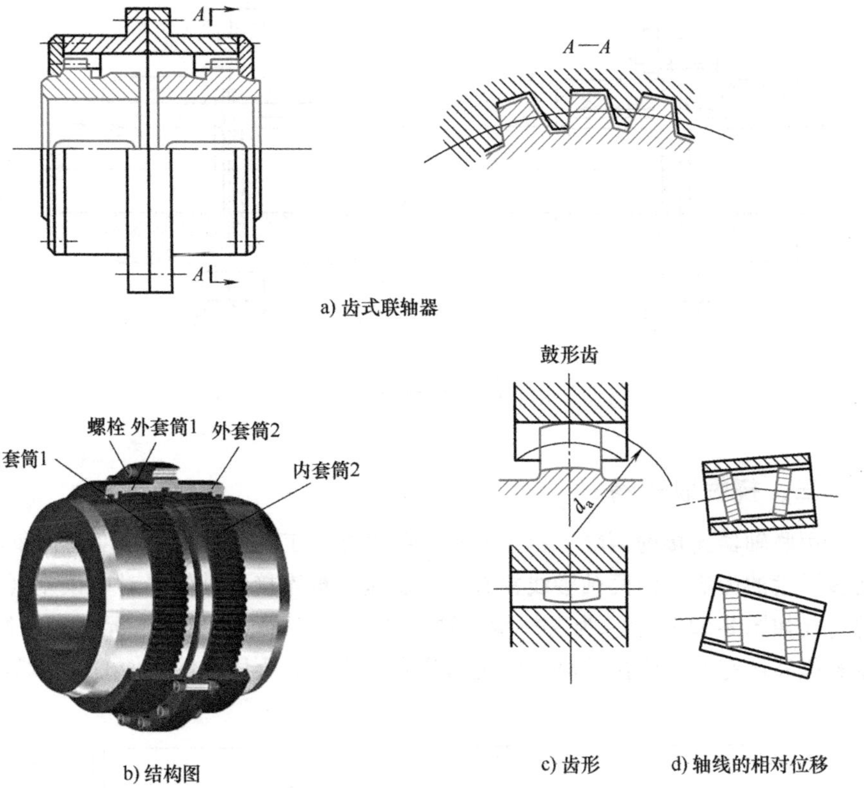

a) 齿式联轴器

b) 结构图 c) 齿形 d) 轴线的相对位移

齿式联轴器

图 8-53 齿式联轴器

（2）滑块联轴器　图 8-54 所示为滑块联轴器，它由两个端面开有凹槽的半联轴器和一个两面都有凸榫的中间圆盘组成，中间圆盘两面的凸榫位于互相垂直的两个直径方向上，分别嵌入两半联轴器的凹槽中。因为榫可在凹槽中滑动，所以可补偿安装及运动时两轴间的偏移。

滑块联轴器允许角位移 $\alpha \leqslant 30'$，径向位移（即偏心距）$y \leqslant 0.04d$（d 为轴径，单位为 mm）。

滑块联轴器的径向尺寸及转动惯量较小，但工艺性较差，不能缓冲减振，适于载荷变化小，无剧烈冲击的场合。

（3）万向联轴器　图 8-55 所示为万向联轴器。它由两个叉形零件用铰链分别和一个十字形零件连接而成，这种联轴器允许角位移较大，最大可达 45°。但是，单个万向联轴器两轴的瞬时角速度并不是时时相等，即当轴 1 以等角速度回转时，轴 2 做变角速度转动，因而在传动中将产生附加动载荷。为了改善这种情况，常将万向联轴器成对使用，但应注意安装

时必须保证轴 O_1、轴 O_3 与中间轴之间的夹角相等，并且中间轴两端的叉面应在同一平面内，如图 8-56 所示。

这类联轴器结构紧凑，维护方便，广泛应用于汽车、拖拉机、组合机床等机械的传动系统中。小型万向联轴器可按有关标准选用。

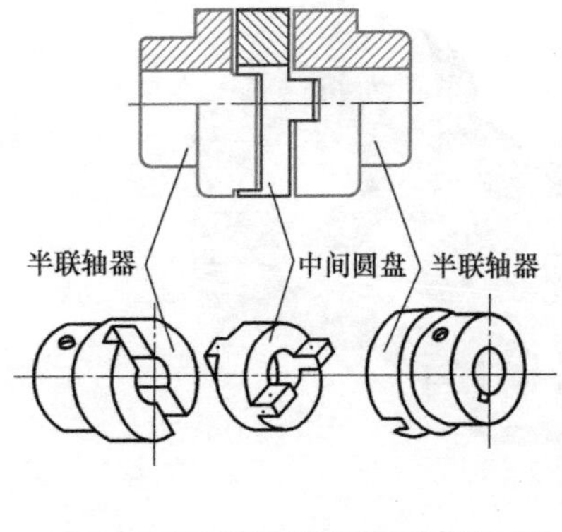

图 8-54　十字滑块联轴器

滑块联轴器

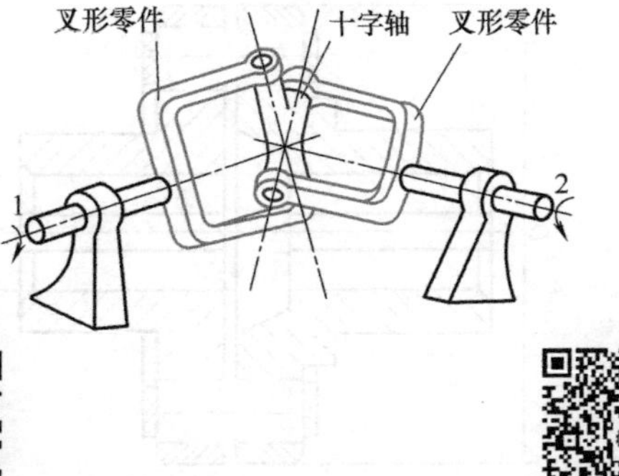

图 8-55　万向联轴器

万向联轴器

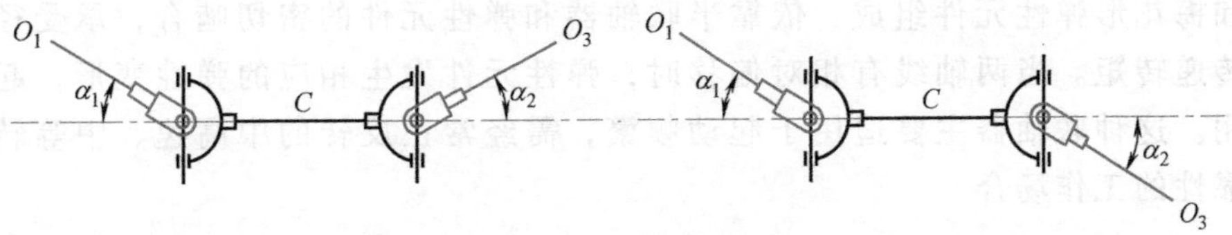

图 8-56　双万向联轴器

2. 非金属弹性元件挠性联轴器

这类联轴器在高速轴上应用十分广泛，下面介绍较常用的几种。

（1）弹性套柱销联轴器　图 8-57 所示为弹性套柱销联轴器，它的结构与凸缘联轴器相似，只是用套有橡胶弹性套的柱销代替了连接螺栓，故可缓冲吸振。弹性套的材料常用耐油橡胶，以提高其弹性。

这种联轴器制造容易，装拆方便，成本较低，但弹性套易磨损，寿命较短，适宜于连接载荷较平稳，需正反转或起动频繁的传递中、小转矩的轴。

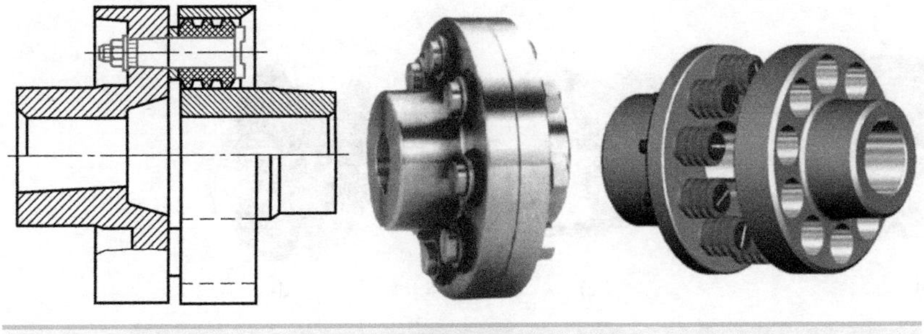

图 8-57　弹性套柱销联轴器

弹性套柱销联轴器

（2）弹性柱销联轴器　图 8-58 所示为弹性柱销联轴器。这种联轴器可以看成是由弹性套柱销联轴器简化而成，即采用非金属材料的柱销代替弹性套和金属柱销。这种联轴器允许的角位移 $\alpha \leqslant 30°$，其结构简单，制造、装配及维护都方便，适用于轴向窜动量较大，需经常正反转或起动频繁的转速较高的场合。

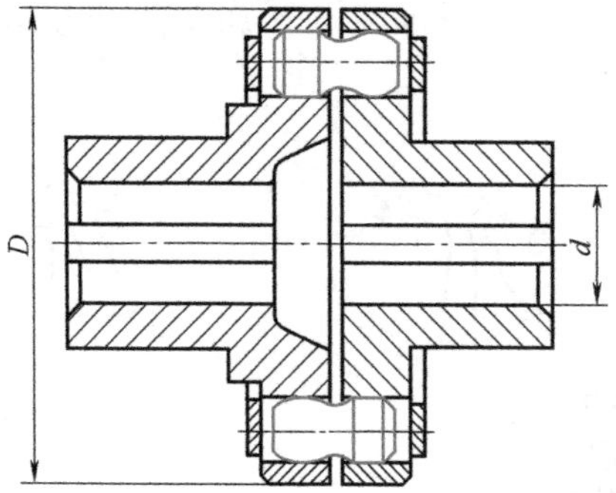

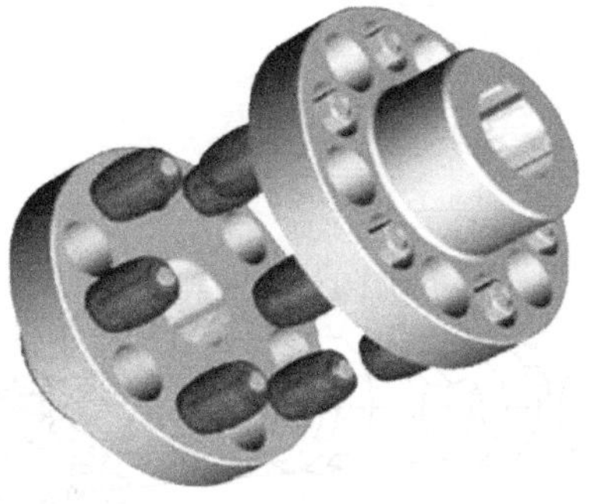

图 8-58　弹性柱销联轴器

（3）梅花形弹性联轴器　图 8-59 所示为梅花形弹性联轴器，它由两个带凸齿的半联轴器和梅花形弹性元件组成，依靠半联轴器和弹性元件的密切啮合，承受径向挤压应力来传递转矩。当两轴线有相对偏移时，弹性元件发生相应的弹性变形，起到自动补偿作用。这种联轴器主要适用于起动频繁，需经常正反转的中高速、中等转矩和要求高可靠性的工作场合。

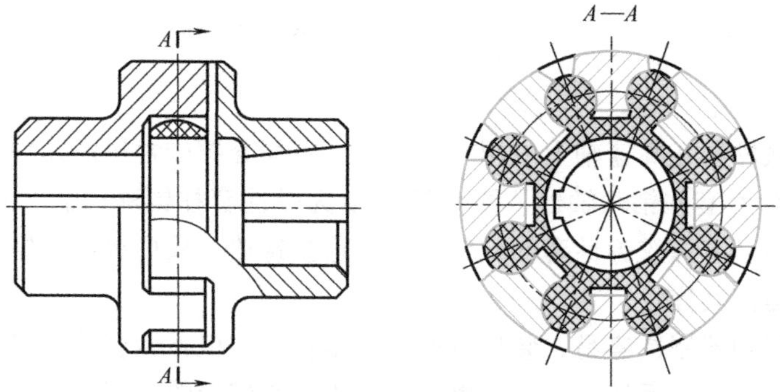

图 8-59　梅花形弹性联轴器

(4) 轮胎式联轴器　图 8-60 所示为轮胎式联轴器，中间为橡胶制成的轮胎环，用垫板与半联轴器相连。这种联轴器的结构简单可靠，易于变形，因此它允许的相对位移较大，角位移可达 5°~12°，轴向位移可达 0.02D(D 为联轴器外径)，径向位移可达 0.01D。

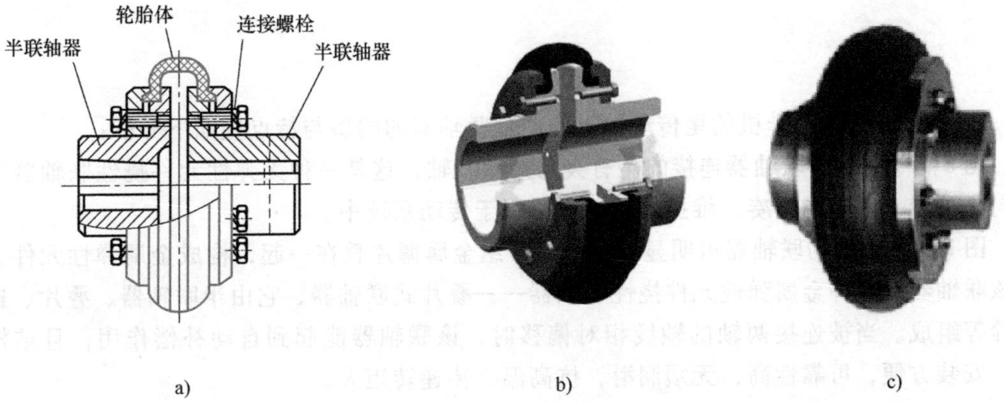

图 8-60　轮胎式联轴器

3. 金属弹性元件挠性联轴器

这类联轴器的种类也较多，有簧片联轴器、蛇形弹簧联轴器等，这里只介绍蛇形弹簧联轴器。

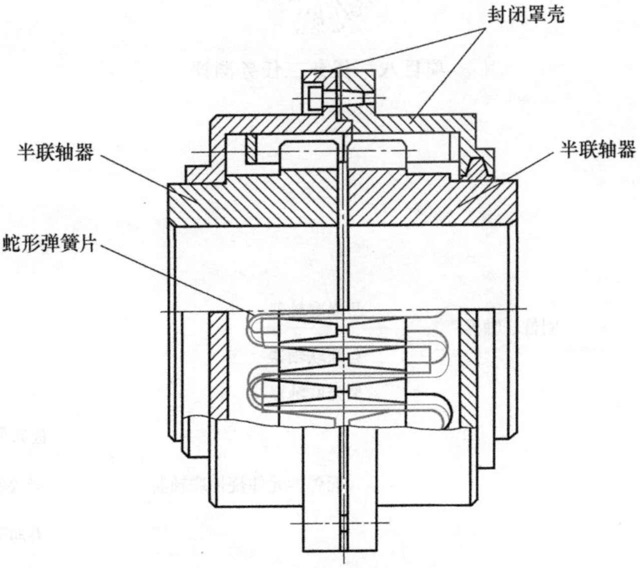

图 8-61　蛇形弹簧联轴器

图 8-61 所示为蛇形弹簧联轴器，它是在两个半联轴器的凸缘上加工出特定形状的齿，齿槽之间嵌有弯曲的蛇形弹簧片，工作时，通过弹簧片将转矩从一个半联轴器传至另一个半联轴器。这种联轴器工作可靠，外形尺寸小，传递转矩范围为 18~100000N · m，两轴的许用径向位移为 0.38~1.14mm，轴向位移为 2~6.4mm，角位移 $\alpha \leq 1°15'$。外部的封闭罩壳可

以防止弹簧脱落并可贮存润滑油，以润滑齿与弹簧片的接触部分。这种联轴器对被连接两轴的相对偏移的补偿量较大，适用于重载和工况较恶劣的场合。在冶金及矿山机械中应用最多，缺点是结构和制造工艺较复杂，成本高。

【任务实施】

对图 8-50 所示直升机的尾传动轴上的两处联轴器的类型与特点做如下分析：

图 8-50a 所示的联轴器连接的是有夹角的两个轴，这是一种无弹性元件挠性联轴器中的万向联轴器，它结构紧凑、维护方便，广泛用于传动系统中。

图 8-50b 所示的联轴器可明显看出其有一组金属薄片叠在一起，构成金属弹性元件，因此该联轴器是一种金属弹性元件挠性联轴器——叠片式联轴器，它由半联轴器、叠片、连接螺栓等组成。当被连接两轴的轴线相对偏移时，该联轴器能起到自动补偿作用，且结构简单，安装方便，可靠性高，无须润滑，抗高温，传递转矩大。

【任务测评】

项目八　任务三任务测评

【知识小结】

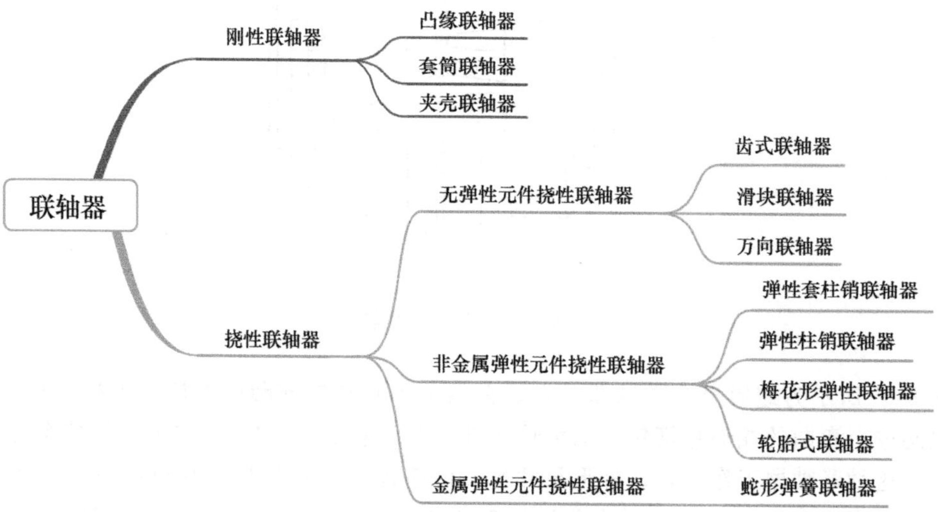

任务四　分析飞机中的离合器

【任务描述】

图 8-62a 所示为某型直升机主减速器的传动系统。由图可知，该减速器由两台涡轮喷气发动机驱动。发动机转速为 12000r/min，发动机主轴分别与轴 Ⅰ、Ⅰ′连接。滚柱式定向离合器 10 、11 只能做单向传动，故可保证单发起动及工作时不致拖动另一发动机转动。齿轮 1、1′和 2 使双发实现并机工作。发动机的运动和动力并机后通过锥齿轮 2′和 3 驱动轴 Ⅱ 转动。轴 Ⅱ 的动力分两路输出：一路通过齿轮 8、9 带动水平轴转动；另一路通过复合轮系（含齿轮 3′、4、5—5′、6、7 和机架）减速后驱动旋翼轴 Ⅲ 以转速 191. 74r/min 转动。

图 8-62b 所示为该减速器中的滚柱式离合器，试分析其工作原理。

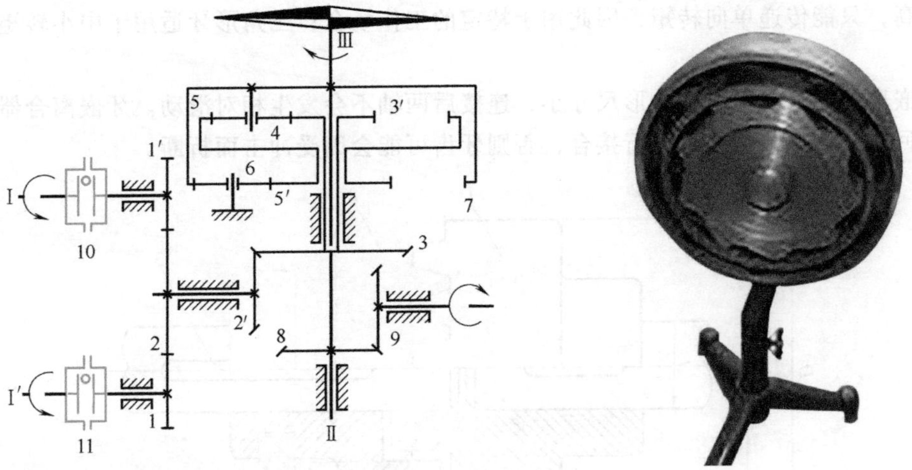

a) 某型直升机主减速器传动系统　　b) 滚柱式离合器

图 8-62　直升机操纵系统中的离合器

【任务分析】

离合器也是用于轴与轴之间的连接，使它们一起回转并传递转矩。用离合器连接的两轴，在机器工作中就能方便地使它们分离或接合。离合器的类型很多，大部分都已经标准化。完成本任务，需要掌握航空机械中离合器的类型及应用等内容。

【知识链接】

一、离合器概述

离合器在机器运转时，可将传动系统随时分离或接合。对离合器的基本要求有：操纵方便而且省力，接合和分离迅速、平稳，动作准确，结构简单，维护方便，使用寿命长等。

二、离合器的类型

常用的离合器有牙嵌离合器、圆盘摩擦式离合器和超越离合器等类型。

1. 牙嵌离合器

牙嵌离合器由两个端面上有牙的半离合器 1 和 2 组成，如图 8-63 所示。其中半离合器 1 固定在主动轴上，半离合器 2 用导向平键 3（或花键）与从动轴连接，并可由滑环 4 操纵使其做轴向移动，以实现离合器的分离与接合。牙嵌离合器是借助牙的相互嵌合来传递运动和转矩的。为使两半离合器能够对中，在主动轴端的半离合器上固定一个对中环 5，从动轴可在对中环内自由转动。

牙嵌离合器常用的牙形有矩形、梯形、锯齿形和三角形。矩形牙制造容易，但接合、分离困难，且磨损后无法补偿，因此使用较少；梯形牙强度较大，接合、分离比矩形牙容易，能传递较大的转矩，可以自动补偿牙的磨损与间隙，从而减少冲击，因此应用较广；锯齿形牙强度高，只能传递单向转矩，因此用于特定的工作场合；三角形牙适用于中小转矩的工作场合。

牙嵌离合器结构简单，外形尺寸小，连接后两轴不会发生相对滑动。牙嵌离合器只宜在两轴不回转或转速差很小时进行接合，否则牙齿可能会因受冲击而折断。

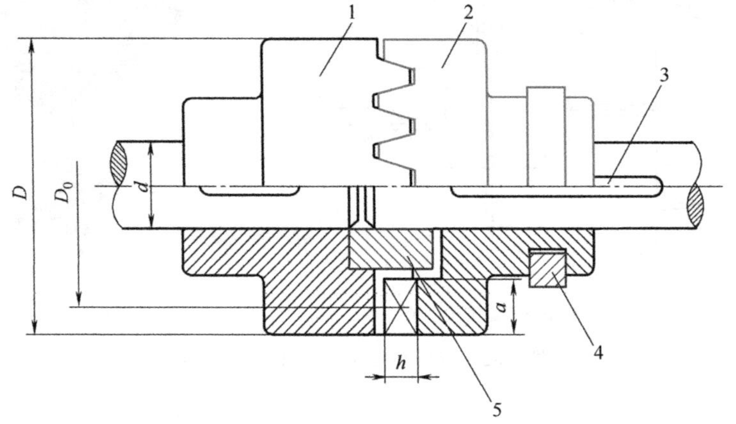

图 8-63　牙嵌离合器

牙嵌离合器

2. 圆盘摩擦式离合器

圆盘摩擦式离合器分单盘和多盘两种。它们都是靠主动摩擦盘转动时，由主、从动盘的接触面间产生的摩擦力矩来传递转矩的。多盘摩擦面多，可传递较大转矩，径向尺寸较小，但轴向尺寸较大，结构复杂。

图 8-64 所示为单盘摩擦式离合器，由半离合器 1 与半离合器 2 组成。半离合器 1 与主动轴之间通过平键和轴肩得到周向和轴向定位。半离合器 2 通过导向平键和从动轴周向定位，由拔叉操纵可沿导向平键在从动轴上滑移。当轴向压力 F 压紧两半离合器时，两轴接合。

设摩擦力的合力作用在平均半径 R 的圆周上，则传递的最大转矩为

$$T_{\max} = FfR \tag{8-6}$$

式中，f为摩擦系数，见表 8-13；F 为轴向力（N）；R 为摩擦半径（mm）；$R=(D_1+D_2)/4$，D_1、D_2 分别为摩擦盘接合面的外径和内径（mm）。

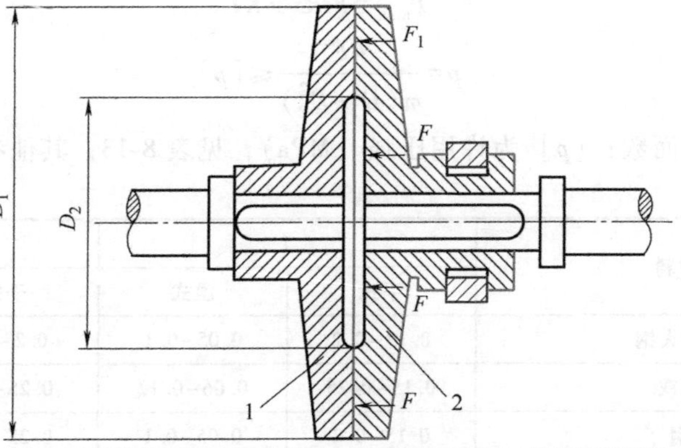

图 8-64 单盘摩擦式离合器

单盘摩擦式离合器

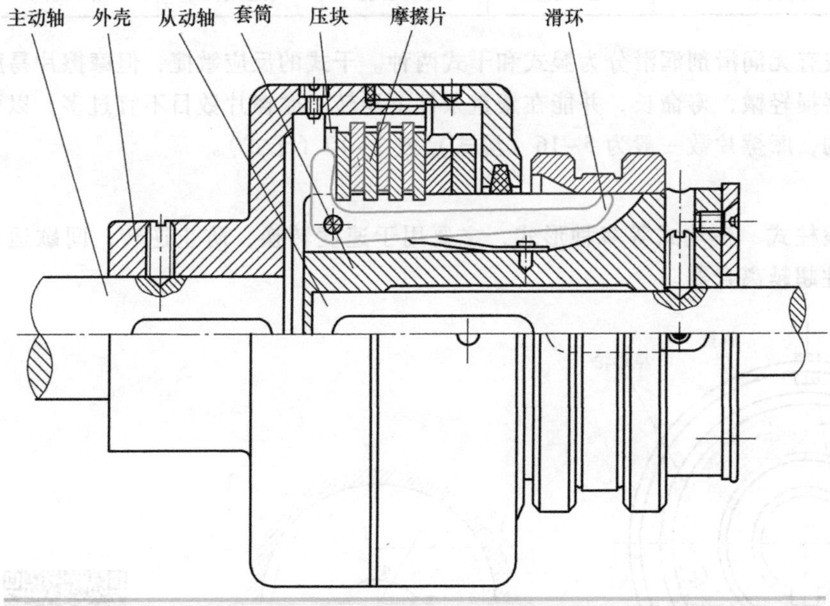

图 8-65 多盘摩擦式离合器

多片摩擦式离合器

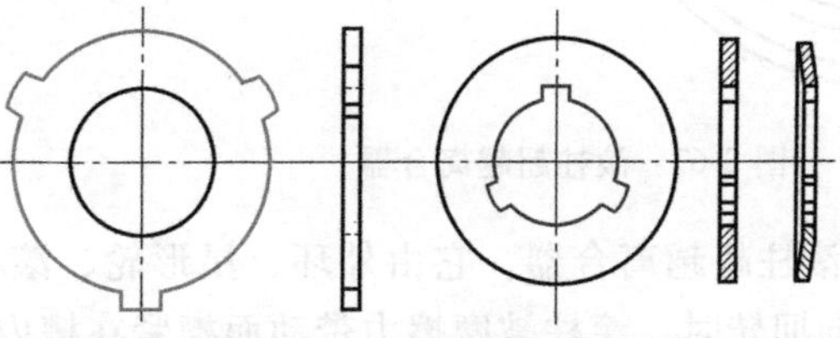

图 8-66 摩擦盘结构图

图 8-65 所示为多盘摩擦式离合器，有两组摩擦盘，内、外摩擦盘分别带有凹槽和外齿（图 8-66）。主动轴与外壳连接，外壳的内齿槽与外摩擦盘的外齿连接。从动轴与套筒连接，

套筒上的外齿与内摩擦盘的凹槽连接。滑环由操纵机构控制，当在图示位置时，压块压紧摩擦盘，这时各摩擦盘都受到相同压紧力 F 的作用，因此能传递的最大转矩 T_{max} 和作用在单位摩擦接合面上的压力 p 为

$$T_{max}=FfRz\geqslant KT \tag{8-7}$$

$$p=\frac{4F}{\pi(D_1^2-D_2^2)}\leqslant[p] \tag{8-8}$$

式中，z 为接合面数；[p] 为许用压强（MPa），见表 8-13；其他参数同前。

表 8-13　离合器摩擦副的摩擦系数 f 和许用压强 [p]

摩擦副材料	f		[p]/MPa	
	干式	湿式	干式	湿式
淬火钢-淬火钢	0.15~0.2	0.05~0.1	0.2~0.4	0.6~1.0
铸铁-铸铁	0.15~0.25	0.06~0.12	0.25~0.3	0.6~1.0
铸铁-钢	0.15~0.2	0.05~0.1	0.25~0.3	0.6~1.0
青铜-钢铁、钢	0.15~0.2	0.06~0.12	0.2~0.4	0.4~1.0
石棉基摩擦材料-铸铁、钢	0.25~0.35	0.08~0.12	0.2~0.3	0.4~0.6

摩擦式离合器按有无润滑剂润滑分为湿式和干式两种。干式的反应敏捷，但摩擦片易磨损；湿式的摩擦片磨损轻微，寿命长，并能在繁重条件下运转。摩擦片数目不宜过多，以免各层间压力分布不均，摩擦片数一般为 5~16（湿式）或 2~10（干式）。

3. 超越离合器

超越离合器有滚柱式、楔块式等多种形式，主要用于速度转换，防止逆转，间歇运动等。这里只介绍滚柱超越离合器。

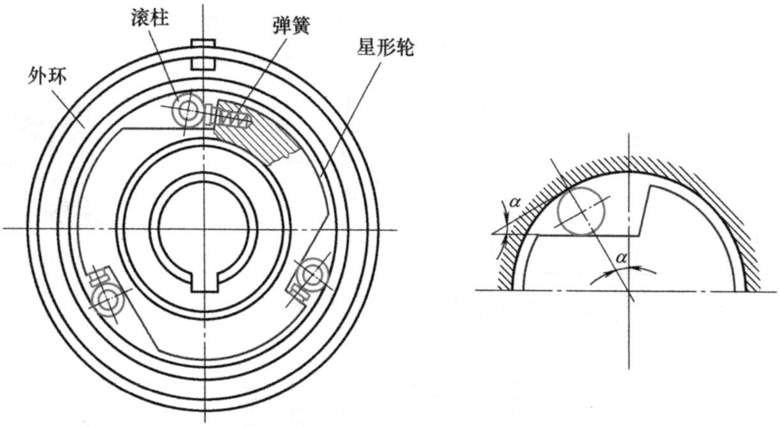

图 8-67　滚柱超越离合器

滚柱超越离合器

图 8-67 所示为一种滚柱超越离合器，它由外环、星形轮、滚柱和弹簧组成。当星形轮为主动轮并沿顺时针方向回转时，滚柱被摩擦力带动而楔紧在槽内，因而外环将随星形轮一同回转，离合器处于连接状态。当行星轮沿逆时针方向旋转时，滚柱将滚到槽的宽敞部分，从动外环不再随星形轮转动，这时离合器处于分离状态。由于外环与星形轮同时沿顺时针方向回转时，外环的转速可大于星形轮的转速而使离合器处于分离状态，故称其为超越离合

器。超越离合器常用于汽车、机床等的传动装置中。这种离合器接合平稳，但传递转矩较小，寿命以接合次数计，可达 5×10^6 次，超越时极限转速可达 1000～3000r/min。

【任务实施】

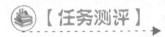

对图 8-62 所示直升机操纵系统中的离合器的类型和工作原理做如下分析：

1）离合器的类型。该离合器是一种超越离合器。

2）离合器的工作原理。该离合器是一种典型的超越离合器，当星形轮为主动轮并沿顺时针方向回转时，滚柱被摩擦力带动而楔紧在槽内，因而外环将随星形轮一同回转，离合器处于连接状态。当星形轮沿逆时针方向旋转时，滚柱将滚到槽的宽敞部分，从动外环不再随星形轮转动，这时离合器处于分离状态。其结合平稳，极限转速高。

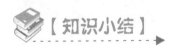

【任务测评】

项目八 任务四任务测评

【知识小结】

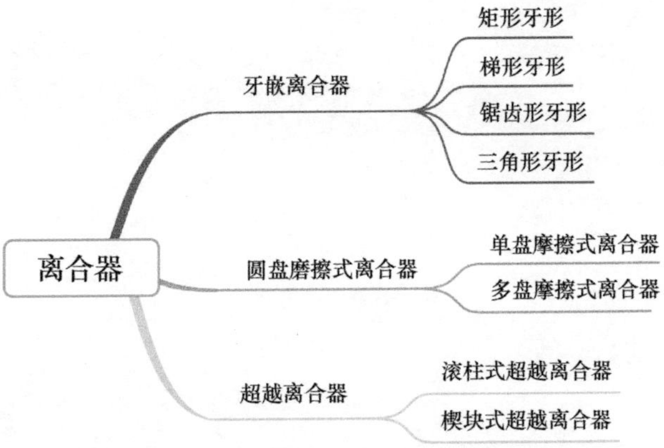

参 考 文 献

[1] 仝崇楼，蔡晓光，王良才．机械设计基础［M］．北京：兵器工业出版社，2002.
[2] 黄阳，王良才，肖启敏．机械设计基础［M］．北京：蓝天出版社，2007.
[3] 王良才，等．机械设计基础［M］．北京：北京大学出版社，2007.
[4] 柴鹏飞，万丽雯．机械设计基础［M］．4版．北京：机械工业出版社，2021.
[5] 杨明霞，等．机械基础项目化教程［M］．北京：电子工业出版社，2014.
[6] 耿海珍，等．机械设计基础项目化教程［M］．武汉：华中科技大学出版社，2017.
[7] 何秋梅，等．机械基础［M］．北京：兵器工业出版社，2019.
[8] 蒋新萍，程畅．机械设计与应用案例化教程［M］．北京：高等教育出版社，2015.
[9] 万志坚，等．机械设计基础［M］．北京：高等教育出版社，2016.
[10] 陈立德，罗卫平．机械设计基础［M］．北京：高等教育出版社，2015.
[11] 虞浩清，李家宁．航空机械基础［M］．北京：中国民航出版社，2015.
[12] 杨可祯，程光蕴，等．机械设计基础［M］．北京：高等教育出版社，2020.
[13] 濮良贵，陈国定，等．机械设计［M］．北京：高等教育出版社，2013.
[14] 机械设计手册编委会．机械设计手册［M］．北京：机械工业出版社，2004.
[15] 张策．机械原理与机械设计［M］．北京：机械工业出版社，2011.
[16] 曹建华，白冰如．飞机构造［M］．北京：国防工业出版社，2020.
[17] 宋静波．飞机构造基础［M］．北京：国防工业出版社，2011.
[18] 万志强．认识航空［M］．北京：化学工业出版社，2022.